# A Escola Francesa de Geografia

Coleção Estudos
Dirigida por J. Guinsburg

Equipe de realização – Coordenação de edição: Luiz Henrique Soares e Elen Durando;
Preparação: Geisa Oliveira e Mariana Munhoz; Revisão: Marcio Honorio de Godoy;
Sobrecapa: Sergio Kon; Produção: Ricardo W. Neves, Sergio Kon e Lia N. Marques.

# Vincent Berdoulay

# A ESCOLA FRANCESA DE GEOGRAFIA
## UMA ABORDAGEM CONTEXTUAL

TRADUÇÃO
OSWALDO BUENO AMORIM FILHO

© Éditions du CHTS, Paris, 2008
This edition of *La formation de l'école française de géographie* is published by arrangement with les Éditions du Comité des travaux historiques et scientifiques.

CIP-Brasil. Catalogação-na-Fonte
Sindicato Nacional dos Editores de Livros, RJ

B428e
    Berdoulay, Vincent
    A escola francesa de geografia : uma abordagem contextual / Vincent Berdoulay ; tradução Oswaldo Bueno Amorim Filho. – 1. ed. – São Paulo : Perspectiva, 2017.
    280 p. ; 23 cm. (Estudos ; 349)

    Tradução de: La formation de l'école française de géographie
    Inclui índice
    ISBN: 9788527311052

    1. Geografia humana. I. Amorim Filho, Oswaldo Bueno. II. Título. III. Série.

17-42126                                    CDD: 304.2
                                             CDU: 911.3

26/05/2017      29/05/2017

Direitos reservados em língua portuguesa à
EDITORA PERSPECTIVA LTDA.

Av. Brigadeiro Luís Antônio, 3025
01401-000 São Paulo SP Brasil
Telefax: (011) 3885-8388
www.editoraperspectiva.com.br

2017

# Sumário

PREFÁCIO À EDIÇÃO BRASILEIRA – *Eduardo Marandola Jr.* ............................. IX

INTRODUÇÃO .................................. XIII

1.O DESAFIO ALEMÃO ............................. 1

    Diferenças e Mudanças de Atitude ................. 2

    A Geografia Frente ao Desafio Alemão. ........... 12

    Conclusão ..................................... 28

2. O MOVIMENTO COLONIAL ..................... 31

    O Papel dos Geógrafos nos Grupos
de Pressão em Favor da Colonização .............. 32

    O Impacto Institucional e Científico .............. 49

    Elementos de Conclusão ......................... 62

3. O ENSINO ..................................... 65

    O Ensino na Ideologia Republicana .............. 66

    Evolução Durante os Anos 1870 .................. 68

    O Papel e o Lugar da Geografia
nas Reformas do Primário e do Secundário ........ 73

O Ensino Superior ............................... 81

Conclusão ...................................... 97

4.  A BUSCA DE UMA NOVA ORDEM SOCIAL .....101

A Ciência e a República......................... 102

A Busca de uma Nova Filosofia Socioeconômica ....116

Considerações à Guisa
de Conclusão .....................................132

5.  OS CÍRCULOS DE AFINIDADE: FORMAÇÃO
E ALCANCE ...................................135

Fatores da Formação ............................135

Os Diferentes Círculos ......................... 148

6.  A EPISTEMOLOGIA VIDALIANA............. 179

O Espírito Geográfico ...........................181

O Convencionalismo........................... 199

A Contingência ............................... 206

O Possibilismo ............................... 213

Observações à Guisa de Conclusão.............. 226

CONCLUSÃO ................................. 229

POST-SCRIPTUM 2008........................ 235

As Formas do Discurso Geográfico.............. 236

A Preocupação Com a Ação.................... 239

Círculos de Afinidade e Personalidades ........... 242

Evolução e Alcance da Escola Francesa
de Geografia .................................. 245

ÍNDICE DE NOMES ............................249

# Prefácio à Edição Brasileira

As ciências humanas e sociais no Brasil possuem uma longa história de diálogo e trocas com a tradição da filosofia e dos estudos humanistas da França. Em grande parte isso se deu porque o país europeu era a grande referência intelectual e, por que não, civilizacional em um período-chave da formação da ciência, do pensamento e das universidades do nosso país. Ela foi a grande referência para nossa elite intelectual no século XIX e início do XX, a qual enviava seus fidalgos para lá estudar ou aprender a "alta cultura". Trouxemos o positivismo, o estruturalismo e até um ideal de cidade que ainda hoje compõe nossa modernidade urbana.

Mas trouxemos mais. A própria paisagem, uma maneira de compreender o espaço e suas organizações também atravessaram o Atlântico e, em uma nova forma, nesta mescla própria que se deu aqui, a tradição do pensamento geográfico francês também contribuiu para a compreensão da relação sociedade--território na constituição e na formação brasileira.

Essa contribuição da geografia nem sempre é bem delineada ou reconhecida, pois falta justamente, por parte dos geógrafos, uma dedicação maior à história do pensamento geográfico e de sua epistemologia. Limitada a uma visão corológica, a geografia ficou por muito tempo sendo vista como descritiva e enumerativa. Mesmo entre muitos geógrafos o interesse por sua própria disciplina não abarcava os caminhos e descaminhos de seu pensamento e historiografia.

A tradição francesa da geografia instalou-se aqui pela presença de geógrafos franceses que vieram ajudar a fundar as cátedras de grandes universidades brasileiras, como a Universidade de São Paulo, a Universidade do Brasil (atual Federal do Rio de Janeiro) e a Universidade Federal de Minas Gerais, além de outras instituições, como o próprio Instituto Brasileiro de Geografia e Estatística. Esses professores literalmente fizeram escola, ajudando a constituir as instituições brasileiras e a formar as primeiras gerações de geógrafos nacionais.

Tal marca é permanente, o que faz com que o estudo e a compreensão da escola francesa seja uma maneira de melhor compreender a gênese também da geografia no Brasil. Esse é apenas um dos méritos do livro que você tem em mãos. Mas há muito mais.

Vincent Berdoulay compõe aqui uma densa análise dessa que é das mais influentes escolas de pensamento geográfico do mundo. Centrado na figura de seu grande fundador, Paul Vidal de la Blache, Berdoulay não explora apenas os marcos históricos ou os grandes conceitos e suas personagens. Antes, ele propõe e executa uma perspectiva metodológica original que denomina *abordagem contextual.* Ela se desvia do tradicional embate internalista-externalista, buscando um ponto de vista abrangente do contexto de emergência, em que fatores externos e internos se tensionam para elucidar os sentidos do pensamento.

Formado na tradicional Universidade de Bourdeaux (grande centro da geografia regional francesa) e com uma forte formação culturalista na escola de Berkeley (berço da geografia cultural e um importante centro da geografia histórica), teve entre suas influências no período de formação geógrafos e historiadores como Clarence Glacken, John Wright, Roger Hahn e Carl Sauer, tendo sido orientado em Berkeley (EUA) por David Hooson. Mas em vez de procurar uma filiação a uma escola de pensamento, Berdoulay constrói uma abordagem que é marcada, sobretudo, por um certo desprendimento de qualquer filiação teórica rígida, o que lhe permite um olhar

PREFÁCIO À EDIÇÃO BRASILEIRA

crítico sempre afiado em uma construção original. Sua análise difere de outras realizadas sobre a escola francesa justamente por não ceder a certos parâmetros consolidados de análise e por conseguir, como nenhum outro, a articulação entre elementos epistemológicos, históricos e sociais para a compreensão do devir do pensamento.

Os 44 anos sobre os quais se debruça a obra (1870-1914) envolvem o momento-chave de formação das características de um pensamento que perduraria e influenciaria o mundo todo, inclusive o Brasil, mantendo-se visível ainda na geografia feita hoje, exibindo as marcas da escola francesa, embora com suas próprias formulações. Faltava em nossa biblioteca uma obra de fôlego como esta para que tais pistas pudessem ser melhor compreendidas e detalhadas.

Mas o livro, centrado na escola francesa, não deixa de abarcar sua relação com a escola alemã, da qual de certa maneira também descende. Essa relação se deu igualmente no Brasil, onde influências da geografia alemã também se fizeram sentir, com impacto significativo, produzindo um cenário original de interinfluências entre as duas grandes escolas europeias aqui nos trópicos. A geografia brasileira é, sem dúvida, fruto da maneira como esse embate pôde ocorrer em nosso contexto específico. O livro esclarece com propriedade aspectos dessa contraposição de escolas na própria França, e como as duas escolas se influenciaram.

A disputa em torno do determinismo ambiental e a alternativa possibilista apresentada por Vidal de La Blache anima parte desse debate e se apresenta como uma questão ainda presente, especialmente no contexto dos estudos ambientais. A maneira como sociedade e natureza se relacionam e suas consequências, em cada lugar e região, é o tema recorrente desta geografia, fundamentando muito do pensamento ambientalista do século XX, com reverberações contemporâneas também.

Eis um tema de pesquisa recente que tem trazido à luz aspectos dessas influências que marcam o pensamento social brasileiro e o pensamento ambiental, mas ainda há muito por se fazer. Esta obra, sem dúvida, vem suprir uma lacuna editorial fundamental para o estudo da epistemologia e história da geografia, permitindo, a partir dela, compreender melhor as repercussões do pensamento francês em nossa geografia, tanto em sua constituição como nos desdobramentos contemporâneos. Mais do que isso, permite compreender melhor o papel do pensamento geográfico na formação da própria ideia de sociedade, nação e território brasileiros, já que as noções vidalianas perpassaram os debates realizados nas ciências humanas e sociais no país na primeira metade do século.

Como dito, é subestimada e mal documentada a importância e papel do pensamento geográfico nas formulações dos autores desse período, a partir de Sérgio Buarque de Holanda, Gilberto Freyre, Caio Prado Jr., Celso Furtado, Antonio Candido, entre outros. Mas não é apenas no pensamento geográfico e social do século XX que a influência do pensamento geográfico francês se faz presente. Suas heranças se manifestam tanto no espírito geográfico, que Berdoulay tão bem destaca, como em práticas de campo e de descrição que são uma marca também incorporada, via paisagem, da maneira de compreender a relação sociedade-natureza, muito presentes no Brasil. A própria presença da "epistemologia vidaliana", como a denomina Berdoulay, é mal dimensionada e compreendida em suas reverberações nos vários subcampos de investigação.

Em vista disso, *A Escola Francesa de Geografia: Uma Abordagem Contextual* representa uma contribuição fundamental para todos os interessados na história do pensamento social brasileiro, da formação territorial e da constituição de nossa cultura e da sociedade, incluindo historiadores, sociólogos e literatos da cultura e da ciência. Devemos, portanto, festejar a oportuna tradução desta obra, a partir de sua terceira edição francesa. Para os geógrafos, é um regalo especial, que certamente vai compor os cursos de história da geografia, epistemologia e história do pensamento geográfico, concorrendo assim para ampliar nossa escassa bibliografia sobre o assunto.

*Eduardo Marandola Jr.*
Geógrafo, professor da Faculdade de Ciências Aplicadas
e do Instituto de Geociências da Unicamp.

# Introdução

A "escola francesa de geografia", formada no fim do século XIX e no começo do XX, sob o impulso de Paul Vidal de la Blache, ocupa um lugar importante na história das ideias e das ciências. Ela corresponde a um momento crucial do desenvolvimento do pensamento geográfico. Este assume, com efeito, um lugar no seio das instituições de ensino superior. A escola de Vidal de la Blache acaba, além disso, por se impor face às tendências rivais e por adquirir, no mundo, uma notoriedade considerável, que vai durar até os anos 1950.

Ora, seu período de formação, que se situa entre duas crises importantes – as guerras de 1870 e 1914 –, corresponde à instalação progressiva de um novo regime político na França, a Terceira República, que implicou um ajustamento fundamental das bases ideológicas da vida social. Esta foi também uma época em que um interesse sem precedentes pelas questões geográficas se apossou de um amplo setor da população, favorecendo a acumulação de uma grande quantidade de informações sobre o globo, em geral, e sobre o território nacional, em particular. Ao mesmo tempo, a geografia se implantou com uma rapidez impressionante, não somente na universidade como em todos os programas de ensino primário e secundário. Outras ciências humanas tomavam forma naquela época e começavam a se difundir, entrando frequentemente em contato – e mesmo em concorrência – com a geografia. Concebemos, então, facilmente, a ideia de colocar em relação o fenômeno de maturação e difusão rápida da geografia com o curto e homogêneo período correspondente da história da França.

Tal aproximação se revela muito útil para dar uma nova luz às concepções fundamentais dos membros da escola francesa de geografia. Com efeito, importantes divergências de opinião existem sobre seu lugar na história das ideias e sobre sua epistemologia[1]. Isso é paradoxal, na medida em que essa escola se tornou famosa pela coerência de seu pensamento e das numerosas publicações que produziu durante décadas. Para além das interpretações divergentes, pareceu, portanto, útil consagrar o presente estudo à análise do contexto histórico do surgimento da escola francesa, a fim de descobrir que ideias foram elaboradas e como elas foram – de modo consciente ou não – estruturadas em um conjunto epistemológico relativamente coerente.

Embora se tenha sugerido fazer intervir o contexto da evolução do pensamento geográfico para melhor compreender suas bases, poucos estudos aprofundados foram tentados até o presente – a maior parte se contentando com algumas alusões. A razão está no fato de que é muito difícil traçar a complexa rede dos canais de influência da sociedade sobre a mudança

---

1 Ver, por exemplo, as divergências entre: Paul Claval; Jean-Pierre Nardy, *Pour le cinquantenaire de la mort de Paul Vidal de la Blache*, Paris: Les Belles Lettres, 1968 (Cahiers de géographie de Besançon, 16); André Meynier, *Histoire de la pensée géographique en France (1872-1969)*, Paris: PUF, 1969; Philippe Pinchemel, L'Histoire de la géographie, *Encyclopaedia universalis, v. 7: Finalité-Grèce*, Paris: Encyclopaedia Universalis, 1970, p. 621-625; E.A. Wrigley, Changes in the Philosophy of Geography, em Richard Chorley; Peter Haggett (orgs.), *Frontiers in Geographical Teaching* [1965], London: Methuen, 1970, p. 3-20; George Tatham, Environmentalism and Possibilism, em G. Taylor (ed.), *Geography in the Twentieth Century*, New York: Philosophical, 1957, p. 128-162; Preston James, *All Possible Worlds: A History of Geographical Ideas*, New York: Odyssey, 1972; Richard Hartshorne, The Nature of Geography According to its Historical Development, *Annals of the Association of American Geographers*, v. 29, n. 3, 1939, p. 171-658; Paul Claval, *Essai sur l'évolution de la géographie humaine*, Paris: Les Belles Lettres, 1964 (Cahiers de géographie de Besançon, 12); O.A. Aleksandrovskaia, *Frantshouzskaïa gheografitcheskaïa chkola, kontza XIX – natchala XX veka*, Moscou: Naúka, 1972; Anne Buttimer, *Society and Milieu in the French Geographic Tradition*, Chicago: Association of American Geographers/ Rand McNally, 1971 (Monograph Series, 6).

INTRODUÇÃO                                                                XV

científica e vice-versa. É, então, absolutamente necessário precisar em suas grandes linhas o método empregado aqui. Este foi elaborado a partir de um exame crítico da experiência adquirida em história da ciência[2].

Assim, lê-se frequentemente que um geógrafo foi "influenciado" por outro. Trata-se aí de um método – a pesquisa das "influências" – que tem sido desacreditado por filósofos e historiadores das ciências, em razão de seus pressupostos positivistas. Ela se baseia na crença em um progresso contínuo devido à acumulação de fatos, descobertas e conhecimento em cada ciência. É preciso, segundo essa abordagem, retraçar a progressiva vitória da verdade, a ascensão inevitável das verdadeiras teorias científicas que se resgatam da observação dos fatos. Por isso mesmo, nenhuma atenção significativa é dada às escolas de pensamento, ao clima intelectual, ao contexto histórico. O erro é considerado alguma coisa puramente negativa que só faz retardar o desenvolvimento da ciência. Tais fragilidades são evidentes atualmente, embora os pressupostos sobre os quais elas se fundamentam continuem muito populares entre o público e entre os próprios sábios[3].

É desse modo que esse tipo de abordagem é observado frequentemente entre os geógrafos que examinam retrospectivamente sua disciplina. Por exemplo, a existência de diversas tendências geográficas, durante a segunda metade do século XIX, não é, em geral, julgada digna de interesse. A tendência que se tornou dominante – a de Vidal de la Blache – é considerada o resultado da melhor pesquisa. Por causa dessa interpretação finalista que explica o passado em função do presente, a questão da "falência" das outras tendências se encontra negligenciada. Isso é característico de quase todos os trabalhos de história da geografia. Os trabalhos de Richard Hartshorne são um bom exemplo disso. Tão logo identifica a concepção "correta" da geografia,

---

2   Um balanço mais detalhado desse exame crítico assim como uma formulação mais completa do método se encontram em Vincent Berdoulay, The Contextual Approach, em David Ross Stoddart (ed.), *Geography, Ideology and Social Concern*, Oxford: Basil Blackwell, 1981, p. 8-16.

3   Para uma crítica mais completa, reportar-se a Joseph Agassi, Towards an Historiography of Science, *History and Theory*, Haia, v. 2, Beiheft 2, 1963; e Roger Hahn, Reflections on the History of Science, *Journal of the History of Philosophy*, v. 3, n. 2, october 1965: p. 235-242.

ele a reconstitui até Kant, Humboldt e Ritter. As outras tendências adquirem, assim, um estatuto de "desvio"! O trabalho de V.A. Anuchin peca também pelo mesmo tipo de abordagem, pois mostra a marcha vitoriosa da concepção materialista (superior) da geografia, em oposição aos desenvolvimentos idealistas (então errados)[4]. Outras histórias são pluralistas: identificam-se nelas diferentes abordagens, ou tradições geográficas, das quais se retraça a evolução respectiva. Essa maneira de proceder foi comum na história das ciências e suas insuficiências foram bem demonstradas. Ela foi desenvolvida na Europa, sobretudo na França, na virada do século XIX, por autores tais como Henri Poincaré e Pierre Duhem. Correspondia a um retorno à filosofia de Kant, que permitia criticar os pressupostos positivistas presentes na abordagem precedentemente mencionada. A perspectiva convencionalista* rejeitava a ideia de uma corrente superior às outras e a crença no surgimento de teorias científicas simplesmente a partir dos fatos. Estes últimos, segundo essa filosofia, eram classificados em teorias diferentes, com base em critérios de simplicidade e comodidade. Consequentemente, para o historiador das ciências, a ênfase era colocada na continuidade das ideias, mas cada corrente era considerada digna de interesse. Embora nenhuma história da geografia tenha verdadeiramente seguido essa abordagem, encontram-se maneiras de proceder que refletem alguns desses aspectos[5]. Mas, se essas concepções marcavam

---

4  Cf. A. Meynier, op. cit.; R. Hartshorne, The Nature of Geography According to its Historical Development, *Annals of the Association of American Geographers*, v. 29, n. 3, p. 171-658; idem, The Concept of Geography as a Science of Space From Kant and Humboldt to Hettner, *Annals of the Association of American Geographers*, v. 48, n. 2, june 1958, p. 97-108; V.A. Anuchin, *Theoretical Problems of Geography*, Columbus: Ohio State University Press, 1977 (traduzido de *Teoretitcheskie problemy gheografii*, 1960). Vários geógrafos reagiram contra essa abordagem, como: John Kirtland Wright, *Human Nature in Geography*, Cambridge: Harvard University Press, 1966; P. Claval; J.-P. Nardy, op. cit.; e P. Claval, *La Pensée géographique: Introduction à son histoire*, Paris: Société d'Edition d'Enseignement Supérieur, 1972.

*  Convencionalismo: Doutrina segundo a qual as teorias científicas ou filosóficas repousam em convenções livres, mas não arbitrárias, estabelecidas em função de sua utilidade (o convencionalismo foi defendido por P. Duhem; H. Poincaré; ver capítulo VI, infra). (N. da T.)

5  H. Poincaré, *La Science et l'hypothèse*, Paris: Flammarion, 1902; idem, *La Valeur de la science*, Paris: Flammarion, 1905; P. Duhem, *Système du monde*, 10 v. Na geografia, cf. William D. Pattison, The Four Traditions of Geography, *Journal of Geography*, v. 63, n. 5, 1964, p. 211-216.

INTRODUÇÃO

um progresso em relação às outras, elas persistiam, entretanto, em deixar de lado a descontinuidade, a interdependência das ciências, as verdadeiras condições das pesquisas no passado e os fatores de mudança que não fossem internos à ciência. É preciso, porém, sublinhar que os estudos de filiação de certas ideias (sem que elas sejam necessariamente ligadas a seu contexto) podem ser muito ricos de informações. Certos trabalhos estão aí para nos lembrar disso[6]. Eles mostram a persistência de certas ideias na história do mundo ocidental e, por isso mesmo, iluminam-nas a partir de uma nova perspectiva. No entanto, essa abordagem é pouco apropriada ao estudo dos sistemas de pensamento científico que se estendem por um período curto.

É assim que se sente, cada vez mais, a necessidade de se fazer intervir o fator "externo" no desenvolvimento do pensamento geográfico[7]. Uma abordagem foi a de sublinhar o papel do "espírito do tempo" na determinação da maneira pela qual os sábios e intelectuais concebiam o mundo – como fez Jacob Burckhardt em sua célebre obra sobre o Renascimento italiano[8]. Essa abordagem tem o mérito de mostrar a interdependência entre uma ciência e as ideias de uma época. Todavia, ela foi criticada por suas tendências tautológicas e, logo, por seu fraco poder explicativo. Principalmente, ela se afasta muito da lógica interna das ciências, da influência recíproca das teorias parciais, das hipóteses e das técnicas. A concepção do mundo de um sábio permite precisar o quadro de referência deste último, mas não pode ser suficiente para explicar a maior parte das iniciativas específicas que ele tomou. Logo, tal abordagem não pode explicar numerosas correntes de pesquisa que persistem, ou nascem, à margem daquelas que corresponderiam ao "espírito

---

6   Por exemplo: Clarence J. Glaken, *Traces on the Rhodian Shore: Nature and Culture in Western Thought from Ancient Times to the End of the Eighteenth Century*, Berkeley: University of California Press, 1967.

7   Por exemplo, David J.M. Hooson, The Development of Geography in Pre-Soviet Russia, *Annals of the Association of American Geographers*, v. 58, n. 2, 1968, p. 250-272; P. Claval, *La Pensée géographique*; O. Granö, Maantiede ja tieteen kehityksen ongelma [Geography and the Problem of the Development of Science], *Terra*, v. 89, n. 1, 1977, p. 1-9. Essa preocupação está presente na epistemologia moderna: Pierre Thuillier, *Jeux et enjeux de la science: Essais d'épistémologie critique*, Paris: Robert Laffont, 1972.

8   J. Burckhardt, *Die Kultur der Renaissance in Italien, ein Versuch*, Basel: Schweighauser, 1860.

do tempo". É provavelmente por isso que, em história da geografia, o recurso ao "espírito do tempo" pouco ultrapassou o estágio das alusões rápidas, pois ele dificilmente resistiria a um exame detalhado da diversidade das pesquisas em dada época. Entretanto, a pesquisa de tais ligações permanece desejável – ainda que difícil de colocá-las em prática[9].

Uma abordagem que, no fundo, tem mais relações com a precedente do que inicialmente se poderia crer, consiste em colocar em evidência as condições socioeconômicas de uma época a fim de explicar o aparecimento de ideias científicas novas. Numerosos trabalhos desse gênero foram feitos, sobretudo sob a inspiração marxista, desde o período entre as duas guerras. Essa abordagem tem o mérito de colocar questões novas, de explorar a importância da ciência na estrutura global da sociedade. Mas uma crítica similar àquela que foi mencionada para a abordagem anterior pode-lhe ser feita. Ela gira em torno da dificuldade de colocar em relação condições socioeconômicas gerais com os desenvolvimentos internos e específicos de uma ciência. As numerosas críticas relacionadas com a tentativa de Boris Hessen de explicar a ciência newtoniana em função das condições socioeconômicas são um bom exemplo disso[10]. Aqui, ainda, as histórias da geografia têm dado prova de certa prudência, embora não faltem – em especial no que concerne à influência do colonialismo ou do capitalismo. Os ensaios de Jean Tricart e de Yves Lacoste são raros exemplos de uma aplicação – embora muito parcial – desse tipo de abordagem e, apesar de seus méritos, sofrem grandemente com as generalizações que são aí feitas[11].

---

9    Existem algumas tentativas notáveis: François de Dainville, *La Géographie des humanistes*, Paris: Beauchesne, 1940; M. Buttner, Die Geographia generalis vor Varenius, *Erdwissenschaftliche Forschung*, Wiesbaden, n. 7, 1973.

10    B.M. Hessen, The Social and Economic roots of Newton's Principia, em N.J. Bukharin et al., *Science at the Cross Roads*, London: Kniga, 1931, p. 151-176. Ver, por exemplo, os comentários de Herbert Butterfield, *The Origins of Modern Science, 1300-1800*, London: Bell, 1949. Como principais representantes dessa abordagem, além de Bukharin et al., já citado, podemos mencionar ainda John Burdon Sanderson Haldane, *The Marxist Philosophy and the Sciences*, New York: Random House, 1939; e John Desmond Bernal, *The Social Function of Science*, London: Routledge, 1939.

11    J. Tricart, Premier essai sur la géomorphologie et la pensée marxiste, *La Pensée*, n. 47, mar.-avr. 1953, p. 62-72; idem, La Géomorphologie et la pensée marxiste, *La Pensée*, n. 69, sep.-oct. 1956, p. 3-24; Y. Lacoste, *La Géographie, ça sert, d'abord, à faire la guerre*, Paris: Maspéro, 1976.

Para evitar tal determinismo simplista, os historiadores das ciências quiseram restringir o alcance dessa abordagem distinguindo os fatores internos da ciência (a área das ideias científicas) dos fatores externos, que são as condições socioeconômicas. Estas últimas são, então, consideradas simples "barreiras" para um desenvolvimento "normal" da ciência (como nos trabalhos de Joseph Needham, sobre a ciência e a civilização na China). Porém, encontra-se aí uma distinção extrema – muito contestável – entre fatores internos e fatores externos e um determinismo dos segundos sobre os primeiros que lembra o "stop-and-go determinism" defendido – sem grande sucesso – por G. Taylor, que não incitam o historiador do pensamento geográfico a se voltar para esse tipo de abordagem[12].

Contribuições recentes sobre o estudo das relações entre as ideias científicas e aquelas correntes na sociedade têm sido feitas jogando luz sobre a dimensão humana da ciência. É dessa forma que se tem insistido sobre as descontinuidades na evolução das teorias científicas ou sobre a natureza social e cognitiva da pesquisa[13]. Se a interpretação e a apresentação dessas ideias por Kuhn foi muito popular entre os geógrafos, nenhuma aplicação séria delas foi feita à geografia. Isso não é surpreendente, na medida em que há muitas dificuldades de ordem histórica e epistemológica na própria noção de paradigma para que se possa aplicá-la a um campo particular e limitado da pesquisa, sobretudo nas ciências humanas (que

---

12  G. Taylor (org.), op. cit.; J. Needham, *Science and Civilisation in China*, Cambridge: Cambridge University Press, 1954, vários volumes. Sobre o arbitrário da distinção entre fatores internos e fatores externos cf . Bernard-Pierre Lécuyer, Histoire et sociologie de la recherche sociale empirique: Problèmes de théorie et de méthode, *Épistémologie sociologique*, n. 6, 1968, p. 119-131; e Thomas Kuhn, History of Science, *International Encyclopedia of the Social Science*, v. 14, New York: Macmillan, 1968, p. 75-83.

13  Alexandre Koyré, *Études galiléennes*, Paris: Hermann, 1939, 3 v.; Gaston Bachelard, *La Formation de l'esprit scientifique*, Paris: Vrin, 1938; Jean Piaget (org.) *Logique et connaissance scientifique*, Paris: Gallimard, 1967; Michel Foucault, *Les Mots et les choses*, Paris: Gallimard, 1966; idem, *L'Archéologie du savoir*, Paris: Gallimard, 1969; Georges Gusdorf, *De L'Histoire des sciences à l'histoire de la pensée*, Paris: Payot, 1966; T. Kuhn, *The Structure of Scientific Revolutions*, 2. ed., 1970, com um posfácio de 1969 (Trad. bras.: *A Estrutura das Revoluções Científicas*, 12. ed., São Paulo: Perspectiva, 2013.); Serge Robert, *Les Révolutions du savoir: Théorie générale des ruptures du savoir,* Longueuil: Le Préambule, 1978.

o próprio Kuhn não leva em consideração em seu modelo)[14]. Contudo, a pertinência da contribuição de Kuhn tem por objeto sua demonstração das dimensões cognitiva e social da ciência e de sua evolução. Ela não vai, entretanto, muito longe, no sentido de que não fornece o meio de situar a ciência no contexto mais global da sociedade. Outras contribuições estão mais perto disso, tais como aquelas de Georges Gusdorf sobre os "modelos de inteligibilidade" de uma época ou aquelas de Michel Foucault sobre "a episteme" sustentando o trabalho científico.

Como o objetivo permanece sendo de captar os laços entre o progresso científico e seu contexto social global, certa assistência é fornecida pela sociologia das ciências. Esta nova área de interesse, por intermédio do estudo das comunidades científicas, da resistência às inovações e da organização da pesquisa e do ensino em diversos países, tenta identificar quais são as condições mais favoráveis ao desenvolvimento da ciência[15]. De modo geral, essa ênfase colocada nos fatores externos do desenvolvimento científico é muito excessiva para explicar a evolução do pensamento geográfico. Mas um aspecto da sociologia das ciências se revela, entretanto, muito útil: trata-se do estudo da institucionalização das inovações no sistema universitário.

A atenção é, então, atraída para considerações tais como os fatores que influenciam o grau de aceitação de uma inovação, a fundação das atividades profissionais (ex.: revistas), a definição da nova situação conferida pela inovação, as etapas da institucionalização e a presença de grupos de pesquisadores em concorrência (em especial no início da institucionalização)[16].

---

14 Cf. Imre Lakatos; Alan Musgrave (orgs.), *Criticism and the Growth of Knowledge*, Cambridge: Cambridge University Press, 1970; e David O. Edge; Michael J. Mulkay, *Astronomy Transformed*, New York: John Wiley, 1976.

15 Remeter-se a J. Ben-David, Introduction, *Revue internationale des sciences sociales*, v. 22, n. 1, 1970, p. 7-27 (número especial sobre a sociologia das ciências); R. Hahn, New Directions in the Social History of Science, *Physis*, v. 17, n. 3-4, 1975, p. 205-218; Bernard-Pierre Lécuyer, Bilan et perspectives de la sociologie de la science dans les pays occidentaux, *Archives européenes de sociologie*, v. 19, n. 2, 1978, p. 257-336; M.J. Mulkay, Consensus in Science, *Information sur les sciences sociales*, v. 17, n. 1, 1978, p. 107-122.

16 Sobre o interesse desse tema, cf. V. Berdoulay, Professionnalisation et institunnalisation de la géographie, *Organon*, n. 14, 1980, p. 149-156; e Horacio Capel, Institucionalización de la Geografía y Estrategias de la Comunidad Científica de los Geógrafos, *Geo-Crítica*, n. 8-9, 1977. Sobre as ciências sociais, ▶

INTRODUÇÃO     XXI

O estudo da institucionalização estabelece, assim, um marco precioso entre fatores internos e fatores externos, pois o processo se situa precisamente na interseção da ação desses fatores.

À luz dessas discussões, o presente estudo deve empregar um método cujas grandes linhas podem ser resumidas como segue. Ele deve, primeiramente, reconhecer que repousa sobre duas hipóteses de base. Uma delas é a de que existem sistemas estruturados de pensamento, ao mesmo tempo que há continuidade de certas ideias. A segunda hipótese – que não é mais exigente – é a de que não se deve estabelecer distinção ou dicotomia entre fatores internos e fatores externos da mudança científica. Estes últimos devem ser considerados dois pontos de referência entre os quais há, de fato, continuidade[17]. Em seguida, não se deve negligenciar nenhuma tendência geográfica, ainda que ela não tenha nenhuma posteridade. Portanto, trata-se, de início, de não atribuir superioridade intelectual a nenhuma tendência em particular. Pode-se, com efeito, descobrir posteriormente que as razões de um insucesso ou de uma falta de posteridade são sociológicas ou políticas. É decerto nesse campo que as histórias da geografia pecam com gravidade. Elas assumem um ponto de vista quase "oficial", consagrando os preconceitos científicos do passado. Assim, não somente trabalhos interessantes são relegados ao esquecimento de maneira definitiva; também a história da geografia se priva dos elementos que teriam permitido compreender verdadeiramente o fundamento da contribuição da corrente que conseguiu se impor. Além disso, é importante não negligenciar *a priori* algumas das principais questões que preocupavam a sociedade francesa da época, mesmo que elas não pareçam, à primeira vista, ter influenciado o curso das ideias em geografia. Com efeito, o tipo de reflexão que elas inspiram e o tipo de resposta que lhes

---

▷ cf. Joseph Ben-David, *The Scientist's Role in Society: A Comparative Study*, Englewood Cliffs: Prentice-Hall, 1971; Anthony Oberschall, *Empirical Social Research in Germany, 1848-1914*, Haia: Mouton, 1965; e Terry Nichols Clark, *Prophets and Patrons: The French University and the Emergence of the Social Sciences*, Cambridge: Harvard University Press, 1973. (A geografia não é abordada aí).

17   Essas duas hipóteses foram corroboradas por numerosas pesquisas: Stephen Edelston Toulmin, *Human Understanding*, v. I, Princeton: Princeton University Press, 1972.

é dado podem condicionar as concepções sociais dos geógrafos do período, às vezes de maneira inconsciente.

Finalmente, tendo em vista as dificuldades que envolvem o tema abordado aqui, parece essencial não se adotar uma concepção das "comunidades científicas" estreita como certos sociólogos têm tido a tendência a fazer[18]. De fato, a identificação de laços somente entre geógrafos pode não ser suficiente para esclarecer o contexto da pesquisa geográfica e a existência de correntes múltiplas. É necessário enfatizar mais as ideologias do que as instituições propriamente ditas. Cada geógrafo pertence àquilo que se pode chamar de "círculo de afinidade", que ultrapassa a comunidade científica imediata. Ele inclui não somente os especialistas de diversas disciplinas como os políticos ou os intelectuais cujas posições sobre as questões da sociedade de uma época são conhecidas. É somente assim que se pode esperar superar certas dificuldades apresentadas em determinado período estudado.

A primeira é que várias pessoas envolvidas na pesquisa geográfica só a fazem em tempo parcial, ou ocasionalmente, tendo em vista que se especializam mais em outras disciplinas. Foi, por exemplo, o caso dos discípulos de Le Play e os de Durkheim, que se consagraram à "morfologia social". Outra dificuldade é que certos autores parecem isolados na condição de geógrafos, como o foram Élisée Reclus ou Émile Levasseur. Entretanto, a análise dos círculos de afinidade pode ser reveladora em todos os casos. Se a "comunidade científica" de certos autores não estava voltada para outros geógrafos, eles poderiam, porém, estar em relação com meios intelectuais ou científicos mais amplos. O que se torna, então, significativo para compreender o pensamento geográfico não é tanto sua relativa falta de contatos com uma comunidade de geógrafos quanto suas inclinações ideológicas, as quais os levam a entrar em interação com especialistas de outras disciplinas. A abordagem consiste, portanto, em pesquisar mais as razões da "demanda" ou da "utilização" de uma ideia do que retraçar sua "influência". Torna-se, assim, possível, por intermédio da identificação dos círculos de afinidade, captar a conjunção da lógica interna

---

18    Sobre a noção de comunidade científica, reporta-se a T. Kuhn, Posfácio, *A Estrutura das Revoluções Científicas*; e a T.N. Clark, op. cit., p. 67-89.

da ciência com o contexto no qual o geógrafo se encontra e de esclarecer, de maneira nova, a interação entre o pensamento geográfico e a sociedade.

O presente estudo buscou situar a geografia na sociedade francesa, desde as origens da Terceira República até às vésperas da Primeira Guerra Mundial. Para tanto, certo número de questões sociais foi selecionado, a partir de pesquisas históricas aprofundadas[19]. Embora as questões não busquem a exaustividade e pareçam muito limitadas para alguns, elas resumem algumas preocupações de importância para a geografia e servem como reveladoras das ideias dos geógrafos. O método e o período escolhidos, por consequência, não têm por objetivo esgotar a riqueza do pensamento geográfico da época, nem minimizar as continuidades na história da geografia francesa[20]. Trata-se, preferencialmente, de tirar todo o partido possível de uma análise do contexto social. Assim, o fato de que a disciplina tenha se desenvolvido mais cedo na Alemanha justifica a atenção que é colocada, no primeiro capítulo, a um elemento psicológico maior da cultura francesa, após a derrota de 1870-1871. Trata-se do desafio alemão intimamente ligado ao ressurgimento do nacionalismo. Este desafio provocou diversas reações, e analisáveis, em função das tendências ideológicas de cada um. O segundo capítulo trata de outra questão essencial para a França daquela época, que envolvia diretamente os geógrafos e a geografia: a construção de um império colonial. O terceiro capítulo examina o lugar da geografia no ensino, cuja reorganização foi objeto de debates intensos e um dos propósitos maiores da Terceira Republica. O quarto capítulo é concebido de maneira a revelar as tendências filosóficas que existem por trás da ideologia dos diversos geógrafos, graças à

---

19 Essas pesquisas foram longas, uma vez que a história da sociedade francesa da época tinha sido menos aprofundada do que se poderia pensar. Um olhar original é fornecido por Theodore Zeldin, *Histoire des passions françaises, 1848-1945*, Paris: Recherche, 1978-1979, 5 v. (traduzido de *France, 1848-1945*, Oxford: Oxford University Press, 1973, 2 v.)

20 Sobre esse ponto, cf. P. Pinchemel, op. cit.; P. Claval, La Naissance de la géographie humaine, *La Pensée géographique française contemporaire* (*Mélanges offerts au Pr. A. Meynier*), Saint-Brieuc: Presses Universitaires de Bretagne, 1972, p. 355-376; e Numa Broc, La Pensée géographique en France au XIXᵉ siècle: continuité ou rupture?, *Revue géographique des Pyrénées et du Sud-Ouest*, v. 47, n. 3, 1976, p. 225-247.

análise de sua atitude quanto à maneira de se estabelecer uma nova ordem social. Torna-se, então, possível, no quinto capítulo, caracterizar os diferentes círculos de afinidade presentes na pesquisa geográfica. A abrangência da escola francesa de geografia tanto quanto seus fundamentos epistemológicos são caracterizados e aprofundados no sexto capítulo.

# 1. O Desafio Alemão

O resultado da Guerra Franco-Prussiana humilhou profundamente uma grande parte da população francesa. A Alemanha se mostrou um verdadeiro desafio para a França nas áreas políticas, intelectuais e econômicas. Embora as reações tenham sido tão diversas quanto as pessoas e as situações, elas podem ser agrupadas em certas tendências e relacionadas com as ideologias dominantes à época.

Trabalhos recentes perceberam muito bem a diversidade e a dinâmica das atitudes dos franceses face à Alemanha. Mesmo se utilizando de numerosos exemplos e se debruçando de perto sobre o que se passou em várias disciplinas científicas, é, entretanto, surpreendente que o caso da geografia não tenha de nenhum modo sido tratado, nem mesmo de leve. Há apenas uma única publicação que aborda verdadeiramente a questão do modelo alemão em geografia[1]. Mas o estudo permanece

---

1  N. Broc, La Géographie française face à la science allemande (1870-1914), *Annales de Géographie*, n. 86, 1977, p. 71-94. Sobre a atitude dos franceses em relação à Alemanha, os melhores guias, de um ponto de vista geral, são: Claude Digeon, *La Crise allemande de la pensée française (1870-1914)*, Paris: PUF, 1959; e Harry W. Paul, *The Sorcerer's Apprentice*: *The French Scientist's Images of German Science*, Gainesvill: University of Florida Press, 1972. Cf. Jean-Marie Carré, *Les Ecrivains français et le mirage allemand: 1800-1940*, Paris: Boivin, 1947.▶

aqui com uma utilidade limitada, no sentido de que ele não acentua as diferenças de atitude entre todos os geógrafos. É precisamente todo o benefício que se pode extrair delas que o presente capítulo se propõe a destacar. Com efeito, é necessário compreender a evolução e a diversidade de atitudes em relação à Alemanha para ver em que medida os geógrafos as reproduziram. Trata-se aí de uma primeira etapa para a caracterização de suas afinidades ideológicas e científicas.

A parte inicial deste capítulo se limita a um sobrevoo muito geral das reações francesas: são essencialmente citados os elementos que permitirão melhor situar o comportamento dos geógrafos, e resumidos brevemente os casos de algumas disciplinas próximas à geografia, na medida em que eles já são conhecidos e comentados. As atitudes dos geógrafos são, assim, mais bem colocadas em perspectiva, quando finalmente exploradas na parte seguinte, a mais importante, deste capítulo.

## DIFERENÇAS E MUDANÇAS DE ATITUDE

### A Alemanha Antes de 1870: País das Letras, das Artes e da Ciência

A ideia veiculada por Madame de Staël, de uma Alemanha pacífica, permaneceu dominante na França por muito tempo. Foi, então, em um clima de segurança que os franceses se interessaram pelos trabalhos alemães. E se o patriotismo estava difundido na França, ele não excluía de modo algum o sentimento internacionalista. A crença no progresso – assegurado pelo desenvolvimento da ciência e do liberalismo econômico (de acordo com as ideias de Saint-Simon, Auguste Comte, Richard Cobden) – estava particularmente bem arraigada no espírito dos liberais e daqueles da esquerda sob o Segundo Império[2].

> ▷ O sobrevoo que se segue retoma em grande parte essas obras. Reportar-se a elas para mais detalhes.

2  "Até 1870, não houve pensador que separasse a ideia nacional da ideia internacional. Isso é verdadeiro tanto para Proudhon e Quinet quanto para Maistre e Bonald, aos olhos dos quais a Igreja representa o internacionalismo" (Frédéric Rauh, *Études de Morale*, Paris: Alcan, 1911, p. 223, apud C. Digeon, op. cit., p. 4). Cf. Frédéric Passy, *Historique du mouvement de la paix*, Paris: Giard et Brière, 1904.

Somente após 1866 – quer dizer, quando a hegemonia da Áustria sobre a Alemanha foi eliminada em proveito da Prússia – algumas pessoas começaram a se inquietar um pouco em relação ao crescente poder da vizinha da França. Foram, entretanto, apenas alguns raros intelectuais que tentaram atrair a atenção para um perigo eventual. Por exemplo, Prévost-Paradol sublinhou a disparidade demográfica crescente entre a Alemanha e a França e o perigo que isso poderia representar caso a unidade alemã se concretizasse. Outra ideia foi desenvolvida por alguns e, mais particularmente, por Edgar Quinet. Este mostrou que a Alemanha, por causa da Prússia, tinha traído o pensamento de Kant, Gœthe, Schiller e outros filósofos idealistas. Em suma, ele sublinhou o contraste entre a Alemanha sábia e pacífica e a Prússia, sua opressora brutal e militarista. Esta ideia, conhecida frequentemente sob o nome de "teoria das duas Alemanhas", só se tornou popular após 1870[3].

No plano intelectual, as divergências de atitude foram maiores. Os liberais consideravam a Alemanha sua segunda pátria, o modelo da ciência, das letras e das artes. Esta atitude implicava a atribuição de uma inferioridade aos equivalentes franceses e servia para criticá-los, algo particularmente claro em *La Revue des cours et conférences*, muito hostil ao regime imperial[4]. Os progressos da ciência alemã foram popularizados pela *Revue germanique*, fundada por Dollfus e Nefftzer, com a colaboração de outros liberais, tais como Ernest Renan, Émile Littré e Hippolyte Taine.

Os conservadores, quer dizer, em especial os defensores do espiritualismo eclético de Victor Cousin e os católicos, aos quais eles tinham mais ou menos se aliado, assumiam uma atitude contrária. A cultura alemã se tornava seu alvo – o que era, de fato, um meio de exprimir sua oposição aos liberais da época. Para estes conservadores, a Alemanha era o símbolo do sucesso dos filósofos materialistas e antiespiritualistas, do ateísmo, do livre-pensamento e do protestantismo.

---

3    Alexandre Dumas (pai), *La Terreur prussienne,* Paris: Michel Lévy, 1868; E. Quinet, *France et Allemagne*, Paris: Librairie Internationale, 1867.

4    "É do outro lado do Reno que se faz a ciência, é lá que vai buscá-la quem quer que esteja desejoso de se manter atualizado das ideias" (E. Véron, *Revue des cours et conférences*, 3 juin 1865, apud C. Digeon, op. cit., p. 42).

# A ESCOLA FRANCESA DE GEOGRAFIA

Nessas atitudes contraditórias em relação à cultura alemã já se encontrava a semente daquilo que iria alimentar os conflitos ideológicos da Terceira República.

## A Alemanha Após 1870, Objeto de Revanche e Modelo

Em menos de um ano, um Império, que foi considerado forte, e antigos ideais revolucionários desmoronaram. A isso se juntaram o traumatismo da Comuna e a perda da Alsácia-Lorena. A desmoralização que se seguiu provocou uma busca da explicação desses acontecimentos, um questionamento dramático das ideias anteriores a 1870. Não somente os franceses experimentaram um sentimento de humilhação, eles perderam também seu ideal de uma Europa unida e em paz. Uma consequência, além da condenação do Segundo Império (inclusive pelos católicos), foi o abandono de um patriotismo internacionalista em favor de um nacionalismo frequentemente xenófobo. Essa foi, então, a época em que reinou o ideal de "regeneração nacional". Os dois temas da "revanche" e da Alemanha como modelo cristalizaram as atitudes de grupos ideologicamente opostos. Surpreende notar que aqueles que buscaram inicialmente a revanche foram, ao mesmo tempo, os mais convencidos da necessidade de se seguir o exemplo alemão – uma reação ambivalente com frequência encontrada nos conflitos socioculturais.

Essa tendência animou o republicanismo encarnado por Gambetta. Entretanto, no fim dos anos 1880, quando a república foi ameaçada pelo movimento boulangista*, o mito da revanche foi progressivamente relegado ao segundo plano pela esquerda e foi adotado pela direita, sob a forma de um nacionalismo exaltado. Mais tarde, o jovem partido socialista, que renovou a esquerda, foi bastante internacionalista e pacifista. Esse vai e vem de opiniões conduziu, então, de Gambetta a Barrès e dos

---

\* Boulangisme: Nome dado ao movimento político que reuniu, de 1886 a 1889, em torno do general Boulanger, uma coalizão heteróclita de descontentes, hostis à República (Extraído de Dominique Vallaud, *Dictionnaire historique*, Paris: Fayard, 1995, p. 114-115). (N. da T)

O DESAFIO ALEMÃO

conservadores de 1871 a Jaurès[5]. Houve, também, mudanças de opinião sobre a oportunidade de se seguir o modelo alemão nos campos intelectuais e institucionais. Com efeito, diante do complexo de inferioridade francês em relação à filosofia, à ciência e à literatura alemãs, dois grandes tipos de reação à suposta superioridade alemã merecem ser mencionados.

O primeiro é aquele dos partidários da nova república (constituindo, então, a esquerda), que pensavam que a Alemanha devia ser um modelo para o mundo intelectual. Eles acreditavam, com efeito, que a superioridade militar e econômica da Alemanha era derivada de seu grande desenvolvimento científico[6]. Sua universidade era particularmente admirada e comparada à universidade francesa diminuída, vítima do autoritarismo repressivo dos regimes políticos passados. Tal diferença era tanto mais surpreendente quanto a Alemanha era inovadora na organização da pesquisa científica universitária[7]. A liberdade de expressão, o espírito crítico, as instituições de ensino e pesquisa (seminários, laboratórios) eram louvados e apresentados como exemplos daquilo que a universidade francesa deveria ser. Isso era, aliás, uma política dos republicanos no sentido de conceber as reformas que diziam respeito à instrução em função do exemplo alemão. Havia um florescimento de periódicos em todas as áreas. O mais sintomático dentre eles era a *Revue internationale de l'enseignement*, fundada em 1881, que tratava abundantemente dos métodos e inovações alemães.

Tudo isso não traduzia uma admiração cega, mas, antes, uma imitação crítica do modelo alemão. Gabriel Monod, o fundador, juntamente com Gustave Fagniez, da *Revue historique*, em 1876, pode ser citado como um dos melhores representantes

5   Não se deve negligenciar tudo o que o nacionalismo de Barrès deve à sua percepção do imperialismo alemão. Cf. M. Davanture, Barrès et la guerre de 1870, *Les Ecrivains français devant la guerre de 1870 et devant la Commune*, Colloque de la Société d'histoire littéraire de la France, 7 nov. 1970, Paris: A. Colin, 1972, p. 79-91.

6   Essa opinião é bem expressada por Ernest Renan, *La Réforme intellectuelle et morale*, Paris: Michel Lévy, 1871. Cf. Louis Houllevigue, *Du laboratoire à l'usine*, Paris: A. Colin, 1904; e Jean Brunhes, Instituts géographiques et chambres de commerce en Allemagne, *Revue internationale de l'enseignement*, v. 41, 1901, p. 34-39.

7   Sobre esse papel inovador da Alemanha, cf. Joseph Ben-David, *The Scientist's Role in Society: A Comparative Study*, Englewood Cliffs: Prentice-Hall, 1971.

dessa corrente de opinião. Aliás, era comum para os universitários franceses visitar os mestres alemães e participar dos seus seminários. Por exemplo, Lavisse fez uma longa viagem à Alemanha e relatou suas impressões em vários números da *Revue internationale de l'enseignement*. O governo criou bolsas especialmente para enviar os melhores estudantes franceses para estudar por um período prolongado na Alemanha.

Os relatórios que eles escreveram sobre seus períodos de estudo na Alemanha foram se tornando cada vez mais críticos, enfatizando principalmente a especialização dos estudantes, que lhes pareceu excessiva e muito prematura, e a importância muito grande atribuída à erudição em detrimento de visões mais gerais. Desde o fim do século XIX, os homens de ciência franceses foram ficando menos obcecados pela superioridade da ciência alemã, considerando-a mais uma concorrente que um modelo a seguir. Eles se concentraram mais sobre os aspectos da ciência francesa que eram potencialmente fortes e lhes permitiriam superar seus rivais. Assim, na maior parte das disciplinas, esses homens de ciência se esforçaram em promover sua própria "escola" nacional.

O segundo tipo de reação à superioridade da ciência alemã era a hostilidade e a rejeição. Esta atitude, em geral, era dos conservadores que enfrentavam a reorganização do ensino, tal como considerada pelos republicanos. Esses opositores preconizavam um retorno às fontes do gênio nacional francês. A atitude, observada em Taine e Renan, caracterizava mais a velha geração de espiritualistas que tinha começado sua carreira durante o Segundo Império, ou antes, e que controlava a universidade. Embora esta última tenha sido considerada liberal durante o Segundo Império, ela se revelaria muito conservadora e tradicional no começo da Terceira República, até que o reformismo republicano saísse vitorioso definitivamente. Somente mais tarde, quer dizer, durante a Primeira Guerra Mundial, pessoas de todos os horizontes ideológicos iriam se unir para fazer uma crítica sectária à Alemanha. Expandir-se-ia então uma verdadeira crença no gênio científico que seria particular a cada nação[8].

---

8   Ver, por exemplo, a oposição feita pelo grande físico e filósofo das ciências, Pierre Duhem, entre "o espírito geométrico" dos alemães e "o espírito de sutileza" dos franceses: P. Duhem, *La Science allemande*, Paris: A. Hermann, 1915. Sobre a crítica dos alemães acusados de parcialidade e brutalidade: Gabriel ▶

A extensão das preocupações decorrentes do desafio alemão não deve, entretanto, conduzir a um exagero da influência efetiva da Alemanha sobre o pensamento francês. O recurso ao exemplo alemão foi, com certeza, invocado com frequência, mas os fatos não seguiram necessariamente as palavras. Isto se deveu a numerosas razões e algumas merecem, particularmente, ser citadas. Primeiro, como indicado, aqueles que se referiam ao modelo alemão insistiam, também, na qualidade e na originalidade da contribuição francesa – o que fez com que a imitação não fosse servil, acima de tudo se se levar em conta a inércia das instituições existentes. É preciso, também, conscientizar-se de que o modelo tantas vezes lembrado só poderia ser bem conhecido por poucas pessoas. Se os acadêmicos tinham quase sempre um bom domínio do idioma alemão, e podiam, se necessário, visitar a Alemanha, a "massa" das pessoas cultas e dos eruditos participando em sociedades intelectuais não podia, em geral, ter o mesmo nível de conhecimento do país vizinho. Eles devem tê-lo obtido pelo prisma do que diziam alguns privilegiados na matéria. Enfim, não se pode, sobretudo, negligenciar o papel "estratégico" da invocação do exemplo alemão. Ao insistir sobre "o avanço" da Alemanha em relação à França, havia aí um meio, para os acadêmicos, de justificar reivindicações bem particulares – tais como o aumento dos créditos à pesquisa e do número de postos de trabalho, o melhoramento do equipamento e a construção de laboratórios. Era também uma maneira de ter à sua disposição um instrumento de luta ideológica de que diferentes grupos se apropriavam exageradamente – certos observadores confundindo essa representação com a realidade da situação. Tal confusão pode, aliás, alimentar a ideia, que se arrasta em numerosos comentários, de um declínio da ciência francesa no decorrer do século XIX. O fato de que esta ideia não seja de modo algum provada, e seja até mesmo contestável, não deixa de apoiar a interpretação segundo a qual a invocação do avanço alemão teria tido um lado "estratégico"[9].

▷ Petit; Maurice Leudet (orgs.), *Les Allemands et la science*, Paris: Alcan, 1916; Pierre Jean Achalme, La Science des civilisés et la science allemande, *La Revue*, 15 mais, 15 junho et 15 juillet, 1915; Charles Andler, *Le Pangermanisme, ses plans d'expansion dans le monde*, Paris: A. Colin, 1916.

9   Uma discussão sobre a crença preconceituosa de um declínio se encontra em: H.W. Paul, The Issue of Decline in Nineteenth-Century French Science, ▶

## Áreas de Imitação e de Diferenciação

Após a derrota, a potência alemã foi uma verdadeira obsessão para o nacionalismo francês. Este nacionalismo aumentou mais ainda o estado de espírito que se espalhara pela Europa após meados do século XIX e que conduzira à *Machtpoliti*\* e ao darwinismo social[10]. Em tal contexto, é evidente que o desafio alemão foi um elemento importante na evolução de questões sociais, tais como o colonialismo, o regionalismo, a instrução e a moral. Estas últimas serão analisadas em detalhe nos capítulos seguintes; por enquanto, convém resumir, em seus pontos principais, as relações que as disciplinas próximas da geografia mantiveram com os progressos que aconteceram na Alemanha.

Os republicanos favoreceram uma nova geração de filósofos que, trabalhando do interior da universidade, alteraram progressivamente o espiritualismo, voltando-se para o idealismo de Kant e para o estudo do método científico. O sucesso desta tendência filosófica foi assegurado pelo fortalecimento do regime republicano. A importância dessas mudanças foi muito grande e será retomada nos capítulos ulteriores. O ensino da filosofia, na Alemanha, foi também estudado de perto, e as ideias, não desprovidas de espírito crítico, foram introduzidas na França[11]. Os opositores ao regime republicano reagiram contra o kantismo, uma "invasão alemã". Eles se orientaram, muito mais, para um realismo conservador (ex.: Taine), ou melhor, para um espiritualismo renovado (apoiando-se frequentemente em Bergson ou mesmo em Schopenhauer).

---

▷ *French Historical Studies*, n. 7, 1972, p. 416-450. Essa ideia está bem resumida e apresentada – com convicção – no capítulo 4 de Robert Gilpin, *La Science et l'État em France*, Paris: Gallimard, 1970 (traduzido de: *France in the Age of the Scientific State*, Princeton: Princeton University Press, 1968.)

\* *Machtpolitik*: política de poder, em tradução literal do alemão (N. da T.)

10 Cf. Friedrich List, *Das nationale System der politischen Oekonomie*, Stuttgart/ Tübingen: Cotta, 1841. (Traduzido para o francês em 1851).

11 Ver os relatórios, em parte críticos, de H. Lachelier, L'Enseignement de la philosophie dans les Universités allemandes, *Revue philosophique*, n. 11, 1881, p. 152-174; V. Séailles, L'Enseignement de la philosophie en Allemagne, *Revue internationale de l'enseignement*, v. 9, 1883; Émile Durkheim, La Philosophie dans les universités allemandes, *Revue internationale de l'enseignement*, v. 13, 1887, p. 313-338, 423-440.

O DESAFIO ALEMÃO

Nas ciências históricas, o prestígio da Alemanha fora extremamente importante desde a primeira metade do século XIX, mas mostrou um declínio após os anos 1870. Michelet e, em especial, Renan foram os principais promotores do prestígio das ciências históricas alemãs (ex.: a filologia)[12]. Admirava-se a erudição dos mestres alemães, sua crítica competente dos textos e a impressão de objetividade que se extraía de seus trabalhos. O melhor exemplo de um admirador da história alemã foi, certamente, Gabriel Monod (1844-1912), ele próprio discípulo de Michelet, além disso, seu genro e herdeiro universal. Ele nunca escondeu seus sentimentos germanófilos, até por ocasião da guerra de 1870-1871. Para Monod e seus colegas, que escreviam frequentemente na *Revue historique*, que ele fundara com Fagniez, em 1876, a Alemanha era a pátria da ciência e das instituições democráticas. Ele fez uma importante viagem a este país, em 1867-1868, onde acompanhou os cursos do famoso historiador Waitz e encontrou também Gervinus, Ranke e Droysen. Monod apareceu, assim, como um dos líderes da nova geração de historiadores que o liberalismo e o republicanismo engendraram[13].

Essas conotações ideológicas reavivaram a velha disputa entre os historiadores "germanistas" e "romanistas". Os primeiros pensavam que a conquista da Gália pelos povos germânicos tinha sido benéfica para a França, porque destruíra o despotismo romano e ensinado a liberdade, os direitos individuais e a independência. Os segundos acreditavam que os bárbaros germânicos tinham sido simplesmente assimilados pelos galo-romanos, sem ter qualquer impacto real sobre a cultura francesa. Durante todo o século XIX, a tese romanista perdeu, progressivamente, terreno em proveito da tese germanista. Entretanto, Fustel de Coulanges, que adotara a ideologia política bonapartista e conservadora, atacou vivamente a teoria germanista, após a derrota francesa de 1871. Ele fez uma crítica muito aprofundada dos trabalhos de seus adversários: os

---

12   A atitude favorável dos historiadores franceses em relação à Alemanha antes de 1870 é bem descrita por: Heinz-Otto. Sieburg, *Deutschland und Frankreich in der Geschichtsschreibung des 19. Jahrhunderts*, v. II, Wiesbaden: F. Steiner, 1958.

13   Sobre Monod e a *Revue historique*, cf. Charles-Olivier Carbonell, *Histoire et historiens. Une mutation idéologique des historiens français, 1865-1885*, Toulouse: Privat, 1976, p. 409-451.

historiadores liberais Monod, Geffroy, Laveleye, Glasson, Aucoc e Havet, e os prestigiosos historiadores alemães Waitz, Sohm, Junghaus e Fahlbeck. E solapou as teorias destes, mostrando que elas se baseavam em concepções *a priori*. Mas não se limitou somente às críticas: ele tentou trocar a ideia de revolução histórica pela de uma evolução lenta das instituições. Sobre este ponto, o método de Fustel de Coulanges foi parecido com o de Taine: solapar as teorias ambiciosas com fatos, opor-se às ideias liberais com a ajuda de um realismo ou empirismo estrito, que deveria conduzir a uma nova teoria – ela própria conservadora e defendendo as tradições nacionais. A polarização ideológica dos historiadores franceses foi, aliás, ratificada por dois periódicos: a *Revue historique*, republicana moderada, e a *Revue des questions historiques*, católica e legitimista[14].

É preciso insistir no fato de que os jovens historiadores franceses, a partir de 1880, foram mais seguros de si do que seus antepassados *vis-à-vis* da Alemanha. Esta atitude foi bem ilustrada por Charles Seignobos e Camille Jullian (um discípulo de Fustel de Coulanges) que, graças a uma bolsa do governo francês, visitaram as universidades alemãs em 1879 e 1882, respectivamente. Em seus relatórios, eles tentavam mostrar que os trabalhos históricos franceses não eram inferiores aos dos alemães, frequentemente muito especializados. Ademais, tornava-se fácil para os historiadores franceses, tais como Lavisse, marcar as diferenças de seus trabalhos em relação aos de seus colegas alemães, pois estes mostravam um nacionalismo excessivo e davam à cultura alemã uma posição privilegiada. Outros, como Rambaud, criticavam as teses antifrancesas e antirrevolucionárias dos historiadores alemães[15]. O nacionalismo deles e sua recusa de aceitar o princípio de autodeterminação dos povos (como na Alsácia-Lorena) tinham por efeito reforçar uma concepção voluntarista e afetiva da nação entre os historiadores

---

14   Um bom exame da *Revue des question historiques* se encontra em C.O. Carbonell, op. cit., p. 325-399. Para mais detalhes sobre Fustel de Coulanges e as teorias germanista e romanista, reportar-se a C. Digeon, op. cit., p. 239-252.

15   Alfred Rambaud, Un historien allemand de la Révolution française, *Revue politique et littéraire*, 17 fév. 1887, p. 789-797. Sobre os julgamentos críticos de Seignobos e de Jullian, cf. C. Digeon, op. cit., p. 376-379. Para uma avaliação mais tardia, cf. Antoine Guilland, *L'Allemagne nouvelle et ses historiens: Niebuhr, Ranke, Mommsen, Sybel, Treitschke*, Paris: Alcan, 1899.

franceses. Todavia, qualquer que seja a qualidade de seus trabalhos, suas orientações eram fundamentalmente explicáveis por referência ao desafio alemão.

O método histórico em economia, muito desenvolvido na Alemanha, foi pouco apreciado na França, onde os economistas continuaram ligados ao liberalismo clássico de inspiração britânica. Tal atitude não foi, entretanto, monolítica, e os críticos alemães da economia liberal tradicional encontraram eco entre alguns economistas franceses. O grande republicano, Charles Gide, foi certamente o melhor representante na França da escola alemã de economia histórica, na virada do século xix.

Em sociologia, a polarização entre ideologia de esquerda e de direita, no que diz respeito aos trabalhos alemães, foi bem evidente. Embora Durkheim gostasse de sublinhar o quanto a sociologia devia a Saint-Simon e Comte, ele não escondeu sua estima pelos trabalhos alemães. Exaltou, sobretudo, os méritos de psicólogos e sociólogos, tais como Lotze, Fechner, Wundt, Wagner, Schmoller e Schäffle, que o ajudaram a se libertar de uma concepção da sociedade baseada no indivíduo (atomismo), para melhor desenvolver o realismo social, que deve fundamentar a sociologia. Suas simpatias socialistas – assim como as de seus discípulos – refletiram em parte a influência dos progressos do socialismo na Alemanha, que vários deles (ex.: Bouglé, Davy), inclusive o próprio Durkheim, tiveram ocasião de visitar. Georg Simmel foi, aliás, convidado a colaborar na publicação do primeiro volume de *L'Année sociologique*, que dedicou sempre uma parte importante de suas análises críticas às publicações alemãs. O universo referencial dos durkheimianos foi, entre todos os sociólogos, aquele que pareceu o mais "alemão", a tal ponto que Durkheim teve até mesmo de se defender da acusação de plágio[16]. Ele o fez com tanto vigor que se voltou, no

---

16  Cf. V. Karady, Sobre a Influência Alemã, em É. Durkheim, *Texts, v. 1: Eléments d'une théorie sociale*, présentation de Victor Karady, Paris: Minuit, 1975, p. 400-407. Sobre a dívida de Durkheim para com a Alemanha, cf. É. Durkheim, La Science positive de la morale en Allemagne, *Revue philosophique*, v. 24, n. 2, 1887, p. 33-58, 113-142, 275-284; e Bernard Lacroix; Béatrice Landerer, Durkheim, Sismondi et les socialistes de la chaire, *L'Année sociologique*, v. 23, 1972, p. 159-182. Uma perspectiva da influência alemã é fornecida em É. Durkheim, La Sociologie en France au xixe siècle, *Revue politique et littéraire* (*Revue bleue*), 1900, p. 609-613, 647-652.

final do século xix, para os trabalhos anglo-saxões de história e antropologia das religiões.

Em suma, em cada disciplina, a "esquerda" francesa buscava imitar o modelo alemão e, em seguida, concorrer com ele. Em contrapartida, os conservadores o criticavam, ou até o rejeitavam em bloco, para se dedicar a estudos bem empíricos, capazes de reforçar uma filosofia tradicionalista.

Essas diferenças e mudanças de atitude em relação ao desafio alemão acabam de ser examinadas sem que se tenha feito qualquer referência à geografia. A despeito da quase inexistência de trabalhos sobre o tema, as pesquisas que se seguem revelam que a geografia pode, de fato, ser tida como um dos melhores exemplos do impacto do desafio alemão no pensamento francês. Elas corroboram notavelmente vários fatos já citados e permitem comparações interessantes com as diferentes maneiras pelas quais as outras ciências humanas responderam a este desafio.

## A GEOGRAFIA FRENTE AO DESAFIO ALEMÃO

As páginas anteriores mostram que o impacto do desafio alemão se situa tanto no nível das instituições (organização do trabalho) quanto no nível das ideias (conceitos, teorias, métodos), sejam elas emprestadas da Alemanha ou defendidas em reação a este país. Embora seja um pouco artificial separar instituições e ideias, é útil fazê-lo aqui, não somente para facilitar a apresentação da questão, mas também para destacar os diferentes geógrafos da época. Penetrar no pensamento geográfico dos alemães era, evidentemente, distinto de apenas se inspirar em suas instituições. A única publicação que se debruçou um pouco sobre a questão concluiu que "a influência alemã [...] parece ter sido mais forte no plano da organização do trabalho geográfico, do 'equipamento' do pesquisador, do que sobre o pensamento geográfico propriamente dito"[17]. Este julgamento

---

17 N. Broc, La Géographie française face à la science allemande (1870-1914), *Annales de Géographie*, n. 86, p. 93.

O DESAFIO ALEMÃO

é muito global e deve, inclusive, ser corrigido, na medida em que se queira chamar a atenção para a diversidade das atitudes dos geógrafos franceses face ao modelo alemão.

## No Nível das Instituições

É sublinhado, frequentemente, que a derrota de 1871 estimulou o desenvolvimento do movimento geográfico francês[18]. A má qualidade do ensino geográfico nas escolas era conhecida e, já desde 1863, o ministro liberal Victor Duruy tentava remediar a situação com a ajuda de Émile Levasseur. A tirada espirituosa de Goethe, segundo a qual os franceses não conheciam a geografia, era comumente citada. Após a guerra, ao se tornar claro que numerosos oficiais do exército francês eram incapazes de ler os mapas topográficos e não possuíam um bom conhecimento das regiões nas quais lutavam, generalizou-se o sentimento de que o ensino da geografia devia ser melhorado. No espírito da esquerda da época, nacionalista e republicana, ele poderia ajudar o reerguimento e o prestígio da França. O ensino da geografia aos escolares era concebido para formar cidadãos e fortalecer seu patriotismo – ideia, aliás, compartilhada por alemães como Ratzel e Partsch. Havia também, na época, uma verdadeira predileção pela ginástica. A fundação do Club Alpin Français, em 1897, estava, aliás, no cruzamento destes dois movimentos. Ele visava combinar uma atividade sã com um conhecimento melhorado do país, tudo isso com um objetivo patriótico, tal como proclamava a divisa que Franz Schrader o faria assumir, em 1903: "Para a pátria, pela montanha."[19] A criação, em 1876, da Société de Topographie, sob o impulso de Ludovic Drapeyron, era no mesmo sentido: promover o patriotismo por meio da

18 Cf. André Meynier, *Histoire de la pensée géographique en France (1872-1969)*, Paris: PUF, 1969.
19 N. Broc, Pour le cinquantenaire de la mort de Franz Schrader (1844-1924), *Revue géographique des Pyrénées et du Sud-Ouest*, v. 45, n. 1, 1974, p. 5-16. Sobre a convergência de pontos de vista com a Alemanha, cf. Harriet Wanklyn, *Friedrich Ratzel: A Biographical Memoir and Bibliography*, Cambridge: Cambridge University Press, p. 34; e J. Partsch, Geographical Instruction in the Universities of Germany, *University of Virginia Publications, Proceedings of the Philosophical Society, 1911-1912*, Charlottesville: University of Virginia, 1912, p. 104.

difusão do método topográfico. A invocação da superioridade alemã estava frequentemente na moda, com o objetivo de melhorar o ensino da geografia na escola primária e secundária. Qual não foi, então, a surpresa dos participantes franceses do Segundo Congresso Internacional de Geografia, que se realizou em Paris, em 1875, no qual tomaram conhecimento, por meio de um colega vindo da Alemanha, de que a situação do ensino da geografia no nível secundário não era brilhante por lá![20]

A instrução e a pesquisa geográficas eram consideradas úteis à conquista e à exploração de colônias – política que era ela própria uma resposta ao desafio colocado pela potência alemã (esta questão será tratada no capítulo seguinte). Por outro lado, a crença muito difundida na França, após 1870, de que a força da Alemanha era fundamentada em seu desenvolvimento científico, também se aplicava à geografia. O movimento regionalista no qual numerosos geógrafos participavam, oferecia um campo privilegiado para uma forma de geografia aplicada. Em particular, Vidal de la Blache, seu amigo Foncin e seu estudante Gallois (pertencentes todos à Fédération Régionaliste Française) trabalhavam sobre o problema da identificação e da delimitação das regiões, cuja diversidade cultural deveria ser preservada para contrabalançar a influência uniformizadora da centralização parisiense e reforçar todas as energias potenciais da França contra a Alemanha. Por exemplo, Vidal indicava, com a autoridade que lhe dava seu conhecimento dos homens e das coisas da França, as reformas administrativas ou econômicas susceptíveis de fornecer ao país "a força da resistência cujo segredo não está mais, no tempo atual, na centralização política"[21].

O prestígio da geografia alemã durante todo o século XIX era, em grande parte, decorrência da obra considerável realizada por casas de edição privadas. O exemplo mais célebre era

---

20 Cf. C. Faure, Les Progrès de l'enseignement de la géographie en France, *Bulletin de la Société neuchâteloise de géographie*, t. VI, 1891, p. 116. A situação no secundário alemão está bem resumida em Joseph Halkin, *L'Enseignement de la géographie en Allemagne et la réforme de l'enseignement géographique dans les universités belges*, Bruxelles: Office de Publicité et Société Belge de Librairie, 1900, p. 25-46 (Bibliothèque de la Faculté de Philosophie et Lettres de l'Université de Liège, Fascicule IX).

21 Émile Bourgeois, Notice sur la vie et les travaux de M. Paul Vidal de la Blache, *Mémoires de l'Institut, Académie des sciences morales et politiques*, 1920, p. 34.

O DESAFIO ALEMÃO 15

aquele do instituto geográfico de Justus Perthes, em Gotha, do qual saíram atlas (como o *Stieler Handatlas*), anuários estatísticos, mapas murais (como os de H. Haack), manuais escolares, revistas (como os *Petermanns Mitteilungen*) e outras publicações de caráter geográfico ou cartográfico. O desafio foi parcialmente aceito pelas casas de edição francesas, após a guerra de 1870. Desejosas de investir um capital no desenvolvimento da geografia, elas patrocinaram as pesquisas conduzidas frequentemente por não universitários. O melhor exemplo é o da casa Hachette. Ela assegurou um rendimento estável e substancial a Élisée Reclus durante uma trintena de anos e – por meio da publicação de atlas, mapas murais, atlas escolares – contribuiu de maneira significativa para o renascimento da ciência francesa. O animador dessa política foi Émile Templier (sucessor de Louis Hachette). Ele fundou, no interior de sua empresa, um escritório cartográfico, que Schrader dirigiu com diligência[22]. Este levou a bom termo a publicação do *Atlas universel de géographie*, iniciado por Vivien de Saint-Martin, antes de sua morte, e concebido na esperança de liberar os franceses da superioridade dos atlas alemães. Entretanto, este atlas, assim como os de Levasseur e de Vidal de la Blache, não conseguiu eliminar o avanço esmagador dos trabalhos cartográficos alemães. De fato, muito mais tarde, durante a Primeira Guerra Mundial, Clémenceau se queixou de ser ainda obrigado a consultar atlas alemães, frequentemente mais precisos e completos que aqueles publicados na França[23].

A iniciativa privada não foi a única a tentar aceitar o desafio alemão. Em 1871, Jules Simon, ministro da Instrução Pública do novo regime republicano, pediu a Levasseur e a Auguste Himly

---

22 Para mais detalhes sobre a comparação das atividades dos editores alemães e dos franceses, reportar-se ao excelente resumo de N. Broc, La Géographie française face à la science allemande (1870-1914), *Annales de Géographie*, n. 86, p. 73-79.

23 Cf. P. Vidal de la Blache, *Atlas général Vidal-Lablache*, Paris: A. Colin, 1894; e, por exemplo, É. Levasseur, *Atlas physique polítíque, économique de la France*, Paris: Delagrave, 1876, 27 cartas. O descontentamento de Clémenceau fez com que fundos fossem liberados para assegurar a publicação de uma edição revisada do *Atlas* de Schrader (cf. *Réunion organisée à la Sorbonne en l'honneur de Jean-Daniel-François Schrader (dit Frantz), géographe français...*, Paris: Hachette, 1923, p. 31.). Sobre as boas relações entre Reclus e a casa Hachette, cf. G.S. Dunbar, *Élisée Reclus: Historian of nature*, Hamden: Archon, 1978, p. 193.

que visitassem as escolas primárias e secundárias da França, e que propusessem uma reforma do ensino da história e da geografia. Levasseur encorajou os universitários a se voltarem para o ensino e a pesquisa geográficas – de fato, nessa época, só havia uma cátedra de geografia na universidade francesa: aquela ocupada por Himly, na Sorbonne. Alguns cursos foram improvisados por não especialistas, como Desdevises du Dézert, em Clermont-Ferrand (1872), Berlioux, em Lyon (1874), e Vidal de la Blache, em Nancy (1873). Estes "voluntários" voltavam-se geralmente para a Alemanha, no sentido de buscar a inspiração do ensino da geografia moderna, já que o assunto era mais bem desenvolvido neste país: Himly e Levasseur tinham, aliás, procedido assim no início de suas carreiras. Desdevises du Dézert chegou a pedir para que se traduzissem os manuais de Daniel, por não existir equivalente na França[24].

Embora a reforma das universidades seja examinada no terceiro capítulo, é bom mencionar aqui que a esquerda, que empreendeu esta tarefa, inspirou-se largamente na experiência alemã. Esta última era constantemente invocada por encorajar a criação de cátedras de geografia. Havia, de fato, cátedras na maior parte das universidades prussianas, no fim dos anos 1870, e o movimento se expandia para o resto do império alemão, que já contava algumas cátedras prestigiosas, como a de Göttingen[25]. Foram esses exemplos que mencionou Drapeyron, um dos mais ativos na campanha para o desenvolvimento das instituições geográficas na França. Assim, a criação das cátedras de geografia pelos governos republicanos deveu muito, certamente, ao prestígio do modelo alemão.

Uma importante inovação alemã – a criação de "seminários" – impressionou os universitários franceses, que buscaram se inspirar nela. Embora aulas menores já tivessem sido organizadas na École Normale Supérieure, o seminário permanecia

---

24  *É. Levasseur; A. Himly, Rapport général sur l'enseignement de l'histoire et de la géographie*, Paris: Dupont, 1871 (separata do *Bulletin administratif du Ministère de l'instruction publique et des cultes*, n. 265, 17 nov. 1871); É. Levasseur, *L'Étude et l'enseignement de la géographie*, Paris: Delagrave, 1872; Desdevises Du Dézert, Archives Nationales, Paris, F17. 20589.

25  Sobre a situação da geografia nas universidades alemãs, ver sobretudo os testemunhos de H. Wagner em W. Lexis (org.), *Die deutschen Universitäten*, v. II, Berlin: A. Asher, 1893, p. 140s; e de J. Halkin, op. cit., p. 47-117.

O DESAFIO ALEMÃO

praticamente desconhecido nas universidades francesas, nas quais os professores se contentavam em dar aulas magistrais. Aqueles que foram sensíveis ao modelo alemão inauguraram a prática de um ensino reservado a um pequeno número de estudantes. Assim, Vidal de la Blache e Marcel Dubois ficaram conhecidos por ter formado numerosos estudantes no contexto de pequenas aulas (ou "conferências"), conduzidas separadamente dos grandes cursos públicos. Jean Brunhes fez o mesmo no Collège de France. Embora certos professores (como Himly) continuassem a ensinar somente de maneira magistral, a prática das conferências para os estudantes tendeu a se generalizar. Ela foi reforçada pelo estabelecimento de laboratórios, aparentemente uma das primeiras preocupações dos jovens geógrafos nomeados para uma função universitária: por exemplo, Brunhes, em Fribourg, em 1896, Emmanuel de Martonne, em Rennes, em 1899, Raoul Blanchard, em Grenoble, em 1908.

Vários geógrafos universitários, como seus colegas em outras disciplinas, fizeram missões de estudo na Alemanha. Houve, então, contatos pessoais entre os colegas das duas nações. Desde o começo dos anos 1870, Vidal de la Blache se pôs a viajar frequentemente à Alemanha, onde visitava os seminários ou os laboratórios de geógrafos célebres, como Ferdinand von Richthofen, Oskar Peschel, Theobald Fisher e Ratzel. Com a ajuda de bolsas, Emmanuel de Margerie esteve na Alemanha em 1885, Camena d'Almeida, em 1886, de Martonne, em 1896-1897. Brunhes foi ao seminário de Ratzel, em Leipzig, em 1904, e retornou à Alemanha em 1910. Blanchard fez uma viagem de estudo aos países de língua alemã, em 1908, convencendo facilmente o diretor do ensino superior, Charles Bayet, a lhe fornecer os fundos com essa finalidade, pois, segundo Blanchard, a ciência alemã era sempre considerada com deferência e admiração. Os relatórios que resultaram dessas missões mostraram a estima de seus autores pela geografia na Alemanha, embora não destituídos de críticas, fato particularmente sensível nas afirmações – tardias, é verdade – de Blanchard[26].

---

26 Pierre Camena d'Almeida, L'Enseignement géographique en Allemagne, *Revue de géographie*, t. 21, 1887, p. 222-229; Emmanuel de Martonne, Notes sur l'enseignement de la géographie dans les universités allemandes, *Revue internationale de l'enseignement*, v. 35, 1898, p. 251-262; Jean Brunhes, Friedrich Ratzel (1844-1904), ▶

Ainda que indiretamente, o desafio alemão ofereceu outra ocasião à geografia francesa de reforçar sua posição institucional: isto aconteceu durante a Primeira Guerra Mundial. A necessidade de informações de caráter geográfico sobre os campos de batalha, reais ou eventuais, e sobre as nações inimigas incitaram o responsável do Service Géographique de l'Armée a pedir a Vidal de la Blache que o ajudasse na constituição de uma comissão de geografia (no âmbito do Service), que trabalharia tanto sozinha como em colaboração com as Forças Armadas. A comissão compreendeu, entre outros, Demangeon, Gallois, Emmanuel de Margerie, de Martonne. Camena d'Almeida, que tinha como hobby o interesse pelas questões militares, foi empregado pelo Ministério da Guerra para localizar as tropas alemãs e descrever seus movimentos. Alguns destes geógrafos, assim como outros, trabalharam como conselheiros junto àqueles que prepararam as negociações de paz[27].

Assim, menos de meio século após 1870, a Primeira Guerra Mundial revelava as raízes profundas que a geografia tinha estabelecido na sociedade francesa durante a Terceira República. Como a preocupação, implícita ou explícita, ao desafio alemão foi muito difundida entre os geógrafos da época, é necessário passar do nível das instituições para o das ideias, para melhor captar as diferenças de atitudes.

---

▷ *La Géographie*, v. x, 1904, p. 103-108; Raoul Blanchard, *Je découvre l'Université: Douai, Lille, Grenoble*, Paris: A. Fayard, 1963. As viagens de Vidal foram retreçadas sobretudo graças a: É. Bourgeois, op. cit., p. 17; M.J.-B. Delamare, Jean Brunhes (1869-1930), *Les Géographes français*, Paris: Bibliothèque Nationale, 1975, p. 49-80 (Comité des travaux historiques et scientifiques, Bull. de la Section de géographie, LXXXI); e P. Vidal de la Blache, Nécrologie: "F. Ratzel", *Annales de géographie*, n. 13, 1904, p. 466-467. Ver também os comentários de N. Broc, La Géographie française face à la science allemande (1870-1914), *Annales de Géographie*, n. 86, p. 79-80.

27  *Notice sur les travaux de la Commission de géographie du Service géographique de l'Armée*, Paris: Imprimerie du Service géographique de l'Armée, 1920. G. Weill, Nécrologie: Camena d'Almeida, *Annuaire de l'Amicale des anciens élèves de l'École Normale supérieure*, 1946, p. 20-21. Alguns dos trabalhos preparatórios para as negociações de paz foram publicados, por exemplo: P. Vidal de la Blache; L. Gallois, *Le Bassin de la Sarre, clauses du traité de Versailles, étude historique et économique*, Paris: A. Colin, 1919.

## No Nível das Ideias

A importância do desafio alemão se encontrava no nível das ideias geográficas propriamente ditas, ainda que em graus diferentes e apesar de certas reticências a que isso fosse reconhecido. A geografia alemã, entretanto, não teve ou teve pouca influência sobre os trabalhos dos discípulos de Le Play e de Durkheim – quando eles se dedicaram a estudos de interesse geográfico.

A atitude de Le Play e de seus discípulos correspondeu à sua reputação conservadora em questões sociopolíticas. Eles não buscaram inspirar-se na ciência alemã e se orientaram mais no sentido do tradicionalismo e da cultura anglo-saxônica. Seu quadro intelectual foi estabelecido por Le Play, muito tempo antes da Guerra Franco-Prussiana, e seu pensamento científico, seguindo o do mestre, voltou-se para as ciências naturais e o método empírico. Eles continuaram marcados por uma concepção notoriamente tradicionalista da sociedade explicando, provavelmente, por que não se interessaram pelas contribuições alemãs que, decerto, fascinavam os liberais ou republicanos em seu combate contra a ordem conservadora. Católicos, na maioria, os discípulos de Le Play atraíram, entretanto, alguns não crentes. O mais célebre deles foi Taine, que adquirira o hábito de assistir às conferências de Demolins em um local, aliás, situado na sede da Société de Géographie de Paris[28]. É essencialmente por seu interesse pela tradição e pelo empirismo que tais homens puderam aproximar-se uns dos outros, sobretudo quando se conhece a hostilidade aberta de Taine pelo catolicismo.

Sabe-se, como lembrado antes, que as concepções sociológicas da escola de Durkheim deviam muito à Alemanha. Mas sua abordagem das questões geográficas, materializada no que ela chamava de morfologia social, pouco se inspirava nos geógrafos deste país. Ao mesmo tempo que essa escola se interessava pelas antropologias alemã e francesa, das quais acompanhava os trabalhos, ela tratava seu tema de estudo preferencialmente em função de suas próprias teorias sociológicas. Seja como for,

---

28  Indicado em: *Dictionnaire de biographie française*, v. 10, Paris: Letouzey, 1965, p. 995. Um exemplo da orientação ideológica dos discípulos de Le Play é: Edmond Demolins, *A quoi tient la supériorité des Anglos-Saxons*, Paris: Firmin-Didot, 1897.

seu grande interesse pelos trabalhos alemães, mesmo não geográficos, diferenciava-a claramente dos discípulos de Le Play.

Por oposição a autores que preservavam em seus estudos uma preocupação sociológica sustentada, os "geógrafos", declarados ou conhecidos como tal, tinham, em geral, uma formação histórico-geográfica que devia quase sempre alguma coisa à geografia alemã propriamente dita. Pode-se mesmo dizer que o principal denominador comum dos trabalhos geográficos franceses do século XIX era seu desejo constante de se colocar no quadro fixado pelo grande geógrafo alemão, Karl Ritter. Isso não quer dizer, entretanto, que seus pensamentos e métodos – baseados em uma abordagem comparativa ou histórica preocupada em integrar os fenômenos humanos e naturais – eram bem compreendidos por aqueles que os defendiam. Divergências acentuadas apareciam na aplicação ou na interpretação dos princípios de Ritter. Tanto que, em 1845, o próprio Ritter, fazendo uma visita a Guigniaut, que possuía, então, a única cátedra de geografia no seio da universidade francesa, declararia que este "não compreendia nada de geografia", embora seu objetivo declarado fosse ensinar a geografia comparada ritteriana[29]. Os trabalhos de Guigniaut, como aqueles de numerosos outros geógrafos franceses do século XIX (ex.: E. Desjardins, Walckenaer, A. Longnon) diziam respeito a uma geografia histórica tradicional. Essa disciplina, frequentemente concebida para estar a serviço da história, baseava-se na reconstituição das antigas configurações geográficas (em geral, as fronteiras políticas e as costas marítimas) e na determinação das localizações exatas dos nomes de lugares, recorrendo à análise erudita dos textos dos arquivos.

---

29  Relatado por P. Vidal de la Blache, Nécrologie: Auguste Himly, *Annales de géographie*, v. 15, 1906, p. 476-480. Cf. Joseph-Daniel Guigniaut, *De l'étude de la géographie en général et de la géographie historique en particulier*, Paris: Rignoux, 1836. Uma parte dos trabalhos de Ritter foi traduzida para o francês: Karl Ritter, *Géographie générale comparée*, tradução de E. Buret e É. Desor, Paris: Paulin, 1835-1836, 3 v. Sobre o pensamento e a obra de Ritter, reportar-se a: H. Schmitthenner, *Studien über Karl Ritter*, Frankfurt: W. Kramer, 1951 (Frankfurter Geographische Hefte, 25. Jahrgang, Heft 4); e a Georges Nicolas-Obadia, Introduction: Karl Ritter et la formation de l'axiomatique géographique, em K. Ritter, *Introduction à la géographie générale comparée*, tradução de Danielle Nicolas-Obadia, Paris: Les Belles Lettres, 1974, p. 3-32 (Cahiers de géographie de Besançon, 16).

Na segunda metade do século XIX, se alguns continuavam interessados, antes de tudo, pelos trabalhos de erudição que visavam reconstituir a geografia dos tempos antigos, outros procuravam desvencilhar-se de uma interpretação assim restritiva da geografia, para desembocar em visões mais globais e que tocavam mais o mundo contemporâneo. Aqui, ainda – e com mais razão –, a referência de base era quase invariavelmente Ritter, encarado como o fundador da geografia moderna. O desejo de seguir os princípios de Ritter, e o próprio fato de que Humboldt era menos citado, devem ser relacionados com o controle da história sobre as ciências sociais da época. Isso era particularmente verdadeiro na Alemanha, e em uma medida menor na França, onde a economia política continuava fiel à abordagem do liberalismo clássico. Este fato, combinado com a política francesa de que história e geografia fossem ensinadas pelo mesmo professor nas escolas, constituiu um meio favorável sobre o qual um paradigma ritteriano pôde desenvolver-se. Élisée Reclus, em particular, que descobriu Ritter durante uma viagem a Berlim, e cujas publicações geográficas tiveram uma difusão excepcionalmente grande desde o fim dos anos 1860, foi o que mais contribuiu para difundir o pensamento ritteriano nos meios cultos. Seu prefácio para um artigo de Ritter, que ele havia traduzido para a *Revue germanique* em 1859, mostrava tudo que ele devia a seu mestre – o apoio entusiasta (de Reclus) à fundação do periódico, no final dos anos 1850, refletindo bem sua estima pela ciência alemã[30].

O pensamento de Ritter influenciou tanto o ensino quanto a pesquisa. Quando Himly, liberal e protestante, foi encarregado de ensinar a geografia na Sorbonne, em 1858, ele combinou sua formação de historiador, adquirida em parte na Alemanha, com a inspiração que buscou em Ritter. A influência do geógrafo alemão se exerceu também de maneira indireta, quer dizer, por intermédio de seu discípulo, Arnold Guyot, que residia nos Estados Unidos. Assim, quando Levasseur foi encarregado pelo

---

30  K. Ritter, De la configuration des continents sur la surface du globe et de leurs fonctions dans l'histoire, *Revue germanique*, nov. 1859 (com prefácio de É. Reclus). Cf. G. Pariset, La Revue germanique de Dolfuss et Nefftzer d'après la correspondance des deux directeurs…, *Revue germanique*, v. I, n. 6, 1905, p. 617-640; e *Revue germanique*, v. II , n. I, 1906, p. 28-62 (sobretudo p. 32-34).

liberal Duruy, em 1863, de preparar os programas de geografia e quis escrever os manuais escolares, ele visitou Guyot em Princeton para pedir-lhe sua opinião; Levasseur reconheceu, mais tarde, sua dívida com Guyot e mencionou frequentemente que Ritter foi o inspirador da geografia moderna. L. Simonin, que foi encarregado do ensino da geografia na École des Hautes Études Commerciales, em 1881, escreveu com muito respeito para Guyot (o qual tinha visitado em 1876) a fim de pedir-lhe conselho para seu ensino. Parece, então, que certas ideias de Ritter penetraram na geografia francesa por intermédio de Guyot, com este último reforçando a influência direta proveniente da Alemanha[31].

Além do sucesso dos trabalhos de Ritter e de seus discípulos, a geografia alemã se beneficiou do prestígio que lhe conferiram suas numerosas publicações. Daí resultou um sentimento muito forte de inferioridade em relação à geografia alemã que se difundiu entre os franceses, fossem eles geógrafos ou não. Houve quase uma tradição de fazer elogios a uma publicação geográfica francesa, enfatizando que ela podia resistir à comparação com os trabalhos alemães. Foi exatamente o que fez Vidal quando teve que comentar os primeiros trabalhos de Himly, enquanto Henry Welschinger reconheceu a contribuição de Vidal, afirmando que ele tinha elevado a geografia francesa ao nível da geografia alemã. O próprio fato de os geógrafos alemães destacarem trabalhos geográficos franceses pareceu consagrar o valor científico destes: aparentemente foi o caso quando Drapeyron notou que Hermann Wagner se impressionou com um artigo de Berlioux na *Revue de géographie*, ou quando Vidal mencionou que as monografias regionais francesas (que havia, de fato, inspirado) foram "imitadas quase imediatamente na Alemanha"[32].

---

31   Sobre a vida e a obra de Himly, cf. V. Berdoulay, "Louis-Auguste Himly" (1823-1906), *Geographers: Biblographical Studies*, n. I, 1977, p. 43-47. Sobre o papel de Guyot, reportar-se a C. Faure, Les Progrès de l'enseignement de la géographie en France, *Bulletin de la Société neuchâteloise de géographie*, t. VI. Essa fonte indica também que G. Appia e Jackson, todos dois membros da Société de Géographie de Paris, visitaram Guyot em Princeton.

32   P. Vidal de la Blache, Nécrologie: Auguste Himly, *Annales de géographie*, n. 15; H. Welschinger, Notice sur la vie et les œuvres de M. Louis-Auguste Himly, *Publications diverses de l'année 1911*, n. 14, p. 407 (Institut de France, Académie des Sciences Morales et Politique); P. Vidal de la Blache, La Rénovation de la vie régionale, *Foi et vie*, cahier B, n. 9, 1 mai 1917, p. 109.

O DESAFIO ALEMÃO

Em oposição à Alemanha, onde uma corrente muito forte contrária à geografia ritteriana desenvolveu-se nos anos 1860, nenhuma reação desta ordem existiu na França. A referência a Ritter permaneceu muitas vezes como o único princípio unificador do pensamento geográfico francês – além do qual se encontravam diferenças consideráveis de opinião sobre o método e os princípios da geografia. Um dos principais fatores de divergência entre os geógrafos franceses era a importância que eles atribuíam à geografia física no ensino e na pesquisa – diferenças de opinião que faziam eco ao que se passava na Alemanha. Aqueles que só se interessavam pela geografia histórica tradicional permaneciam fora da corrente que conduzia sua disciplina para as ciências naturais. Os geógrafos que diziam inspirar-se em Ritter estavam, em princípio, de acordo sobre a importância da geografia física: mas, dentre eles, vários não colocavam essa opinião em prática (por exemplo, Himly). Encontrava-se aqui um meio de se diferenciar os geógrafos que se diziam seguidores de Ritter durante a segunda metade do século XIX. Distinguia-se a atitude ritteriana tradicional (pouco voltada para a pesquisa em geografia física) em determinados homens, como Himly e Levassseur, e até entre os mais jovens, como Marcel Dubois, da ala mais entusiasta de um grupo de geógrafos próximos a Vidal de la Blache. Este último, ainda jovem, obteve certa notoriedade de sua aprendizagem (por iniciativa própria) das ciências da natureza – orientação, então, muito original entre os geógrafos franceses[33]. De fato, ele não fazia mais do que seguir o movimento que já havia começado na Alemanha. Lá, Peschel e Richthofen tinham promovido e defendiam um estudo aprofundado da geografia física. Os dois geógrafos entraram para o panteão dos fundadores da geografia moderna vidaliana, ao lado de Humboldt e, sobretudo, de Ritter. Contudo, Vidal, não rejeitando as bases ritterianas, destacou-se

---

33  Em "Discussion sur l'agrégation de géographie", *Revue de géographie*, t. 18, 1886, p. 462-464, ver notadamente a opinião de Himly e a apreciação, por Barbier, do esforço de Vidal no sentido de integrar as ciências naturais em seu ensino. Ver também M. Dubois, L'Avenir de l'enseignement géographique, *Revue internationale de l'enseignement*, v. 15, 1888, p. 449-477. Os estudantes de Dubois tinham a mesma reputação de seu mestre (comunicação pessoal de G. Chabot, 1973). Drapeyron, embora bastante a favor da geografia física, teve uma tendência a negligenciá-la em suas pesquisas.

da maioria dos geógrafos alemães (particularmente Peschel), muito críticos em relação à geografia ritteriana; alguns deles desejavam mesmo excluir o elemento humano da disciplina. Os discípulos de Vidal, tais como Gallois, Brunhes e, principalmente, Martonne, aprofundaram a pesquisa em geografia física sem, entretanto, rejeitar o quadro fornecido por Ritter[34].

Outro meio de diferenciar os geógrafos franceses teve relação com um desenvolvimento alemão: o sucesso de estudos antropológicos. O fundador do termo "Antropo-Geografia" ou "Antropogeografia", Ratzel, gozava de uma considerável notoriedade nos círculos científicos franceses. Vidal e seus estudantes tinham-lhe estima, de modo particular, e utilizavam largamente seus trabalhos. Eles se referiam a Ratzel com frequência e faziam longas resenhas de seus trabalhos, a ponto de se tornarem conhecidos por seu apego ao mestre alemão. François Picavet, editor da *Revue internationale de l'enseignement*, chegou a descrever Vidal como um "discípulo de Ratzel". Camena d'Almeida estudou com Ratzel, em 1886, e com de Martonne, em 1896. Os escritos de Brunhes, que visitou Ratzel em 1904, eram cheios de referências aos trabalhos dele. Os livros de Camille Vallaux sobre a geografia social e política utilizavam os mesmos conceitos analíticos que Ratzel. Hückel também se inclinava muito sobre os trabalhos de Ratzel[35].

Logo, entre todos os geógrafos franceses, os vidalianos apareciam como modestos e fiéis discípulos da geografia alemã. Muito cedo, antes mesmo de se voltar para a geografia, Vidal não dissimulava sua estima e sua dívida com a Alemanha: as

---

34  Ver, por exemplo, a tese latina de J. Brunhes, *De vorticum opera...*, Fribourgi: Consaciationis Sancti Pauli, 1902; E. de Martonne, *Traité de géographie physique*, Paris: A. Colin, 1909. Sobre a reação anti-ritteriana na Alemanha cf. H. Wagner, em W. Lexis (org.), op. cit.

35  L. Raveneau, L'Élément humain dans la géographie. L'anthropogéographie de M. Ratzel, *Annales de géographie*, n. 1, 1891-1892, p. 331-347; G.-A. Hückel, La Géographie de la circulation selon Friedrich Ratzel, *Annales de géographie*, n. 15, 1906, p. 401-418; P. Vidal de la Blache, La Géographie politique à propos des écrits de Frédéric Ratzel, *Annales de géographie*, v. 7, n. 32, 1898, p. 97-111; C. Vallaux, *Géographie sociale: la mer*, Paris: Doin, 1908; e *Géographie sociale: Le Sol et l'État*, Paris: Doin, 1911. Em uma resenha elogiosa de uma obra de Vidal, Picavet escreveu: "M. Vidal de la Blache discípulo de Ratzel, é o principal representante francês da antropogeografia." (F. Picavet, Tableau de la géographie de la France, *Revue internationale de l'enseignement*, v. 48, 1903, p. 183).

O DESAFIO ALEMÃO

poucas referências bibliográficas a autores modernos encontradas em sua tese de história (estudo de epigrafia\*) são todas de língua alemã. Caso contrário à tese de Drapeyron, na qual quase todos os autores modernos citados eram de língua francesa. Durante os acontecimentos dramáticos da Comuna, Vidal, que se encontrava em Paris, conservaria uma atitude estudiosa, preparando sua tese e não se misturando aos conflitos que agitavam a cidade[36]. Portanto, ele se situava bem nesses meios liberais, desejosos de contribuir para a reconstrução de seu país com a seriedade de seu trabalho e sua troca com o pensamento alemão. Não surpreende que em 1876, embora ainda jovem, ele tenha sido um dos nomes que patrocinaram a *Revue historique*, animada por Monod. Vidal continuou marcado pelo interesse pela Alemanha aos olhos de seus contemporâneos. Após sua morte, seu sucessor na Académie des Sciences Morales et Politiques ainda sentia necessidade de defendê-lo contra os críticos que proclamavam que a geografia de Vidal era alemã e não francesa[37]. Seja como for, os vidalianos projetavam esta imagem de admiradores da Alemanha. Um exemplo divertido, datado de um pouco mais tarde, resumiu bem esta imagem. Em seus cursos na Université de Bordeaux, Camena d'Almeida se referia tão frequentemente ao periódico *Petermanns Mitteilungen* que seus estudantes, na peça satírica montada por ocasião da festa anual, mostraram Camena de joelhos aos pés de Petermann, fazendo a oração seguinte:

> Petermann, ô mestre,
> Diz-nos essa noite
> O que é preciso conhecer
> Para nada saber![38]

---

\*   Epigrafia: "estudo científico das inscrições", segundo o *Micro Robert Diction-naire de Français Primordial*, Paris: SNL/Le Robert, 1971, p. 381. (N. da T.)

36   P. Vidal de la Blache, *Hérode Atticus, étude critique sur sa vie*, Paris: E. Thorin, 1972. Ludovic Drapeyron, *L'Empereur Héraclius et l'Empire byzantin au VIIe siècle*, Paris: E. Thorin, 1869. Para situar seu sistema de referência em relação àquele dos outros historiadores franceses por volta de 1870, reportar-se a C.O. Carbonell, op. cit., p. 553-560. O comportamento de Vidal durante a Comuna foi-nos precisado por Madame H. Lecomte (comunicação pessoal, 1973).

37   É. Bourgeois, op. cit., p. 17.

38   Comunicação pessoal de Louis Papy, 1973.

Entretanto, como já observado em relação a outros intelectuais na primeira parte deste capítulo, a atitude de imitação evoluiu para uma afirmação pessoal mais forte por parte dos vidalianos. No fim dos anos 1890, Vidal de la Blache passou a fazer declarações em conjunto sobre a geografia (quer dizer, mais de vinte anos após ter começado a ensinar a disciplina), mas só após 1900 escreveu seus artigos metodológicos mais originais. O termo "geografia humana" começou, então, a ser preferido em vez de "antropogeografia", e, em 1910, Brunhes publicou o primeiro manual francês dessa nova disciplina[39]. Os jovens vidalianos constituíram, assim, uma escola propriamente francesa, que deveria ganhar uma reputação internacional.

Eles foram, certamente, os últimos a entrar no processo de diferenciação em relação à Alemanha. A perda da Alsácia-Lorena fez com que, muito cedo, certos geógrafos franceses cessassem de se interessar pelo movimento geográfico no país. Talvez tenha sido esse o caso de Himly, que parecia pouco disposto a integrar o progresso alemão ao seu ensino. Ao agir assim, ele atraiu a hostilidade dos jovens vidalianos. Seja como for, a questão da Alsácia-Lorena encorajou as reflexões sobre a nação e a unidade nacional. Os geógrafos, como os historiadores, criticaram o determinismo linguístico ou racial defendido pelos alemães. Por exemplo, Himly insistia no fato de que o pertencimento de um território a uma nação devia repousar na vontade e nas preferências dos residentes deste território, e não em suas características linguísticas ou étnicas. Vidal foi ainda mais longe, ao tentar demonstrar que a França do Leste (que incluía a Alsácia-Lorena) formava uma só unidade territorial, cimentada por forças culturais e econômicas, a despeito de sua dualidade linguística e das limitações do meio. Neste trabalho sobre a França do Leste, publicado antes do armistício de 1918, Vidal tratava a Alsácia-Lorena como uma parte integrante da

---

39 J. Brunhes, *La Géographie humaine*, Paris: Alcan, 1910. Os grandes artigos metodológicos de Vidal de la Blache são: Le Príncipe de la géographie générale, *Annales de géographie*, v. 5, n. 20, 1896, p. 129-142; Les Conditions géographiques des faits sociaux, *Annales de géographie*, n. 2, 1902, p. 13-23; La Conception actuelle de l'enseignement de la géographie, *Annales de géographie*, n. 14, 1905, p. 193-212; Les Genres de vie dans la géographie humaine, *Annales de géographie*, n. 20, 1911, p. 193-212, 289-304; Des caracteres distinctifs de la géographie, *Annales de géographie*, n. 22, 1913, p. 289-299.

França. Retomando a teoria das duas Alemanhas, ele criticava fortemente o expansionismo alemão, sobretudo se este negligenciava a geografia histórica dos povos[40]. O tema da consciência nacional, por oposição ao determinismo da raça ou do meio físico, foi retomado por Brunhes e por Ancel, e formou uma característica da geografia política francesa.

No momento em que tentavam se diferenciar da geografia alemã, os geógrafos franceses, e em especial os vidalianos, procuravam descobrir ou destacar os precursores da geografia moderna que eram franceses ou, pelo menos, não alemães[41]. Entretanto, a única ideia de importância tomada dos sábios não alemães foi a teoria geomorfológica de Willian M. Davis. Pode-se pensar que o sucesso considerável e a adoção sem reservas das teorias de Davis se deveram, em parte, ao desejo dos jovens geógrafos, por volta de 1900, de romper o monopólio alemão de inspiração geográfica, acima de tudo quando se sabe a acolhida crítica que os países da Europa Central reservaram às ideias davisianas.

O nacionalismo decerto causou mal à geografia francesa. Mas seus efeitos negativos no nível científico não devem ser exagerados. Os geógrafos franceses mais conhecidos tentaram evitar os piores perigos da parcialidade nacionalista, embora se notasse o emprego de alguns estereótipos. Estes geógrafos, em especial os vidalianos, sempre reconheceram suas dívidas intelectuais com a ciência alemã – seu sentimento nacionalista afetando muito mais questões específicas e práticas (como a concorrência colonial e o expansionismo alemão) do que os princípios intelectuais. O ponto alto do processo de diferenciação veio relativamente tarde, com o livro de Lucien Febvre, um historiador próximo dos vidalianos. Buscando mostrar a originalidade da escola de geografia humana francesa, Febvre ressaltou a contribuição de Vidal de la Blache, sublinhando as

---

40   Cf. A. Himly, Le Rhin entre Bâle et Bingen, *Revue politique et littéraire*, 13 jan. 1872, p. 681-682; P. Vidal de la Blache, *La France de l'Est* (*Lorraine-Alsace*), Paris: A. Colin, 1917; e idem, *États et nations de l'Europe. Autour de la France*, Paris: A. Colin, 1889, p. 200-204.

41   Por exemplo, Vidal sugeriu "Buffon géographe" como tema de tese a Brunhes (M.J.-B. Delamare, op. cit., p. 55.) e citou Mackinder pela utilidade de seu conceito de nodalidade (cf. Régions françaises, *Revue de Paris*, v. 17, 1910, p. 832). Gallois fez um estudo erudito das velhas noções francesas de região (*Régions naturelles et noms de pays. Étude sur la région parisienne*, Paris: A. Colin, 1908).

insuficiências ambientalistas que ele encontrou nos numerosos trabalhos de Ratzel. Este quase se tornou catalogado como um partidário do determinismo ambiental – crítica muito discutível e que, paradoxalmente, não se endereçava aos geógrafos vidalianos que a teriam merecido algumas vezes[42].

## CONCLUSÃO

O desafio alemão foi uma grande questão da sociedade da época, de cuja influência a geografia francesa não escapou. Ele a incitou fortemente a melhorar a organização de seu ensino e a institucionalizá-lo nas universidades. No nível teórico e metodológico, o impacto foi também considerável, na medida em que a geografia alemã ditou as etapas da evolução da geografia francesa e orientou frequentemente suas pesquisas. Por exemplo, se os discípulos de Vidal de la Blache se interessaram pelos trabalhos geológicos de Lapparent, Dufrénoy e Élie de Beaumont, foi em boa parte porque a Alemanha mostrara interesse, desde os anos 1860, por aprofundar a geografia física. Se se deixar de lado o caso particular da morfologia social, que foi influenciada não pela geografia propriamente dita, mas pela sociologia e pela psicologia alemãs, o grau de influência sobre a geografia francesa permite classificar os geógrafos de acordo com uma progressão que vai dos grupos dos discípulos de Le Play até o grupo de Vidal (o mais influenciado). Esta classificação pode ser relacionada com o lugar ocupado no leque ideológico da época (da direita à esquerda), mas outros elementos devem ser acrescentados antes de se generalizar mais ainda.

Este capítulo mostrou também que o prestígio da Alemanha tendeu a fixar os critérios com base nos quais a pesquisa geográfica poderia ser julgada. Esse fato é de uma importância fundamental, sobretudo quando se observa que a profissionalização da

---

42  L. Febvre, *La Terre et l'évolution humaine*, Paris: A. Michel, 1922 (Este livro foi iniciado antes da Guerra, mas sua publicação foi retardada). R. Blanchard (op. cit., p. 147) reconhece que seus primeiros trabalhos sofriam de uma crítica incompleta ao determinismo do meio ambiente. Sobre a persistência do tema do determinismo entre os geógrafos franceses, consultar Philippe Pinchemel, Géographie et déterminisme, *Bulletin de la Société belge d'études géographiques*, v. 26, n. 2, 1957, p. 212-225.

O DESAFIO ALEMÃO

geografia se fez juntamente com sua internacionalização (esta última significando a necessidade de um diálogo com o paradigma geográfico alemão, que foi o primeiro a se desenvolver, e, portanto, de sua aceitação implícita). Os discípulos de Le Play, que eram sempre mantidos afastados das instituições públicas de ensino e de pesquisa e que se desinteressavam pelos trabalhos alemães, apareciam quase como párias da comunidade intelectual francesa. De outro lado, a maioria dos geógrafos que havia adotado o contexto ritteriano estava de uma maneira ou de outra ligada à comunidade geográfica internacional, então dominada pelos alemães. Aqueles que melhor se fizeram reconhecer no seio desta comunidade foram os vidalianos, que continuaram sempre a se manter informados sobre os progressos geográficos na Alemanha. O diálogo com os geógrafos alemães lhes conferiu prestígio tanto na França quanto no estrangeiro[43].

Em suma, a institucionalização, a formação da escola e a profissionalização da geografia francesa tiraram sua força do modelo alemão. Se for um exagero dizer que a geografia humana francesa repousa inteiramente sobre alicerces alemães, não se deve, entretanto, minimizar a importância do papel científico desempenhado por uma nação inovadora (a Alemanha) no lançamento de uma disciplina conhecida internacionalmente. De modo interessante, esse exemplo ilumina o componente histórico-cultural das ciências sociais. As "escolas nacionais", que deviam obter um *status* internacional, não eram tão nacionais quanto se achava que fossem, possuindo, em sua maioria, uma base comum.

Acabamos de ver como o desafio alemão teve um grande impacto no desenvolvimento da geografia na França – maior do que geralmente se pensou. Mas por outras referências ao contexto da sociedade é que a originalidade do pensamento dos geógrafos franceses pode ser precisada e avaliada. Ora, o nacionalismo que condicionou as atitudes em relação à Alemanha esteve na origem do movimento colonial também.

---

43 Sobre a importância das relações científicas internacionais antes da Primeira Guerra Mundial (em oposição ao período que se seguiu) reportar-se a B. Schroeder, Caractéristiques des relations scientifiques internationales, 1870-1914, *Cahiers d'histoire mondiale / Journal of World History / Cuadernos de Historia Mundial*, n. 10, 1966, p. 161-177.

# 2. O Movimento Colonial

O império colonial da França, que contava cinco milhões de habitantes, em 1871, teve tal expansão durante a Terceira República que atingiu cinquenta milhões, em 1914. Alguns grandes acontecimentos marcaram os movimentos de conquista: o estabelecimento do protetorado da Tunísia (1881), as guerras de Tonkin (1883-1885), a Conferência de Berlim (1884-85), os acordos franco-ingleses de 1890, a conquista de Madagascar (1895), o controle do Tchad (1900) e o estabelecimento de um protetorado no Marrocos.

Este movimento não foi propriamente francês. Ele se encontrou em outros países europeus e, como na França, inscreveu-se no interior do mais longo período de desenvolvimento dos imperialismos com base capitalista. A coincidência dos dois fenômenos no tempo impressionou bastante os observadores, a tal ponto que uma parte deles se inspirou em Lênin vendo a expansão colonial apenas como uma fase do desenvolvimento do imperialismo, ele próprio o estágio supremo do capitalismo[1]. Tal

---

1  Vladimir Lenine, *L'Impérialisme, stade suprême du capitalisme: essai de vulgarisation*, Moscou/Paris: Éditions du Progrès/ALAP, 1967. Para um ajustamento da teoria leninista aos trabalhos históricos recentes, reportar-se a Catherine Coquery-Vidrovitch, De l'impérialisme contemporain: L'Avatar colonial, *L'Homme et la societé*, n. 18, 1970, p. 61-90.

ponto de vista não será adotado aqui por duas razões. A primeira é que as divergências de opinião sobre o tema entre os historiadores são importantes, ainda mais que o estado das pesquisas não estava ainda suficientemente avançado. A segunda razão é que associar-se ao imperialismo (tal como conceituado por Lênin) para tentar ligá-lo ao desenvolvimento da geografia francesa não corresponderia ao método e aos objetivos deste trabalho. De fato, a ascensão desse gênero de imperialismo ultrapassa muitíssimo o contexto da França e do período estudado para que seja utilmente integrado na abordagem contextual da evolução das instituições e das ideias geográficas na virada do século XIX. A pesquisa legítima de eventuais relações entre o imperialismo (segundo Lênin) e a geografia não pode, portanto, ser abordada aqui.

Além disso, há um ponto sobre o qual cada vez mais os historiadores atuais estão de acordo. Trata-se, para o período estudado, e particularmente para a França, do papel primordial desempenhado pelo político *vis-à-vis* do econômico no processo de expansão colonial. É sobre essa base pouco contestada que repousa este capítulo. Ver-se-á, assim, que geografia e geógrafos tiveram um papel importante no interior deste movimento, e que, inversamente, foram influenciados por ele.

## O PAPEL DOS GEÓGRAFOS NOS GRUPOS DE PRESSÃO EM FAVOR DA COLONIZAÇÃO

*As Novas Motivações*

Os trabalhos recentes diminuíram o lugar que era, outrora, atribuído pelos historiadores às motivações econômicas da expansão colonial francesa[2]. Estas eram, de fato, muito diversifi-

---

2   As obras mais características são aquelas de Henri Brunschwig, *Mythes et réalités de l'impérialisme colonial français, 1871-1914*, Paris: A. Colin, 1960; e de Raoul Girardet, *L'Idée coloniale en France de 1871 à 1962*, Paris: La Table Ronde, 1972 (primeira parte). Para um ponto de vista mais matizado, acentuando as implicações econômicas mais tardias da expansão colonial, cf. Jean Bouvier, Les Traits majeurs de l'impérialisme français avant 1914, *Le Mouvement social*, n. 86, 1974, p. 3-24. Para uma história geral da colonização francesa, cf. Jean Ganiage, *L'Expansion coloniale de la France sous la Troisième République (1871-1914)*, Paris: Payot, 1968.

O MOVIMENTO COLONIAL

cadas e de importância desigual. Parece que foi essencialmente no nível microeconômico que atuaram: elas emanavam de interesses localizados, ligados ao negócio e às indústrias dependentes de ultramar. As câmaras de comércio de Bordeaux, Lyon e Marseille foram as mais ativas em promover um imperialismo francês que, com frequência, assumiu uma forma colonial[3]. O protecionismo, longamente citado como uma causa essencial da colonização, só se impôs depois que o essencial da expansão foi empreendido e não alcançou, aliás, a unanimidade dos meios econômicos.

De fato, o movimento colonial francês estava intimamente ligado ao ímpeto nacionalista que se seguiu à guerra de 1870. Antes, as poucas expedições coloniais de envergadura do século XIX (na Argélia e na Cochinchina) eram obra de governos autoritários tentando ganhar prestígio junto a uma população, em geral, desinteressada e, às vezes, hostil. Mas, já em 1868, Prévost-Paradol, sentindo o alcance futuro considerável da ascensão de potências rivais (Alemanha, Estados Unidos), pensava que a única maneira de a França preservar um lugar e um peso no mundo era se expandir na África do Norte[4]. Após a humilhação de 1871, vários patriotas reexaminaram a possibilidade de restaurar o prestígio e o poder da França graças às colônias. Eles tentaram demonstrar que não existia contradição entre o desejo de vingança e o fato de se enviar expedições ao ultramar, mesmo que o sucesso destas fornecesse a possibilidade de revisar, no futuro, o humilhante tratado de Frankfurt. Essa opinião, que no início só era compartilhada por uma minoria, foi cada vez mais aceita nas esferas governamentais e, em seguida, pela maior parte da opinião pública. É preciso, aliás, lembrar que os opositores ao movimento colonial não elaboraram teoria verdadeiramente "anticolonialista"[5]. Sua argumentação se

3   Cf. John Laffey, Les Racines de l'impérialisme français en Extrême-Orient: A propos des thèses de J.F. Cady, *Revue d'histoire moderne et contemporaine*, n. 16, 1969, p. 282-299. John F. Cady insistia sobre o prestígio buscado pelos governos franceses, em *The Roots of French Imperialism in Eastern Asia*, Ithaca: Cornell University Press, 1954. Cf.: J. Laffey, Municipal Imperialism in Nineteenth Century France, *Historical Reflections/Réflexions historiques*, v. I, n. I, 1974, p. 81-114.

4   Lucien-Anatole Prévost-Paradol, *La France nouvelle*, Paris: Michel Lévy, 1869.

5   H. Brunschwig, Vigné d'Octon et l'anticolonialisme sous la Troisième République, *Cahiers d'études africaines*, v. 14, n. 2, 1974, p. 265-298.

baseava, sobretudo, em considerações humanitárias, econômicas (inutilidade das colônias, de acordo com os doutrinários do liberalismo econômico), estratégicas (medo da Alemanha). Mas o nacionalismo estava sempre presente entre os protagonistas. Assim, uma colônia, uma vez adquirida, não era abandonada pelos opositores quando chegavam ao poder, e a rivalidade da Inglaterra, mais a da Alemanha, no caso do Marrocos, atraíam o essencial da opinião pública à causa colonial.

Os propagandistas de primeira hora, que se esforçavam por vencer a indiferença ou hostilidade dos franceses em relação à colonização, apresentavam argumentações principalmente de ordem nacionalista (reabilitar a França, comprovar seu poder, cumprir sua missão civilizadora em escala mundial) e eram apoiados por argumentos econômicos (assegurar mercados e abastecimento de matérias-primas). Jules Ferry, o primeiro dirigente político da Terceira República a promover a colonização, nada mais fez, aliás, do que codificar essa argumentação. Se ele insistiu sobre as motivações econômicas, é necessário ver que elas foram um meio de assegurar a potência francesa[6]. A essa argumentação clássica, alguns queriam acrescentar modificações às vezes importantes. O mais célebre dentre eles foi o economista Paul Leroy-Beaulieu.

Seu memorial sobre a colonização, apresentado em 1870 à Académie des Sciences Morales et Politiques, foi modificado e publicado em 1874, e seu sucesso lhe assegurou numerosas edições e traduções. Sua contribuição mais conhecida ao problema era certamente a distinção que ele enfatizava entre as "colônias de povoamento" e as "colônias de capital" ou "colônias de exploração". A análise histórica, nessa obra, visava demonstrar, graças ao exemplo britânico, que as primeiras são sempre uma perda financeira para a mãe-pátria, comparativamente às segundas. Ele propunha, então, a união de capital e emigração limitada em certas regiões para, assim, desenvolver aí os recursos e favorecer a indústria e o comércio da mãe-pátria.

É surpreendente constatar que o livro de Leroy-Beaulieu, embora este aceitasse a doutrina do livre-comércio, pretendia, entretanto, sem realmente prová-lo, que a colonização francesa

---

6    Esse ponto é enfatizado por R. Girardet, op. cit., p. 46-53.

O MOVIMENTO COLONIAL

fosse uma necessidade nacional. Por que os capitalistas franceses não poderiam fazer negócios nos países em vias de desenvolvimento, politicamente independentes da França, de preferência às regiões que deviam ser conquistadas com essa finalidade? Um controle militar para impedir perturbações eventuais não seria sempre necessário; é preciso voltar-se para a preocupação nacionalista do autor a fim de se compreender plenamente a relação estreita que ele estabelece entre expansão territorial máxima e potência nacional. Porém, segundo Leroy-Beaulieu, nem a conquista militar, nem a administração política, nem a garantia de mercados consumidores e de fontes de matérias-primas era um empreendimento válido em si mesmo. Ele queria levar o mundo da indústria e dos negócios a investir nas colônias para promover aí a produção de riquezas latentes e inexploradas. Assim, essas regiões poderiam ser elevadas a um grau superior de civilização para o maior bem da mãe-pátria, e da humanidade[7].

Essa corrente de pensamento – na qual se encontravam diversos acadêmicos, engenheiros e militares – contribuiu fortemente para a expansão colonial, não conseguiu, entretanto, levar os meios econômicos a investir nas colônias. Os investimentos franceses dirigiram-se, sobretudo, para os Estados da Europa Mediterrânea e Oriental. As casas de comércio, entre as quais se encontravam os raros representantes dos meios econômicos a se interessar pelas colônias, não investiram nelas, limitando-se a procurar lucros imediatos no quadro de uma economia de extração[8]. O fator político permaneceu, então, predominante na expansão colonial francesa. Ele englobou também o movimento

7   Paul Leroy-Beaulieu, *De la colonisation chez les peuples modernes*, Paris: Guilaumin, 1874. Sobre a corrente de pensamento que representava, reportar-se aos trabalhos de H. Brunschwig: Notes sur les technocrates de l'impérialisme français en Afrique Noire, *Revue française d'histoire d'Outre-Mer*, v. 54, n. 194-197, 1967, p. 170-187; e idem, Le Docteur Colin, l'or du Bambouk et la colonisation moderne, *Cahiers d'études africaines*, v. 15, n. 2, 1975, p. 166-188.

8   Cf. H. Brunschwig, Politique et économie dans l'empire français d'Afrique Noire, 1870-1914, *Journal of African History*, v. 11, n. 3, 1970, p. 401-417; e, mais especialmente, C. Coquery-Vidrovitch, *Le Congo au temps des grandes compagnies concessionnaires, 1898-1930*, Paris/Haia: Mouton, 1972. Uma análise detalhada dos investimentos franceses fora do território metropolitano é fornecida por R. Girault, *Emprunts russes et investissements français en Russie, 1898-1930; recherches sur l'investissiment international*, Paris: A. Colin, 1973.

missionário ao qual assegurava proteção e paz social – beneficiando-se, assim, do apoio dos meios religiosos.

Motivações religiosas, econômicas e políticas catalisadas pela preocupação sobre o futuro nacional, reuniram pessoas provenientes de horizontes ideológicos muito variados por trás de uma doutrina relativamente coerente[9]. As sociedades de geografia muito contribuíram para aproximar os doutrinários da colonização. A propaganda e a expansão coloniais implicaram, de fato, um melhor conhecimento da terra e este, aliás, foi de par com o interesse cada vez mais disseminado pelas explorações e pelos estudos geográficos.

## As Sociedades da Geografia

As sociedades de geografia foram conhecidas pelo papel que desempenharam na acumulação, no encorajamento e na difusão de saber geográfico (em particular, os resultados de explorações e viagens). Sua contribuição foi considerável no que concerne ao crescimento do público para os estudos geográficos e ao alargamento dos temas de interesse. Não se dedicou, entretanto, muita atenção aos laços que uniram esse fenômeno ao movimento colonial[10].

Uma das consequências da derrota francesa de 1870-1871 foi que duas ideias, uma ligada à outra, foram largamente difundidas. A primeira, como mencionado aqui, afirmava que uma das principais razões da vitória dos alemães fora seu conhecimento

9   Uma das primeiras manifestações desse fenômeno (1873) foi analisada por Jacques Valette, L'Expédition de Francis Garnier au Tonkin à travers quelques journaux contemporains, *Revue moderne et contemporaine*, n. 16, 1969, p. 189-220.

10   Os melhores estudos sobre o caso francês são aqueles de Agnes Murphy, *The Ideology of French Imperialism*, Washington: The Catholic University of America, 1948; e especialmente de Donald Vernon McKay, Colonialism in the French Geographical Movement, 1871-1881, *Geographical Review*, n. 33, 1943, p. 214-232. Este último utilizou fontes primárias, entre as quais sobretudo o *Journal officiel*. O interesse do caso italiano, em que dominavam as ideias protecionistas, foi bem sublinhado por Anna Milamini Kereny, *La Società d'Esplorazione Commerciale in Africa e la política coloniale* (1879-1914), Firenze: La Nuova Italia, 1972; e para as motivações nacionalistas, Maria Carazzi, *La Società Geografica Italiana e l'esplorazione coloniale in Africa* (1867-1900), Firenze: La Nuova Italia, 1972.

O MOVIMENTO COLONIAL

superior da geografia. Se a França quisesse evitar derrotas semelhantes no futuro, seria preciso desenvolver o estudo da geografia, e a população deveria adquirir uma concepção mais clara do mundo no qual vivia. A segunda ideia foi que, dado que a França fora vencida no continente, a expansão de sua civilização só poderia acontecer no ultramar, e um novo esforço deveria ser empreendido para ampliar seu império colonial.

A Société de Géographie de Paris, fundada em 1821, foi a única organização de seu gênero na França durante mais de cinquenta anos, publicando um *bulletin* de boa reputação e prestando conta anualmente das explorações e dos progressos da geografia. O número de seus membros e de suas atividades permaneceu por um bom tempo limitado, só depois se desenvolvendo, a partir dos anos 1860, em particular sob a presidência do marquês de Chasseloup-Laubat (1864-1872). O fato de este ter sido ministro da Marinha (o que fazia dele o responsável pelas colônias francesas) ajudou seguramente essa sociedade a patrocinar importantes expedições (exemplos: Doudart de Lagrée e Francis Garnier, no alto Mekong; Antoine d'Abbadie, na Etiópia, e com seu irmão, Arnaud, no Egito; Henri Duveyrier, no Saara). A presença ativa em seu seio de homens com o temperamento de Émilie Levasseur, Élisée Reclus e Jules Duval pressagiou o notável desenvolvimento da geografia ao final do século XIX. Embora pouco conhecido atualmente, Jules Duval foi um ardente propagandista do movimento colonial. Nascido em 1813 e morto, acidentalmente, em 1870, ele fundou *L'Économiste français*, em 1860 (publicado até 1870). Essa publicação visava sustentar um movimento em favor da expansão colonial, como sugere, aliás, seu subtítulo: *Journal de la science sociale: Organe des intérêts métropolitains et coloniaux*. Além disso, Duval colaborou em periódicos como o *Journal des débats* e o *Journal des économistes*, nos quais procurou exaltar suas ideias colonialistas. A influência socialista, que ele sofreu durante a juventude, manteve sua convicção de ser desejável multiplicar as regiões povoadas do globo para aumentar a riqueza, estabelecer a unidade econômica mundial e eliminar a miséria. Sua ação marcou o começo de uma tendência que deveria expandir-se em seguida nos meios geográficos com o crescimento do nacionalismo. Ele foi, assim, figura precursora no seio do movimento colonial, tanto por suas ligações com a geografia quanto por suas ideias, que se reencontrariam em Leroy-Beaulieu e Levasseur[11].

O número de membros da Société de Géographie de Paris aumentou muito rapidamente após 1871, quando ela anunciou publicamente que não se limitaria mais aos trabalhos de pesquisa e de erudição, mas que iria também difundir o interesse pela geografia, a fim de trazer seu apoio ao movimento colonial. Para justificar a nova orientação, essa sociedade declarou oficialmente que "a honra nacional", a "prosperidade comercial" e "os interesses da ciência" se confundiam. As novas atividades tiveram boa reputação em certos jornais importantes, como o *Journal des débats, Le Siècle, Le Constitutionnel*. É bastante notável ver a publicidade contínua que se deu às questões geográficas pelo *Journal officiel*. É muito provável que ela não refletisse uma política governamental bem definida (que só sobreveio lá pelos anos 1880), devendo-se ao fato de os funcionários do governo francês, os membros das sociedades de geografia e o pessoal do *Journal officiel* serem, com frequência, as mesmas pessoas[12].

O meio dos negócios começou, entretanto, por intermédio das câmaras de comércio, a manifestar um interesse crescente pela propaganda e pelos empreendimentos coloniais. Por exemplo, *L'Économiste français* (semanário) reapareceu, em 1873, graças à iniciativa de um grupo de acionistas que compreendeu não somente vários deputados como, também, membros das câmaras de comércio. O jornal se pretendeu um centro de ação e de informação para os interesses comerciais franceses. Sob a direção de seu redator-chefe, economista e "ardente expansionista", Leroy-Beaulieu, "as possibilidades do colonialismo francês [...] serviram de tema para um fluxo contínuo de artigos"[13]. As câmaras de comércio pareciam interessadas pelo trabalho das sociedades de geografia. Em Paris, elas estavam agrupadas em federações e contavam com dez mil a trinta mil membros. A mais importante de todas era a Union Nationale,

---

11  Ver o prefácio de Levasseur para a obra póstuma de Jules Duval, *L'Algérie et les colonies françaises*, Paris: Guillaumin, 1877.

12  Essa ideia é defendida por D.V. McKay, op. cit., p. 216, porque, além da falta de interesse do governo pelas questões coloniais, o *Journal officiel* permaneceu como uma empresa privada até 1880 (ele só se beneficiava, antes, de algumas subvenções do governo).

13  D.V. McKay, op. cit., p. 220.

O MOVIMENTO COLONIAL

que publicava um semanário. Quando elas se queixaram do fato de que a Société de Géographie continuava a limitar fortemente suas atividades à ciência pura, os geógrafos responderam à crítica prometendo apoiar os empreendimentos do comércio francês no estrangeiro. Daí resultou a criação de uma comissão da Société de Géographie, que teve por tarefa examinar, com os representantes das câmaras sindicais parisienses, os diversos meios para responder a essas necessidades. O resultado foi a criação de uma Société de Géographie Commerciale independente, em 1876.

Outras sociedades de geografia com os mesmos fins científicos e comerciais foram criadas, em Lyon, em 1873, e em Bordeaux, em 1874, o que marcou o começo de uma longa lista de sociedades de geografia provinciais. No Segundo Congresso Internacional de Geografia, em Paris, no ano de 1875, algumas pequenas subvenções governamentais demonstraram um interesse crescente por parte das autoridades. Apenas após 1878, no entanto, o governo subvencionou de maneira séria as expedições geográficas. Por volta de 1880, apareceu "uma tendência entre os geógrafos, os parlamentares e a imprensa de expressar claramente suas aspirações coloniais"[14]. A partir de 1881, as aventuras coloniais dos dois ministérios de Jules Ferry (na Tunísia, África negra e Indochina) provaram que as ideias debatidas nas sociedades de geografia conseguiram infiltrar-se no mais alto nível governamental. Em torno de 1884, havia mais sociedades de geografia na França (26, e 25 periódicas) e mais membros (18 mil) do que em qualquer outro país do mundo. O número de criações de novas sociedades começou, então, a decrescer, até que não ocorreram praticamente mais novas criações, por volta dos anos 1890 (ver Figura 1)[15]. De fato, sociedades de geografia tinham sido criadas na maior parte das grandes cidades, assim como nas colônias (ex.: Alger, Oran). Paralelamente, o número de membros passou a diminuir, a partir de meados dos anos 1880 até meados dos anos 1890, com raras exceções, em particular a Société de Géographie Commerciale de Paris, que

14  Ibidem, p. 231, e também p. 228-229.
15  Fontes extraídas do *Geographisches Jahrbuch* e de Arthur de Claparède, *Annuaire universel des Sociétés de géographie* (1892-1893), Genève: H. Georg, 1892.

continuou a estabelecer sucursais na província (Saint-Étienne, Brive) e no ultramar (Túnis, Hanói, Constantine).

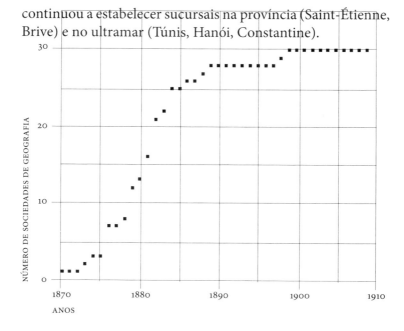

FIG. 1: *Número total de sociedades de geografia (França e Argélia) 1870-1909.*

O exemplo da Société de Géographie de Lyon nos fornece uma boa ilustração dos objetivos e das atividades das sociedades de geografia francesas. Ela se deu por missão encorajar os empreendimentos comerciais em países "atrasados", organizar encontros de geografia dirigidos ao grande público, montar uma boa biblioteca, atribuir prêmios para as contribuições feitas ao conhecimento geográfico e introduzir uma disciplina de geografia comercial nas escolas[16]. O papel educativo era, de fato, característico de grande parte das sociedades. Elas buscavam melhorar o ensino da geografia nas escolas elementares e, quando essas sociedades se situavam em uma cidade onde existia uma universidade, promover aí a criação de uma cadeira de geografia. O impacto dessa ação será contemplado na segunda parte deste capítulo. Primeiro, é preciso examinar o papel desempenhado por outros grupos de pressão, pois eles fizeram avançar a causa da expansão colonial, já defendida pelas sociedades de geografia.

16  D.V. McKay, op. cit., p. 220.

## Outros Grupos de Pressão

Existiam várias associações com diversos objetivos e graus de eficácia, tais como a Société des Études Coloniales et Maritimes, fundada em 1876, e a célebre Alliance Française, fundada em 1883 por Pierre Foncin (geógrafo, que organizara as sociedades de geografia de Bordeaux-Sud-Ouest e Douai-Nord). O objetivo comum dessas entidades era promover a influência francesa: a primeira pelos meios do comércio e a segunda pela difusão da língua francesa. Havia, todavia, outros grupos de pressão mais engajados politicamente.

A Conferência de Berlim, de 1884-1885, foi seguida de uma rápida expansão colonial por parte dos países europeus, os quais chegaram, finalmente, aos acordos secretamente preparados em 1890 (entre a Alemanha e a Inglaterra, e entre esta e a França) sobre a repartição das influências territoriais. Quando estes acordos foram revelados, provocaram reações extremamente hostis na opinião pública, que concluiu que a França não obteve uma parte equitativa de territórios. O fato mostrou o quanto a propaganda colonial sensibilizara a opinião pública, muito fortemente na Inglaterra e talvez mais na Alemanha e na França – países todos onde ocorrera uma propaganda ativa (cf.: jingoístas*, *Kolonialverein* e sociedades de geografia). Novas associações privadas foram fundadas espontaneamente para combater os aspectos desses acordos, considerados prejudiciais a seus respectivos países. Por exemplo, uma sociedade pangermanista foi formada na Alemanha, em 1891, e fez progredir rapidamente a ideia de uma política de potência marítima[17].

Da mesma maneira, o acordo de agosto de 1890 entre a França e a Inglaterra provocou a criação de numerosas associações francesas cujos objetivos eram o de contestar as cláusulas que

---

\*    Jingoísmo: termo de origem inglesa, sinônimo de "chauvinismo" político, de acordo com Roland Marx, *Encyclopaedia Universalis* [*en ligne*], consultada em 25 fev. 2013. (N. da T.)

17   Ratzel tornou-se um fervoroso partidário dessa política. Ver sua brochura *Das Meer als Quelle der Völkergrösse*, München/Leipzig: R. Oldenbourg, 1900; e Franz-Josef Schulte-Althoff, *Studien zur politischen Wissenschaftsgeschichte der deutschen Geographie im Zeitalter des Imperialismus*, Paderborn: F. Schöningh, 1971, p. 163-173. Esta última obra mostra também (nas p. 192-195 sobretudo) a presença de geógrafos nas associações imperialistas alemãs.

limitavam a expansão francesa na África aos territórios situados ao norte da linha Say-Barroua, deixando os territórios do Níger e do Bénoué à Inglaterra. O geógrafo Marcel Dubois atribuiu os termos do tratado, "que nos encheu tão plenamente de riquezas desérticas", a uma falta de conhecimentos geográficos da parte dos diplomatas franceses e à obsessão "sentimental" destes de estabelecer uma estrada de ferro transaariana da Argélia ao Tchad[18].

A organização contestadora mais ativa foi o Comité de l'Afrique Française (C.A.F.), criado no outono de 1890, que fez vigorosa campanha para uma revisão do acordo, a fim de permitir uma continuidade territorial entre o Saara francês e as possessões do Golfo da Guiné. O perfil de seus membros mostrava ser essencialmente uma associação política, que obtinha a força de sua implantação na média burguesia nacionalista e, muito menos, nos meios econômicos[19]. Seus três fundadores foram o deputado e príncipe Auguste d'Arenberg, Georges Patinot e Henri-Hippolyte Perche (também conhecido como Harry Alis), os dois primeiros sucessivos diretores do *Journal des débats* e o terceiro colaborador regular deste periódico (vendo-se, ainda, que o jornal era uma fortaleza do movimento colonial). O C.A.F. recebeu o suporte de personalidades como: P. Leroy-Beaulieu, J. Charles-Roux (deputado), Jules Siegfried (deputado e depois senador; pai do politólogo-geógrafo André Siegfried), Émile Boutmy (fundador da École des Sciences Politiques), Vidal de la Blache, Augustin Bernard e Henri Lorin (todos professores de geografia), Barão Hulot e Charles Gauthiot (respectivamente, secretário e secretário-geral da Société de Géographie Commerciale de Paris).

Assim, havia laços estreitos ou identidades pessoais entre os dirigentes do comitê e aqueles das sociedades de geografia (entre as personalidades citadas, além de Hulot e Gauthiot, eram membros de ao menos uma sociedade de geografia: d'Arenberg, Patinot, Templier, Leroy-Beaulieu, Charle-Roux, Siegfried, Vidal, Bernard e Lorin). E, o que não é estranho, o comitê utilizava os mesmo métodos de propaganda das sociedades de geografia. Ele publicava um *bulletin*, que fazia chegar a cada membro, organizava numerosas conferências em Paris e no

18  M. Dubois, Science et propagande, *Revue diplomatique et coloniale*, n. 1, 1897, p. 12.
19  Ver as análises de H. Brunschwig, *Mythes et réalités de l'impérialisme colonial français.*

interior, e fazia pressão sobre o governo de maneira ativa, no sentido de que obtivesse uma parte maior da África. Estimulava, em particular, a conquista de Daomé e de outras regiões, de modo que a ligação Golfo da Guiné-Mediterrâneo fosse assegurada por territórios subjugados à soberania francesa.

Esse tipo de ação, bem adaptada à realidade social francesa da época, foi imitada pelos fundadores do Comité de l'Asie Française, em 1901. Seu presidente, Eugène Étienne, deputado de Oran, foi amigo de Gambetta e um dos primeiros e mais ardentes defensores do expansionismo colonial. Tal comitê publicou um *bulletin* de qualidade real que conheceu muito sucesso. Entre seus membros fundadores reencontraram-se Gauthiot e o barão Hulot, assim como os geógrafos Henri Froidevaux e Louis Ravenau, e um membro célebre das duas sociedades de geografia parisienses, o príncipe Roland Bonaparte, por muito tempo presidente da Société de Géographie de Paris.

Um Comité du Maroc, prolongamento do Comité de l'Afrique Française, criado em 1904 e presidido por Eugène Étienne, incluiu especialmente entre seus membros mais ativos: Charles-Roux, vice-presidente; Eugène-Melchior de Vogüé, deputado, homem de negócios e, também, escritor muito conhecido na época, membro da Academia e das duas sociedades geográficas parisienses; e Augustin Bernard, professor de geografia, ex-aluno de Vidal de la Blache e autor, para o comitê, de uma brochura sobre o valor econômico do Marrocos destinada às câmaras de comércio[20]. Utilizaram-se novamente os mesmos métodos e, principalmente, as conferências organizadas com a ajuda das sociedades de geografia.

Entre os outros comitês menos importantes que foram criados, pode-se destacar o Comité France-Amérique, presidido pelo historiador e homem político Gabriel Hanotaux, desde sua fundação, em 1910, visando desenvolver a influência francesa no continente americano. Henri Lorin e o barão Hulot foram seus membros fundadores, e Vidal e Froidevaux colaboraram na revista do comitê. Todos esses comitês conseguiram obter

---

20  A. Bernard era um daqueles que tinham começado a preparar a dominação francesa no Marrocos. Cf. A. Bernard, Une Mission au Maroc, *Bulletin du Comité de l'Afrique Française*, 1904, p. 221-243, 258-274; e Les Ressources économiques du Maroc, *Congrés de l'Afrique du Nord*, n. 2, 1909, p. 611-620.

subsídios por parte das sociedades geográficas e dos meios de negócios e das finanças[21].

A importante Union Coloniale Française se diferenciou dos outros comitês por sua vocação essencialmente econômica e financeira. Ela foi fundada em 1903 e seu conselho de administração, inteiramente composto de dirigentes de sociedades e de bancos possuindo interesses nas colônias e em outros países sob a dominação francesa. Embora qualquer simpatizante pudesse fazer parte dela e contasse com mais de mil membros, a maior parte destes era de negociantes, banqueiros e industriais. O objetivo declarado desse organismo foi o de ajudar o comércio e a indústria coloniais, fornecendo informações e apoio aos seus membros, e o de promover toda medida legislativa ou econômica que lhes fosse favorável (por exemplo, a criação de companhias coloniais concessionárias). Mas sua oposição ao protecionismo, defendido pela maioria dos meios industriais, mostrava bem que só o mundo do negócio se interessava verdadeiramente pelas colônias. Um de seus principais meios de pressão era a publicidade em jornais e brochuras. Ela publicava, também, seu próprio *Bulletin de l'Union Coloniale Française*, que se tornaria *La Quinzaine coloniale*, em 1897, e que fornecia muitas informações de ordem prática. Além disso, seu serviço de biblioteca respondia às numerosas cartas que pediam informação detalhada e bibliografias. Para atender à enorme correspondência, teve-se que criar seções especializadas por região.

Ela organizou numerosas conferências (mais de quatrocentas, de 1893 a 1903) – de maneira regular na Société de Géographie, por exemplo. Os assuntos coloniais eram abordados por conferencistas muito conhecidos – como Marcel Dubois, Charles-Roux, Delcassé (que foi ministro várias vezes), Étienne, Vidal de la Blache e Levasseur[22]. Depois, o organismo criou, na Sorbonne, um curso sobre temas coloniais para os estudantes, especialmente

---

21  H. Brunschwig, *Mythes et réalités de l'impérialisme colonial français*, p. 122-124. Os membros mais influentes tinham, aliás, importantes conexões com os meios de negócios, como mostram L. Abrams; D.J. Miller, Who Were the French Colonialists? A Reassessment of the *Parti Colonial*, 1890-1914, *Historical Journal*, n. 19, 1976, p. 685-725.

22  Algumas dessas conferências foram publicadas, por exemplo: É. Levasseur, *Ce qu'on peut faire en Tunisie*, Tunis: Impr. rapide, 1897; e P. Vidal de la Blache, L'Éducation des indigènes, *Revue scientifique*, 4ª série, t. 7, n. 12, 1897, p. 353-360.

os candidatos ao exame de *agrégation*\* de história e geografia. Vários prêmios foram atribuídos aos melhores estudantes desse curso, titulares de um diploma de estudos superiores em história e geografia e autores de uma monografia de valor sobre um assunto colonial. Um dos prêmios consistia em uma viagem paga para uma colônia francesa, para que o estudante pudesse redigir uma tese ou uma monografia sobre um dos aspectos daquele país. As aulas eram dadas duas vezes por semana por especialistas em política colonial, direito e geografia (este último ensinamento sendo dado, originalmente, por Dubois).

A Union Coloniale Française contribuiu para a fundação da Société pour l'Emigration des Femmes (1897), da importante Ligue Coloniale de la Jeunesse (1897) e do Comité de Madagascar (do qual Levasseur foi um dos membros fundadores), organizando um grande banquete anual, durante o qual os membros do "Parti Colonial" podiam se encontrar. Este não era um partido político no sentido atual do termo, mas, antes, um agrupamento não estruturado de pessoas que compartilhavam os mesmos pontos de vista sobre a questão colonial. Ele se baseava muito nos meios de comunicação e de mobilização que os comitês, a Union Coloniale e, indiretamente, as sociedades de geografia constituíam. As relações pessoais e a presença frequente das mesmas pessoas em vários agrupamentos, assim como no Parlamento e nos ministérios, explicavam o sucesso do "Parti Colonial" em influenciar a política governamental[23].

As únicas organizações estritamente políticas – embora estruturadas de um modo meio frouxo – eram o "Groupe Colonial" da Câmara dos Deputados (a partir de 1892), sob a direção do *gambettiste*\* Étienne, e mais tarde (1898) do Senado,

---

\* *Agrégation*: substantivo feminino que se refere a um concurso para aqueles que, após um curso universitário de graduação, se candidatavam a um posto de professor de escolas de segundo grau ou de algumas faculdades na França. (N. da T.)

23 C.M. Andrew; A.S. Kanya-Forstner, The French "Colonial Party": Its Composition, Aims and Influence, 1885-1914, *Historical Journal*, n. 14, 1971, p. 99-128; C.M. Andrew; P. Grupp; A.S. Kanya-Forstner, Le Movement colonial français et ses principales personnalités (1890-1914), *Revue française d'histoire d'outre-mer*, v. 62, n. 229, 1975, p. 640-673.

\* *Gambettiste*: refere-se aos partidários de Léon Gambetta, político francês com grande atividade antes, durante e imediatamente após a Guerra Franco-Prussiana, em 1870-1871. (N. da T.)

sob a presidência de Jules Siegfried (em particular com Freyci-net e Waddington). Aparentemente, os membros do "Groupe Colonial" não tinham interesses diretos pela indústria e pelos negócios[24]. Eles pertenciam a todas as tendências políticas do Parlamento; porém, mais à esquerda e ao centro do que nos extremos. Que esse agrupamento fosse, acima de tudo, hete-rogêneo não surpreendia, dado que a questão colonial não era privilégio de nenhuma família política. A extensão do império colonial foi primeiramente proposta e sustentada pela maioria de esquerda e republicana. A oposição diminuía de modo pro-gressivo, embora tivesse sido importante no início: basta lembrar que Jules Ferry – líder republicano e grande iniciador da polí-tica colonial, com frequência tendo apoio de Gambetta e seus sucessores – fora demitido com base em uma questão colonial, pouco depois de ter conseguido um notório sucesso em Túnis. Havia membros de seu próprio partido entre os adversários. A extrema-esquerda radical ou socialista estava também divi-dida sobre o tema e não chegou jamais a organizar uma política anticolonial coerente. Os opositores raramente pediam a saída dos territórios conquistados; antes, sim, uma política de pre-sença baseada na missão civilizadora e humanitária da França[25].

Aos diversos grupos de pressão, que trabalhavam a favor da causa colonial, convém acrescentar a Administração, cujo papel quase não chamou a atenção dos historiadores, o que também ocorreu em relação ao Exército e à Marinha. Os chefes militares foram ou se tornaram ferozes partidários da expansão colonial, por verem nela um campo de treinamento indispen-sável ao Exército e considerarem que a população das colônias representaria uma reserva de tropas susceptível de compensar

---

24  H. Brunschwig, *Mythes et réalités de l'impérialisme colonial français*, p. 113-116; e C.M. Andrew; A.S. Kanya-Forstner, The Groupe Colonial in the French Chamber of Deputies, 1892-1932, *Historical Journal*, n. 17, 1974, p. 837-866.

25  Hubert Deschamps, *Méthodes et doctrines coloniales de la France* (*du XVIe siècle à nos jours*), Paris: A. Colin, 1953, p 152-154; Madeleine Rebérioux, La Gauche socialiste française: "La Guerre sociale" et "Le Mouvement socialiste" face au problème colonial, *Le Mouvement Social*, n. 46, 1964, p. 91-103; e Georges Haupt; Madeleine Rebérioux (orgs.), *La Deuxième internationale et l'Orient*, Paris: Cujas, 1967. Os laços entre o pensamento republicano e o colonial são examinados em detalhe, no caso de Hanotaux, por: Peter Grupp, *Theorie der Kolonialexpansion und Methoden der imperialistischen Aussenpolitik bei Gabriel Hanotaux*, Berna: Herbert Lang, 1972.

a crescente inferioridade demográfica da França em comparação à Alemanha. No entanto, é preciso também ressaltar que alguns dos partidários mais eficientes das colônias fizeram parte do pessoal dos ministérios: eles forneceram, inegavelmente, à política colonial uma continuidade em seus desígnios e em suas ações, não obstante as frequentes mudanças de governo. Como já mencionado, o presidente da Société de Géographie de Paris, Chasseloup-Loubat, pôde desempenhar um papel importante em favor da colonização, mesmo antes de 1870, pois era também, na qualidade de ministro da Marinha (1859-1867), encarregado dos negócios coloniais. Um núcleo de funcionários deste ministério sempre trabalhou a favor da expansão colonial, graças a contatos permanentes com os jornais influentes e com as sociedades de geografia. Assim, a exploração do Congo, durante a última metade dos anos 1970, por Savorgnan de Braza, foi organizada pelo Ministério da Marinha, mas sem um verdadeiro apoio nem do governo, nem do público. Em 1881, com a importância crescente das colônias, a administração colonial tornou-se mais autônoma em relação ao ministério. O deputado Étienne foi o primeiro titular de um "Subsecretariado de Estado Para as Colônias" (alternadamente vinculado ao Ministério do Comércio e ao Ministério da Marinha). Entre os mais notórios sucessores de Étienne estiveram os deputados Émile Jamais e Delcassé. Esse serviço foi finalmente desmembrado, em 1894, para tornar-se o Ministério das Colônias. Porém, ainda antes dessa data, ele se esforçou com discrição, às vezes em segredo, para seguir uma política independente daquela do governo. O ministério garantiu um meio de ação eficaz nas colônias, graças à criação de uma École Coloniale, em 1889, colocada sob a sua jurisdição, visando à formação de um grupo de administradores, que devia executar seu projeto colonial[26].

26   Sobre o papel dos militares e funcionários, cf. A.S. Kanya-Forstner, *The Conquest of Western Sudan: A Study in French Military Imperialism*, London: Cambridge University Press, 1969; H. Brunschwig et al. (orgs.), *Brazza explorateur – L'Ogooué, 1875-1879* [Lettres et rapports de Brazza] (Documents pour servir à l'histoire de l'Afrique équatoriale française, 2ª série, n. 1), Paris: Mouton, 1966; François Berge, *Le Sous-secrétariat et les sous-secrétaires d'État aux colonies. Histoire de l'émancipation de l'administration coloniale*, Paris: Maisonneuve et Larose, 1962; William B. Cohen, *Empereurs sans sceptre: Histoire des administrateurs de la France d'outre-mer et de l'École coloniale*, Paris: Berger-Levrault, 1973.

Assim, a expansão colonial francesa era posta em prática de acordo com uma lógica toda nacionalista e pouco marcada por motivações econômicas, a não ser por aquelas que diziam respeito a uma economia de extração. O insucesso das colônias em atrair capitais franceses e o custo da colonização (do qual se estava, provavelmente, bem consciente) não afetavam muito o governo e a opinião pública, pois as motivações nacionalistas pareciam justificar a política colonial[27]. Para eles, como talvez para os meios econômicos, a ideia de riquezas potenciais de reservas podia constituir um meio de se assegurar sobre um futuro por outro lado incerto e inquietante.

Graças à sua participação em numerosas associações de caráter pró-colonial e aos contatos que podiam estabelecer com pessoas influentes, os geógrafos contribuíam, muito certamente, para difundir a ideologia colonial. As sociedades de geografia desempenhavam um papel primordial, valorizando o ponto de vista colonial em um país no qual a opinião pública não estava pronta para adotá-lo. A diminuição do número de seus membros, ao longo da década de 1890, e o sucesso de grupos de pressão mais especializados mostravam que seu papel, que tinha sido o de assegurar uma transição, estava, então, praticamente terminado. Os geógrafos continuaram a fazer parte de todos esses grupos de pressão e a guardar uma influência preponderante em vários periódicos de grande difusão junto à elite social e política, tais como o *Journal des débats*, *L'Economiste français* e a *Revue diplomatique et coloniale* (fundada em 1897, com Froidevaux como um dos dois redatores-adjuntos). Essa presença notável dos geógrafos no movimento colonial permitiu-lhes tirar partido para facilitar a institucionalização de sua disciplina? E isso, em que medida? Qual foi o impacto no pensamento geográfico?

---

27  Sobre os custos e benefícios da colonização, reportar-se a H. Brunschwig, *Mythes et réalités de l'impérialisme colonial français*, p. 139-171 e a F. Bobrie, Finances publiques et conquête coloniale: le coût budgétaire de l'expansion française entre 1850 et 1930, *Annales, economies, societés, civilisations*, n. 31, 1976, p. 1225-1244.

## O IMPACTO INSTITUCIONAL E CIENTÍFICO

### As Cátedras e os Cursos

Já foi mencionado que as sociedades de geografia e outros grupos de pressão em favor das colônias tinham organizado um grande número de conferências e de cursos regulares no quadro de sua propaganda. Se o número de conferências dadas indicava um certo interesse pelos temas geográficos, os cursos regulares testemunhavam, de maneira mais significativa, o proveito que a geografia tinha podido tirar do movimento colonial. Estes cursos regulares eram dados, primeiramente, pelas câmaras de comércio e as escolas ou associações especializadas e, em segundo lugar, por instituições de ensino superior, às vezes com a ajuda financeira das próprias sociedades de geografia. As primeiras, simplesmente, transmitiam os ensinamentos práticos aos homens de negócios e aos possíveis emigrantes, mas as segundas iam bem além do conteúdo informativo que um estudante ou um auditor inscrito em um curso de geografia poderia esperar. Então, serão tratados aqui estes últimos.

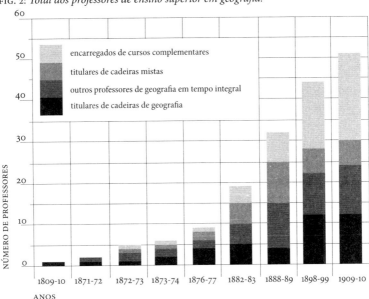

FIG. 2: *Total dos professores de ensino superior em geografia.*

O aumento dos efetivos envolvidos no ensino superior de geografia foi notável, a partir do fim dos anos 1870 até o fim do século XIX (ver Figura 2)[28]. Após 1900, a tendência persistiu, mas a um ritmo mais lento. Assim, na França e na Argélia, os efetivos passaram de cerca de oito, em 1876, a 32, em 1888, a 44, em 1898, e a 51, em 1909. Tais números, todavia, não davam verdadeiramente conta do grau de institucionalização da geografia, pois incluíam vários postos de ensino não permanentes.

Nas universidades, as cadeiras constituíam o elemento mais estável e, por consequência, o mais significativo do *status* da geografia. O número dessas cadeiras aumentou lentamente, após 1870 (data em que só existia uma), mas permaneceu fraco por muito tempo. Foi nos anos 1890 que a geografia se estabeleceu de maneira definitiva no ensino superior da universidade. Na época, o número de cadeiras triplicou, passando de quatro a doze, com vários postos de mestres de conferências tendo sido transformados em cadeiras. A seguir, o número permaneceu estável até as proximidades da Primeira Guerra Mundial. Por volta de 1900, a maioria das universidades francesas tinha uma cadeira de geografia. Aquelas que não a possuíam eram, em geral, muito pequenas, ou contavam com uma cadeira de história e geografia – sendo o titular, todavia, frequentemente um historiador que negligenciava os avanços modernos da geografia.

---

28   Os números (e os que se seguem) foram compilados a partir de fontes diversas e podem estar sujeitos a uma certa margem de erro. Fontes principais: *Geographisches Jahrbuch, 1880, 1882, 1884,1888, 1890-91, 1896, 1901, 1905, 1909*; Ministère de l'Instruction publique et des Beaux-Arts, *Statistique de l'enseignement supérieur, 1889-1899*, Paris: Imprimerie Nationale, editados respectivamente em 1888 e 1900 (Archives Nationales, Paris, F17.3306); Programmes des cours des Universités, Archives Nationales, Paris, F17.13137; Ferdinand Lot, *De la situation faite à l'enseignement supérieur en France*, Paris: 8 rue de la Sorbonne, 1901, 2 v. (9e et 11e *Cahiers de la Quinzaine*, 7a série); idem, *La Faculté de philosophie en Allemagne et les facultés des lettres et des sciences en France, recherches statistiques*, Paris: A. Colin, 1896. *N.B.*: As categorias indicadas na legenda da Figura 2 foram estabelecidas da seguinte maneira: 1. titulares de cadeiras de Geografia; 2. outros professores de Geografia em tempo integral (sobretudo "mestres de conferências", "encarregados de ensino", "professores adjuntos" e "orientadores de estudos" na École Pratique des Hautes Études; 3. titulares de cadeiras mistas (de Geografia e de uma outra disciplina, mais frequentemente a História); 4. encarregados de cursos complementares. A categoria 2 compreende alguns casos bastante raros de cargos de mestres de conferências de Geografia e de História. Dada a má qualidade dos dados, o número de encarregados de cursos da categoria 4 está, muito provavelmente, incompleto e, portanto, subestimado.

Em função dessas datas, pode-se formular a hipótese seguinte: a reação científica ao interesse manifestado pelas questões geográficas, graças à ação desenvolvida pelas sociedades de geografia, teve provável importância, mas assumiu primeiramente a forma de simples cursos sobre os temas de ordem geográfica. A institucionalização permanente, em boa e devida forma, da geografia foi muito mais lenta de se realizar. A defasagem se explica, sem dúvida e em parte, pelo prazo necessário à adoção de uma nova disciplina por uma estrutura relativamente conservadora e burocrática (como será mostrado no capítulo seguinte). Teria o movimento colonial tido uma influência direta na criação de cadeiras de geografia? Como tais cadeiras não carregavam, na maior parte do tempo, uma designação de caráter colonial, não é possível avaliar com rigor o papel do movimento colonial ou das sociedades de geografia; é preciso se contentar com a observação da coincidência histórica de sua criação. Outras considerações, tais como a concepção da ciência e do ensino superior, assim como o desafio alemão, contribuíram para a criação das cadeiras de universidade.

Entretanto, em muitos casos, é absolutamente certo que as cadeiras foram criadas sob a pressão de diversos grupos econômicos, com frequência os comerciais, que se interessavam pelas colônias. Por exemplo, em 1881, a Câmara de Comércio de Paris criou um ensino da geografia na École des Hautes Études Commerciales; L. Simonin foi o encarregado desse ensino[29]. Ele teve também a cadeira de geografia colonial criada em Bordeaux, em 1897, sob a influência combinada da sociedade geográfica e da câmara de comércio locais – e um financiamento proveniente desta última e da municipalidade. Na Sorbonne, a influência das organizações pró-coloniais seria ainda mais evidente.

Uma cadeira de geografia colonial foi criada ali, em 1893, para Marcel Dubois, que já ensinava a matéria desde 1885 na referida instituição. A iniciativa coube a Jamais, subsecretário de Estado para as Colônias e amigo de infância de Dubois. O projeto foi continuado por Delcassé, após a morte prematura de Jamais, e defendido diante do Parlamento por Chautemps, relator do orçamento das colônias. Louis Liard, diretor de ensino

---

29  C. Faure, Les Progrès de l'enseignement de la géographie en France, *Bulletin de la Société neuchâteloise de géographie*, t. VI, 1891, p. 119.

superior, também o apoiou, esperando que ao tomar "contato com as preocupações mais apaixonantes de nossa vida nacional, a faculdade não perderia nada da serenidade científica que é seu orgulho"[30]. Temos aqui um belo exemplo de cadeira criada sob o impulso não do Ministério da Instrução Pública, mas daquele que deveria tornar-se o Ministério das Colônias.

Se a extensão do impacto do movimento colonial na criação das cadeiras de geografia é difícil de ser medida, tal impacto não deixou de ser real e se traduziu em um aumento do número dos cursos. Em 1905, cursos de geografia colonial eram oferecidos em nove universidades, na École Coloniale, na École des Haute Études Commerciales e na École des Sciences Politiques (da qual, Anatole Leroy-Beaulieu, irmão de Paul, deveria tornar-se o diretor)[31].

As sociedades de geografia eram, em grande parte, responsáveis pelo ensino de numerosos outros cursos, cuja organização demandava necessariamente um processo de institucionalização permanente. Mesmo depois de o número de fundações de sociedades de geografia ter começado a se estabilizar (por volta de 1890), e o de seus membros a diminuir, o número de cursos (ou de professores) de geografia continuou a aumentar (embora em um ritmo menor). O papel das sociedades foi, então, muito mais o de um catalisador de uma opinião pública favorável à geografia do que o de uma força constante e contínua sobre a qual se teria apoiado a institucionalização da disciplina. No entanto, esta não se baseava apenas em um conjunto de postos de trabalho nas universidades: a elaboração e a difusão das ideias por meio de periódicos eram igualmente necessárias.

## Os Periódicos

Qual foi o papel do movimento colonial na criação das revistas de geografia e que lugar tiveram nelas os temas colônias?

---

30   M. Dubois, Leçon d'ouverture du cours de géographie coloniale, *Annales de géographie*, n. 3, 1893-1894, p. 121-122.

31   As nove universidades em questão eram: Paris, Lyon, Aix-Marseille, Bordeaux, Caen, Toulouse, Lille, Clermont-Ferrand e Alger, segundo as fontes acima mencionadas e R.J. Harrisson, Church, The French School of Geography, em Thomas Griffith Taylor (org.), *Geography in the Twentieth Century*, New York: Philosophical, 1953, p. 86.

Houve, seguramente, periódicos cuja existência e conteúdo só se deveram ao movimento colonial: foram as publicações oficiais dos grupos de pressão já mencionados, como o *Bulletin du Comité de l'Afrique Française*, *La Quinzaine coloniale*, o *Bulletin de la Société des Études Coloniales et Maritimes* etc. Contudo, seus conteúdos não eram especialmente geográficos – salvo exceções.

As publicações das sociedades de geografia – como indicado – foram, em boa parte, frutos do movimento colonial. Mas o lugar ocupado pelos temas coloniais nesses periódicos variou de acordo com a revista ou o exemplar. A maior parte deles se esforçou no sentido de publicar artigos de caráter universitário sobre todos os temas. O mais antigo de todos foi o *Bulletin de la Société de Géographie de Paris*, que prosseguiu, a partir de 1900, sob o nome de *La Géographie*. Ele conseguiu manter um nível intelectual elevado, a despeito da tendência a se especializar em relatos de viagens e de explorações. O periódico compreendia uma seção que tratava do "movimento geográfico" e retraçava, entre outros temas, as modalidades da expansão colonial. Entretanto, ainda que esses artigos pudessem parecer orientados *a priori*, pois davam informações inegavelmente úteis sobre os recursos dos países de ultramar, evitavam fazer propaganda aberta em favor de uma política colonial.

Outros periódicos, entre os quais *L'Explorateur*, fundado por Hertz, em 1875, e a *Revue géographique internationale*, fundada por Georges Renaud, em 1876, destinavam-se a um público mais amplo e tinham por objetivo defender os interesses do comércio e informar sobre as descobertas geográficas feitas pelo mundo. O segundo, em particular, buscava fornecer informações sobre as colônias e fazer a propaganda a seu respeito, a fim de "contribuir para combater o esquecimento e a indiferença com os quais a opinião pública tende a envolver nossos interesses coloniais"[32]. Ele tentava também ser um instrumento de ligação entre os franceses de ultramar e os da metrópole, dando notícias da mãe-pátria e, mais especialmente, facilitando a expedição de livros franceses para as colônias. Simultaneamente, a revista queria ser científica e buscava a participação de grandes nomes (por exemplo, Levasseur). Ela

---

32   G. Renaud, Notre Programe, *Revue géographique internationale*, n. 1, 1876, p. 2.

não conseguiu isso, de fato: os artigos publicados na *Revue géographique internationale* raramente eram inéditos (provinham de outros periódicos) e a contribuição da publicação ao avanço da ciência geográfica foi mínima.

A *Revue de géographie* (de 1877 a 1905) constituiu uma tentativa de suprir a ausência de qualquer periódico científico nacional, agrupando os conhecimentos e os esforços de várias associações de geografia. Ela foi fundada por Ludovic Drapeyron (1839-1907), professor de história e de geografia em um liceu parisiense marcado pela má qualidade do ensino da geografia da França, que havia, inclusive, proposto um plano de reforma por ocasião do Segundo Congresso Internacional de Geografia, de 1875, em Paris[33]. Uma parte das preocupações da revista foi, aliás, relativa aos métodos de ensino. Entretanto, ela se interessou abertamente pelo movimento colonial. Por exemplo, publicou trinta artigos sobre a África do Norte, em 1881, ano em que a Tunísia foi ocupada pelos franceses, fato ao qual a *Revue* se atribuiu em parte o mérito[34]. Todavia, pareceu que Drapeyron, por meio desse periódico, não conseguiu dar ânimo a uma escola de geografia coerente e original – problema que os capítulos seguintes contribuirão para esclarecer.

Foi a *Annales de géographie*, revista fundada em 1891, sob a direção de Vidal de la Blache e Dubois, que cumpriu esse papel mais tarde, como analisaremos adiante. Por enquanto, basta notar que a "Informação ao Leitor" no início do primeiro volume, colocou o papel científico da *Annales* no contexto, entre outros, do movimento colonial da época. Os dois primeiros artigos (de Foncin e de Schirmer) foram impressionantes: eles defenderam, de maneira veemente, a expansão colonial francesa e lhes deram justificativas políticas, sociais, comerciais e morais. Esta defesa de uma "França maior" foi menos desenvolvida nos números seguintes, embora a atitude francamente favorável à expansão colonial aparecesse sempre nos relatórios regulares (mais de caráter informativo do que científico) sobre a geografia da Ásia e da África[35].

---

33  Cf. L. Drapeyron, *Nouvelle méthode d'enseignement géographique d'après les résolutions du Congrès géographique de Paris…*, Paris: J. Dumaine, 1876.
34  Observado por D.V. McKay, op. cit., p. 227-228.
35  Sua parte – cerca de 10% das páginas dos primeiros volumes – diminuiu progressivamente, mas não havia ainda desaparecido às vésperas da Primeira Guerra Mundial.

O MOVIMENTO COLONIAL 55

Sem nenhuma dúvida, os fundadores da *Annales* foram ativamente a favor da expansão colonial. Dubois já foi mencionado como um participante entusiasta dos grupos de pressão favoráveis à colonização. Ele fez numerosas conferências pró-coloniais em vários tipos de associações (como a Société de Géographie de Paris ou a Ligue de l'Enseignement), tentando tocar um público tão vasto quanto possível. Dubois foi o beneficiário da primeira cadeira de geografia colonial na Sorbonne e escreveu numerosos artigos e volumes sobre o tema.

Vidal de la Blache, codiretor da *Annales*, também foi apresentado como um partidário convicto do movimento colonial na necrologia que lhe consagrou Émile Bourgeois. O fato de ter dado suporte a associações (tais como o Comité de l'Afrique Française) – assim como o conteúdo de seus escritos – traía sua opinião a respeito da colonização, embora suas publicações raramente assumissem uma postura propagandística[36]. O próprio Vidal, na necrologia que escreveu para seu amigo Foncin (geógrafo, cofundador das sociedades de geografia de Bordeaux e de Lille e fundador da Alliance Française), mostrou sua simpatia pelo movimento colonial que permitira à França reencontrar sua potência e sua honra, para criar "esta atmosfera na qual, após duros anos de receio e de saudades, a alma da França começava a respirar mais à vontade"[37]. Alfred Rambaud, outro amigo e colega de Vidal, também foi um autor fervoroso partidário da expansão colonial. Ele ensinou história na Université de Nancy, depois na Sorbonne, tendo sido um colaborador próximo de Jules Ferry. Seus escritos, do mesmo modo que os de Dubois, Vidal e Foncin, revelaram seu apoio e sua admiração por este político[38].

Além de Dubois, houve cinco colaboradores regulares da *Annales de géographie* que deram uma tonalidade colonial à

36 É. Bourgeois, Notice sur la vie et les travaux de M. Paul Vidal de la Blache, *Mémoires de l'Institut: Académie des sciences morales et politiques*, 1920; P. Vidal de la Blache, L'Éducation des indigènes, *Revue scientifique*, 4ª série, t. 7, n. 12, p. 353-360.
37 P. Vidal de la Blache, Nécrologie: Pierre Foncin, *Annales de Géographie*, n. 26, 1917, p. 69.
38 Cf. P. Vidal de la Blache, Notice sur la vie et les travaux d'Alfred Rambaud, *Mémoires de l'Institut. Académie des sciences morales et politiques*, 1908, n. 2. Em 1889, Jules Ferry propõe a Rambaud escrever "uma brochura sobre o Tonkin, quer dizer, pelo Tonkin". Rambaud aceitou (A. Rambaud, *Jules Ferry*).

revista. Augustin Bernard (1865-1947) escreveu muitos artigos e notas sobre a África do Norte. Ele ensinou geografia da África, na École Supérieure (e futura Faculté) des Lettres d'Alger (1894-1902), depois geografia e colonização da África do Norte, na Sorbonne (1902-1935). Além disso, publicou numerosas notas e resenhas no *Bulletin du Comité de l'Afrique Française*, do qual foi um dos membros mais ativos, assim como em outros periódicos coloniais. Henri Schirmer (1862-1931), que ensinou geografia, na Sorbonne, e foi menos conhecido, escreveu também sobre os territórios coloniais. Mas a publicação mais significativa foi a regular "Crônica Geográfica", da *Annales*, escrita por Henri Froidevaux, entre 1892 e 1894, e, em seguida, por Maurice Zimmermann (que lecionou geografia colonial, em Lyon). Enfim, Émile-Félix Gautier (1864-1940), professor na École Supérieure des Lettres d'Alger, foi um dos exploradores de Madagascar, participando da implantação da colonização francesa e, sobretudo, sendo conhecido por suas explorações no Saara[39].

Por que as preocupações coloniais diminuíram na *Annales*, após os primeiros números? Pode-se imaginar que a expansão colonial foi um tema popular, de dimensões práticas, facilitando o lançamento de um novo periódico, e que seus diretores se aproveitaram disso. Mais tarde, a colonização tendo se imposto, sentiu-se menos a necessidade de se defendê-la. Entretanto, uma explicação provavelmente mais correta seria a saída de Dubois da codireção da revista, em 1894, e sua substituição por dois geógrafos (Lucien Gallois e Emmanuel de Margerie) que não teriam as mesmas perspectivas que ele. Deve-se notar também que esses geógrafos pareciam compartilhar o estilo de atividades científicas e intelectuais que prevalecia à época: a maioria dos professores conhecidos estava pouco disposta a se engajar, direta ou explicitamente, nos trabalhos de ciências aplicadas[40].

---

39  M. Larnaudé, Émile-Félix Gautier (1864-1940) et Augustin Bernard (1865-1947), *Les Géographes français*, Paris: Bibliothèque Nationale, 1975, p. 107-118. (Bulletin de la Section de géographie, Comité des Travaux Historiques et Scientifiques, 81.)

40  Sobre as atitudes em relação à ciência aplicada, cf. Harry.W. Paul, *The Sorcerer's Apprentice. The French Scientist's Image of German Science*, Gainesville: University of Florida Press, 1972; idem, The Issue of Decline in Nineteenth-Century French Science, *French Historical Studies*, n. 7, 1972, p. 436.

O MOVIMENTO COLONIAL

Nesse sentido, Vidal e Gallois deviam ter a tendência de fazer uma distinção entre geografia de estilo universitário, de um lado, e engajamento pró-colonial bem evidente, de outro. Assim, às vésperas da Segunda Guerra Mundial, as questões coloniais mantinham apenas um lugar menor no grande periódico, cujo objetivo era uma geografia científica. Elas eram tratadas de maneira bastante factual em revistas de caráter propagandístico e utilitário. Nesse contexto, é interessante notar que somente Dubois e, em um menor grau, Bernard, Gautier e Schirmer tentaram desenvolver uma geografia colonial, científica e original[41], o que levanta a questão das implicações da colonização sobre o pensamento geográfico.

## As Ideias Científicas

Dubois declarava com clareza que a geografia colonial não era simplesmente o estudo da geografia dos territórios coloniais, mas que visava "pesquisar as leis de uma colonização verdadeiramente racional" e que possuía, então, seu próprio método[42]. A geografia colonial, segundo Dubois, era antes de tudo uma ciência aplicada, concebida como um instrumento de colonização e que repousava sobre um conhecimento aprofundado dos meios envolvidos. Na plêiade de pessoas que, tais como Leroy-Beaulieu, esforçaram-se para desenvolver uma doutrina nova da colonização, Dubois deveria retomar um lugar esquecido pelos historiadores. Denunciando as ilusões dos projetos dos engenheiros desejosos de construir um transaariano, porque não levavam em conta as dificuldades geográficas, Dubois associava nacionalismo, missão civilizadora dos colonizadores, desenvolvimento econômico e social das colônias, e se descolava daqueles que só viam na expansão colonial um meio de conseguir prestígio para a metrópole e de enriquecer graças à prática de uma economia de extração.

41 Albert Demangeon deu uma contribuição interessante e a única nessa área, mas após a Primeira Guerra Mundial. Cf. *L'Empire Britannique: Étude de géographie coloniale*, Paris: A. Colin, 1923.
42 Cf. M. Dubois, Leçon d'ouverture du cours de géographie coloniale, *Annales de géographie*, n. 3.

Ele se colocava do lado dos industriais, reclamando um protecionismo eficaz[43].

Sente-se a marca das ideias de Dubois nos geógrafos que ele influenciou mais ou menos diretamente, como Schirmer, Bernard, Gautier e Robert Perret. Contudo, a despeito dos esforços de Dubois, a geografia colonial não conseguiu alcançar um *status* científico e um conteúdo teórico que lhe fossem próprios. Ela constituiu um campo que foi progressivamente desmembrado entre diversos ramos da geografia, sobretudo a geografia econômica e a geografia tropical. É preciso notar, entretanto, a contribuição original de Élisée Reclus à geografia colonial. Embora se sinta sob sua pena o entusiasmo do colono que sonhava com a exploração de novos territórios para o bem da humanidade – neste ponto, lembrando Jules Duval –, Élisée Reclus se opunha à expansão colonial. Ele se distinguia assim de seu irmão Onésime, ardente partidário da expansão colonial francesa na África e dos projetos de colonização orquestrados pelo Québec. Assim como os opositores de esquerda, Élisée Reclus denunciava mais os abusos do que a existência do fenômeno da colonização. E era conduzido a fazer análises muito inovadoras em geografia dos processos espaciais de enquadramento e de dominação nas colônias de exploração[44].

---

43 Sobre suas ideias protecionistas, ver o prefácio de Kergomard para a quarta edição de Marcel Dubois; Joseph-Georges Kergomard [1897], *Précis de géographie économique*, Paris: 1934. Dubois escreveu muito sobre as questões coloniais: *Systèmes coloniaux et peuples colonisateurs, dogmes et faits*, Paris: Plon-Nourrit, 1895; *Les Colonies et l'enseignement géographique*, Paris: L. Chailley, 1896; *Un Siècle d'expansion coloniale*, Paris: A. Challamel, 1900. Vidal teve uma posição mais matizada: ele critica os excessos do protecionismo, louvando as vantagens das exportações para o estrangeiro (cf. *La France de l'Est* [*Lorraine-Alsace*], Paris: A. Colin, 1917, p. 264.)

44 Ver o capítulo 2 de Gary S. Dunbar, *Élisée Reclus: Historian of nature*, Hamden: Archon Books, 1978; e James Ralph Krogzemis, *A Historical Geography of the Santa Marta Area, Columbia*, tese de Ph.D não publicada, Universidade da Califórnia, Berkeley, 1967. Sobre a análise dos processos espaciais de enquadramento e dominação, cf. Béatrice Giblin, *Élisée Reclus: Pour une géographie*, tese de doutorado de 3º ciclo não publicada, Universidade de Paris VIII, 1971; e idem, Élisée Reclus: Géographie, anarchisme, *Hérodote*, n. 2, 1976, p. 30-57. Ademais, Élisée Reclus acreditava que as colônias eram mais uma causa de fraqueza do que de força da França (cf. *L'Homme et la terre*, v. 5, Paris: Librairie Universelle, 1905, p. 405-406). Onésime Reclus publicou suas ideias coloniais: *France, Algérie et colonies*, Paris: Hachette, 1880; e *Lâchons l'Asie, prenons l'Afrique. Où renaître? et comment durer?*, Paris: Librairie Universitaire, 1904.

A contribuição de Élisée Reclus sugeria que o movimento colonial tinha um impacto na geografia que poderia superar os quadros de uma especialidade distinta. Assim, encontravam-se nos escritos dos geógrafos vários temas que pareciam ligados ao fenômeno da expansão colonial de então. Desse modo, a ideia de colonização se juntava ao desejo de potência nacional. À exceção de Élisée Reclus, todos os geógrafos mencionados neste capítulo adotavam o ponto de vista segundo o qual a expansão colonial era um meio de reforçar a potência da França.

Além disso, a questão colonial estava indubitavelmente ligada ao conceito de desigualdade cultural e à atitude em relação a ela. Ferry falou, de fato, do dever e, portanto, do direito das nações "superiores" civilizarem aquelas que eram "inferiores"[45]. Certo darwinismo social poderia até contribuir para que se evitassem essas questões morais. Isto era evidente em vários geógrafos quando tratavam da evolução das nações. Por exemplo, referindo-se a diferentes formas de imperialismo contemporâneo, Vidal escrevera: "Há, nesta civilização, uma força agressiva, um instinto ou, melhor dizendo, uma necessidade de invasão." É por isso que "seria perigoso desempenhar, nessas condições, um papel passivo"[46].

Como já mencionado, uma preocupação humanitária e civilizadora se encontrava nos argumentos tanto a favor quanto contra a expansão colonial. Esta era, em suma, uma forma de ideia de progresso. Por exemplo, os geógrafos que eram os advogados mais convencidos da expansão colonial como meio de criar uma poderosa "França maior" (Foncin, Dubois, Vidal) acreditavam, ao mesmo tempo, no progresso das populações sob o controle francês por meio da paz, da educação, do desenvolvimento econômico e da influência intelectual. Falando de Foncin, Vidal compartilhava sua atitude: "Fervente apóstolo da política colonial, ele (Foncin) vê nela uma garantia de grandeza para seu país, mas coloca na primeira posição de suas preocupações a sorte reservada aos indígenas; ele se levanta contra uma política de pura exploração." É preciso notar aqui que a influência moral do idealismo de alguns colonialistas (como

---

45  Cf. Robert Delavignette; Charles-André Julien (orgs.), *Les Constructeurs de la France d'Outre-mer*, Paris: Corrêa, 1946, p. 293-295.

46  P. Vidal de la Blache, Les Régions françaises, *Revue de Paris*, v. 17, 1910, p. 831.

Lyautey, Psichari) era, então, muito forte na França[47]. A ideia de progresso alimentava numerosas reflexões de Vidal. Não há nenhuma dúvida de que o movimento colonial da época fornecia a ele um campo de observação ideal. Em seus trabalhos, reencontrava-se um tema que já havia sido desenvolvido por antropólogos alemães, tais como Bastian e Ratzel: de acordo com eles, os conceitos de contato ou de isolamento eram essenciais para explicar o desenvolvimento ou a estagnação das civilizações. Além disso, as concepções do mundo ligadas ao darwinismo social, por intermédio da ideia de necessidade vital da competição, forneciam a Vidal um princípio de progresso no interior das nações: "O que há de são e de vivificante nesta forma, de tantos pontos de vista, brutal de civilização é o princípio do esforço, a solicitação perpétua de progresso. [...] Ela depende do estímulo da concorrência."[48]

É lógico pensar que a ideia primordial de progresso, a concepção eurocêntrica da história humana e a aceitação da colonização como uma atividade normal predispuseram os que estudavam o homem e a natureza a adotar as concepções evolucionistas. Estas se materializaram no famoso "Método Comparativo", fundamentado na hipótese de que a civilização humana passava por diversos estágios, o mais elevado sendo aquele da civilização europeia. Tais concepções foram muito difundidas até o século XIX em vários meios intelectuais (e até o fim dos anos 1930 em outros). Elas constituíram, certamente, a filosofia das sociedades de geografia que no Segundo Congresso Internacional de Geografia, de 1875, buscaram mostrar sua contribuição às "conquistas pacíficas da civilização sobre a barbárie"[49].

Poderia até ser alegado que essas concepções eram inerentes ou, pelo menos, contribuíam para a filosofia "possibilista". Concebia-se os povos primitivos como estando sob a "tirania"

---

47   Idem, Nécrologie: Pierre Foncin, *Annales de géographie*, n. 26, p. 69. A importância do idealismo colonial foi sublinhada por Raymond F. Betts, La Frontière coloniale française, em Charles K. Warner (org.), *From the Ancien Régime to the Popular Front: Essays in the History of Modern France in Honor of Shepard B. Clough*, New York: Columbia University Press, 1969.

48   Idem, Les Régions françaises, *Revue de Paris*, v. 17, 1910, p. 831. Sobre o tema das causas do progresso ou da estagnação das civilizações, ver seus *Principes de géographie humaine*, manuscritos reunidos por E. de Martonne, Paris: A. Colin, 1921.

49   D.V. McKay, op. cit., p. 222.

do ambiente, quando as civilizações mais avançadas podiam controlá-lo, obtendo assim uma liberdade de ação maior. Daí resultaria que "o empreendimento da colonização, ao qual nossa época vinculava sua glória, seria um engodo se a natureza impusesse quadros rígidos em vez de abrir esta margem às obras de transformação ou de restauração que estão no poder do homem"[50]. Em outros termos, poder-se-ia dizer que o "possibilismo" justificava a colonização, e vice-versa. É preciso, entretanto, notar que estas considerações não implicavam necessariamente um evolucionismo unilinear.

Os discípulos de Le Play e os morfologistas sociais não foram mencionados até agora. Isto se deve ao fato de que eles não participavam muito do movimento colonial. Os discípulos de Le Play se interessavam principalmente pelos negócios interiores, pelos problemas do mundo do trabalho no seio da sociedade francesa. Sua relativa falta de interesse pelas questões coloniais parecia corresponder bem à ideologia de direita da época, católica e conservadora, que produzia poucas personalidades "coloniais" marcantes. A situação dos morfologistas sociais era similar, mas no outro extremo do leque ideológico. Estes durkheimianos, conhecidos por suas simpatias socialistas, eram na maior parte opositores, em princípio, à expansão colonial. Porém, já que os socialistas não tinham desenvolvido uma teoria "anticolonialista" coerente, os morfologistas sociais não possuíam, talvez, os instrumentos conceituais para participar, com proveito, dos estudos coloniais. Esta ausência de temas "coloniais" era característica, por exemplo, dos escritos de Mauss.

Ademais, as concepções evolucionistas de Durkheim (passagem da solidariedade mecânica à solidariedade orgânica) ou de seus discípulos (como o trabalho contestado de Lévy-Bruhl sobre o "pensamento primitivo") tinham a tendência a perpetuar o eurocentrismo e os estereótipos sobre o valor desigual das civilizações[51].

---

50  P. Vidal de la Blache, *Principes de géographie humaine*, p. 15.
51  Por exemplo: É. Durkheim, *De la division du travail social*, Paris: Alcan, 1893; Lucien Lévy-Bruhl, *La Mentalité primitive*, Paris: F. Alcan, 1922; idem, *Les Fonctions mentales dans les sociétés inférieures*, Paris: Alcan, 1910. Sobre a fragilidade das análises socialistas da colonização, cf. M. Rebérioux, La Gauche socialiste française: "La Guerre sociale" et "Le Mouvement socialiste" face au problème colonial, *Le Mouvement Social*, n. 46, p. 91-103.

## ELEMENTOS DE CONCLUSÃO

Os geógrafos reconhecidos como tais desempenharam papel fundamental no movimento colonial e, por esse meio, participaram da corrente principal da política republicana. A ênfase, colocada neste capítulo, no impulso dado pelo nacionalismo ao movimento colonial permitiu circunscrever a atuação dos meios econômicos. Um modelo das relações entre estes e o desenvolvimento geográfico colonial pode ser sugerido da maneira seguinte.

Em um primeiro período (começando nos anos 1860), uma pequena minoria de intelectuais, militares e funcionários defendeu a expansão colonial. Em um segundo período (correspondendo aos anos 1870 e 1880), a tendência foi reforçada pelo progresso de um nacionalismo renovado e marcado pela vontade de poder, e começou a despertar um crescente interesse do mundo dos negócios pelos recursos de ultramar. A política colonial defendida inicialmente por alguns nacionalistas estendeu-se de forma progressiva a todos os meios. Esse período conheceu a fundação de numerosas sociedades de geografia, nas quais uma nova doutrina colonial associando interesses econômicos e nacionalistas foi elaborada e difundida. Em um terceiro período (nos primórdios dos anos 1890), o interesse do público e o número dos membros das sociedades de geografia começaram a baixar. Os expansionistas mais ardentes criaram grupos de pressão que foram, portanto, mais especializados em seus objetivos que as sociedades de geografia. O sucesso relativo e contínuo das sociedades de geografia comercial dirigidas pela de Paris e a fundação da Union Coloniale mostram que o mundo dos negócios negligenciou as sociedades geográficas para se voltar às associações mais especializadas, em um momento em que o tema colonial era plenamente aceito pela sociedade francesa. Tal evolução reflete o fato de que o mundo dos negócios, após o fornecimento feito pelas sociedades de geografia das informações preliminares sobre as regiões desconhecidas, criou suas próprias redes de informação nos territórios de ultramar e utilizou as associações especializadas para obter a informação de base e para fazer pressão sobre a opinião pública. Paralelamente, como as sociedades de geografia estavam liberadas de seu papel propagandístico, elas se voltaram mais para a ciência "pura".

O papel desempenhado pelas sociedades de geografia e organizações similares tendeu a corroborar as hipóteses de que os países liberais (por oposição aos regimes burocráticos e autoritários) não promoveram trabalhos estatísticos e corográficos aprofundados[52]. O mundo dos negócios se interessou pelas sociedades de geografia não para obter estudos estatísticos detalhados, tais como aqueles que foram feitos na França, no século XVIII e no começo do século XIX, mas, antes, para adquirir informações sobre os recursos de ultramar, sobre as condições do comércio e sobre a existência e os tipos de mercados. Após alcançar esse objetivo e ter ajudado a criar, graças ao apoio dos geógrafos, uma doutrina colonial aceita pela maioria da população do país, as sociedades de geografia não mais despertavam a atenção do mundo dos negócios. Essa tarefa inicial, que a elas foi atribuída, deu um caráter descritivo e ecológico à geografia colonial. A geografia colonial continuou a manter-se na universidade e na escola colonial para cumprir as demandas da administração colonial francesa, mesmo após satisfazer as necessidades do mundo dos negócios.

Assim, a geografia colonial foi um campo que se desenvolveu para satisfazer as necessidades não somente dos meios econômicos (inventários dos recursos e mercados), mas, também, dos meios políticos (conhecimento dos lugares e povos que deveriam ser organizados sob a dominação francesa). Por essa razão, seria errôneo identificar a geografia colonial à geografia econômica e, por consequência, minimizar o impacto da colonização sobre a geografia. O movimento colonial, com seu corolário nacionalista, explica não apenas a aparição de um campo, embora limitado – aquele da geografia colonial –, mas, ainda, o sucesso da geografia no seio da opinião pública e do sistema universitário. Nos dias atuais, a geografia humana pode parecer completamente desinteressada, mas os contemporâneos de sua institucionalização perceberam-na utilitária.

---

52  Hipótese sugerida ao autor por Paul Claval e também por Lucio Gambi, Esquisse d'une histoire de la géographie en Italie, *Travaux de géographie fondamentale*, Paris: Les Belles Lettres, 1974, p. 9-37. (Cahiers de géographie de Besançon, 23.)

Este capítulo mostrou, entretanto, que o movimento colonial agiu como catalisador muito importante na criação de cátedras, cursos e periódicos de geografia, mas não como apoio de longo prazo para essas empresas. Além disso, se despertou o interesse pela geografia científica, não suscitou um corpo muito original de teorias geográficas coloniais. Contudo, certo é que numerosas ideias (frequentemente implícitas) que se encontram nos escritos dos geógrafos da época devem boa parte de sua existência aos debates ligados à expansão colonial. Nem o colonialismo, nem o nacionalismo, sozinhos, podem explicar a institucionalização da geografia. As atitudes e as ideias da classe dirigente, assim como a própria estrutura universitária, desempenharam papel importante nesse processo. O capítulo seguinte visa examinar tais fatores.

# 3. O Ensino

A Terceira República implantou, progressivamente, as estruturas que deveriam assegurar, na França, o ensino em todos os níveis. Elas sofreram poucas modificações durante toda a primeira metade do século XIX.

Poucos trabalhos foram feitos sobre a história do ensino como ramo da história social[1]. O caso da Terceira República constitui, contudo, um excelente exemplo das relações que existem entre o ensino, a política e as histórias social e intelectual. Este capítulo evoca, primeiro, a importância da questão do ensino no estabelecimento e na evolução da República, e examina, em seguida, a posição e o papel da geografia nas reformas que aconteceram no primário e no secundário, e, depois, no superior.

---

1   Um exame crítico desse campo de pesquisa é fornecido por John Talbott, The History of Education, *Daedalus*, Winter 1971, p. 133-150.

## O ENSINO NA IDEOLOGIA REPUBLICANA

*Antes de 1870*

Durante o século XIX e bem antes da fundação da Terceira República, observou-se uma vontade crescente entre os liberais (incluindo os republicanos) de instituir a instrução primária obrigatória. Liberais, dentre os quais Guizot e Duruy, favoreceram o desenvolvimento da escolaridade durante suas funções de ministros. Jules Simon construiu uma boa argumentação em favor dessa preocupação dos liberais. Ele considerava a instrução primária obrigatória uma necessidade que derivava da evolução econômica e política da sociedade. Além do princípio de igualdade perante a lei, invocava como justificativas o sufrágio universal, a concorrência comercial internacional (o livre intercâmbio), que exigia uma mão de obra muito especializada e, portanto, mais instruída, assim como os "progressos da indústria que, cada vez mais, deixa de empregar os homens como força material e os utiliza como direção intelectual"[2]. Os republicanos, tanto quanto os liberais protestantes, insistiam na necessidade de formar cidadãos responsáveis. O grande reformador do ensino, Jules Ferry, referia-se, aliás, ao *Ensino do Povo*, do protestante Edgar Quinet, como "seu breviário"[3].

Em 1867, a fundação da Ligue de l'Enseignement foi sintomática de um movimento liberal-republicano sempre crescente e a favor da instrução obrigatória. Ela foi fundada a partir da iniciativa de um professor republicano, Jean Macé, que já tinha organizado bibliotecas e centros pedagógicos para os pobres, durante o Segundo Império. Ele foi ajudado por homens devotados à causa da instrução pública, como o astrônomo Camille Flammarion, que havia escrito muitas obras e brochuras e feito numerosas conferências gratuitas visando à popularização do conhecimento científico[4]. A Ligue de l'Enseignement tornou-se uma força política poderosa e se constituiu numa das

---

2 J. Simon, *L'Ecole*, Paris: A. Lacroix, Verboeckhoven et Cie, 1865, p. 9.

3 E. Quinet, *L'Enseignement du peuple*, Paris: Chamerot, 1850, apud John Eros, The Positivist Generation of French Republicanism, *The Sociological Review*, v. III, n. 2, 1955, p. 277, nota 25.

4 Reportar-se a Ferdinand Buisson, Flammarion et l'enseignement populaire, *La vie*, v. 1, n. 2, 1912, p. 57.

O ENSINO

organizações características do movimento republicano – aliás, pouco estruturado.

À mesma época, um veterano do ensino, P. J. Hetzel, ex-secretário do governo provisório de 1848, que teve, em seguida, de passar alguns anos no exílio, fundou o *Magasin d'éducation et de récréation, Journal de toute la famille*, com a colaboração ativa de Jean Macé e Jules Verne. Seu objetivo foi difundir o interesse pela ciência na população, em particular junto à juventude, graças aos relatos populares de ficção científica. Entre os autores, notavam-se Viollet-le-Duc e os geógrafos Vivien de Saint-Martin e Élisée Reclus.

Os liberais tentaram melhorar a instrução no nível secundário. Eles quiseram adaptá-la às necessidades de uma economia em evolução. O resultado de seus esforços foi a fundação do "ensino especial", que enfatizou as ciências exatas (matemática), as ciências naturais, as línguas modernas, a história e a geografia. A ideia de tal ensino foi apoiada desde o início pela maioria dos liberais, como Auguste Himly, mas seu desenvolvimento tornou-se lento, em razão da resistência dos conservadores. O ensino especial foi finalmente implantado, em 1863, por Victor Duruy, então ministro da Instrução Pública. Seu ministério tornou-se célebre pois promoveu numerosas reformas, a despeito de uma oposição considerável, e recrutou vários funcionários com tendências reformistas, como Octave Gréard, que se tornou, de 1879 a 1902, vice-diretor da Académie de Paris. Na verdade, Duruy pediu a um amigo de Gréard, Émile Levasseur, a concepção de programas de economia e de geografia para o ensino especial. Foi também Duruy, tomando Lavisse como secretário, que favoreceu o início da brilhante carreira deste grande reformador do ensino[5].

Os liberais esperavam, também, promover reformas na universidade, mas a Sorbonne resistiu a essas tentativas. Os esforços de Duruy foram vãos e só serviram para desencadear protestos. Aliás, pouco depois do fim de seu ministério, ele fez a seguinte

---

5   A. Himly, *Distribution des prix du collège municipal Rollin: Discours prononcé par M. Himly*, Paris: L. Martinet, 1847. (Esse discurso é uma defesa do ensino especial); Pierre Nora, Ernest Lavisse: Son rôle dans la formation du sentiment national français, *Revue Historique*, n. 228, 1962, p. 73-106; Jean Rohr, *Victor Duruy, Ministre de Napoléon III: Essai sur la politique de l'Instruction publique au temps de l'Empire libéral*, Paris: Librairie Générale de Droit et de Jurisprudence, 1967.

observação a Henri Wallon, professor da Sorbonne: "Se tivesse permanecido mais tempo na rue de Grenelle, eu teria jogado todos vocês pelas janelas."[6]

Desesperado por nada concluir do que dizia respeito à Sorbonne, Duruy fundou a École Pratique des Hautes Études, em 1868, a qual visava encorajar pesquisas contínuas, fornecendo os equipamentos necessários (laboratórios) e um ambiente moderno para a aquisição de conhecimentos. Gabriel Monod, aproveitando-se de sua estadia na Alemanha na qualidade de estudante, conseguiu fazer com que esses objetivos fossem alcançados nas seções de história e de filologia, nas quais tinha mais influência[7]. Entretanto, uma vez que a escola não oferecia diploma, seu impacto sobre o sistema de educação ficou limitado.

## EVOLUÇÃO DURANTE OS ANOS 1870

Durante a primeira década da Terceira República, o fim da guerra de 1870 estimulou o desejo dos liberais de tornar obrigatória a instrução primária. No entanto, a posição mais que frágil dos republicanos frente às forças conservadoras impediu qualquer transformação profunda, alcançando apenas algumas melhorias às estruturas existentes. A primeira, realmente importante, foi votada em agosto de 1879 e criou escolas normais, especializadas na formação de professores para as escolas primárias. Apenas nos anos 1880, época na qual a República já tinha consolidado suas posições no nível governamental, leis essenciais foram votadas.

Um espírito similar prevaleceu no que se refere à instrução secundária. A Société de l'Enseignement Secondaire foi fundada e "o ensino especial" foi desenvolvido (e disse respeito a apenas 150 mil a 200 mil meninos e meninas comparados aos 6 a 7 milhões do nível secundário, em 1870)[8]. O melhoramento mais notável deu-se no ensino da geografia e das línguas

---

6   E. Lavisse, Nécrologie: A. Himly, *Revue internationale de l'enseignement*, v. 52, 1906, p. 389.

7   Terry Nichols Clark, *Prophets and Patrons: The French University and the Emergence of the Social Sciences*, Cambridge: Harvard University Press, 1973, p. 43.

8   Estatísticas fornecidas por C. Faure, Les Progrès de l'enseignement de la géographie en France, *Bulletin de la Société neuchâteloise de géographie*, t. VI, p. 113.

O ENSINO

vivas. A partir de 1871, Jules Simon, então ministro da Instrução Pública, solicitou a Himly e Levasseur que empreendessem uma viagem de inspeção do ensino da história e da geografia pelo país, redigissem um relatório e, no seio de uma comissão superior, participassem do preparo de projetos de programas. A inspeção revelou que o nível do ensino da geografia estava bem baixo nas instituições secundárias clássicas, ainda pior que nas escolas primárias. A documentação (mapas, globos terrestres) ou inexistia ou estava em mau estado, e entre 150 professores de história e de geografia somente sete afirmavam compreender a importância da geografia. A situação era um pouco melhor no ensino especial, que se beneficiava de um corpo docente que tinha recebido uma formação adequada[9]. O papel de Jules Simon deve ser sublinhado. Graças às suas iniciativas e insistência a melhora do ensino da geografia foi assegurada. Era com ardor extremo que se inquietava para ter notícias do começo dos trabalhos da Comission de l'Enseignement de la Géographie, que acabara de criar. Ele teve, aliás, o cuidado de reunir a primeira sessão da comissão no ministério sob sua presidência[10]. E se empenhou, em seguida, para frustrar as ardorosas oposições dos defensores da educação baseada no grego e no latim. As proposições de Jules Simon avançaram e os programas, elaborados em 1872, inspiraram as reformas levadas a cabo por seus sucessores no Ministério da Instrução Pública.

Voltaremos, mais adiante, à natureza e ao impacto das propostas dos programas de 1872, sublinhando o papel dos editores republicanos no movimento de reforma da educação. Entre eles, o republicano Léopold Cerf, de origem judaica, ex-estudante da École Normale Supérieure e membro da Société de l'Enseignement Secondaire, que publicou, a partir de 1882, com Camille

---

9  Cf. É. Levasseur; A. Himly, *Rapport général sur l'enseignement de l'histoire et de la géographie*, Paris: P. Dupont, 1871 (separata do *Bulletin administratif du Ministère de l'instruction publique et des cultes*, n. 265, 17 nov. 1871); e É. Levasseur, *L'Étude et l'enseignement de la géographie*, Paris: Delagrave, 1872.

10 Carta de J. Simon a Levasseur, 16 nov. 1871, Archives Nationales, Paris, F 17.2915, Commission de l'enseignement de la géographie. A comissão analisou com cuidado os 130 memoriais que lhe foram endereçados da França e do estrangeiro. Para mais precisões sobre o trabalho de J. Simon, reportar-se à sua obra: *La Réforme de l'enseignement secondaire*, Paris: Hachette, 1874.

Sée, a *Revue de l'enseignement secondaire des jeunes filles*. Esta publicação periódica foi o resultado dos movimentos liberais e republicanos que apoiaram a instrução secundária para as moças. Uma Association pour l'Enseignement Secondaire des Jeunes Filles tinha sido fundada em 1867, com a ajuda de Duruy e de um grupo de liberais bem conhecidos no mundo das ciências e das letras, dentre os quais Levasseur, Paul Bert, Adolphe Wurtz, Milne-Edwards e Viollet-le-Duc. A associação assumiu rápida importância e conquistou membros mais jovens, como Ernest Lavisse, Paul Vidal de la Blache e Alfred Croiset (futuro decano da Faculté des Lettres de Paris). Seus membros participaram de um ciclo de conferências que se estendeu por um período de três anos e teve como objetivo fornecer uma boa educação literária e científica às jovens inscritas. Como apenas um pequeno número de estudantes foi alcançado, a maior parte dos liberais e republicanos esperou que a instrução secundária fosse estendida às jovens nos estabelecimentos públicos. Este desejo foi realizado após o voto da Lei Sée, em 21 de dezembro de 1880. A associação e seus ciclos de conferências continuaram, todavia, a existir e conservaram seu caráter elitista e tradicional. Este último convinha bem àqueles que, como Levasseur, desconfiavam de que a instrução pública tivesse por efeito reduzir a influência familiar sobre os filhos. A lei de 1880 foi, na verdade, combatida pelos conservadores e votada pelos republicanos que apoiaram Gambetta e Jules Ferry. Este declarou – aliás, sem equívoco – que seu objetivo foi subtrair às jovens a influência conservadora da família e da Igreja. Élisée Reclus, desdenhoso das instituições de ensino, defendia, entretanto, a educação das jovens em sintonia com a dos outros jovens. "Fora da coeducação", escrevia ele, "não há educação."[11]

---

11   Sobre essas questões reportar-se a André Prost, *L'Enseignement en France, 1800-1967*, Paris: A. Colin, 1968. Cf. Paul Rousselot, *Histoire de l'éducation des femmes en France*, v. 2, Paris: Didier, 1883; Octave Gréard, *Education et instruction, t. 1: Enseignement secondaire*, 3. ed., Paris: Hachette, 1912; Françoise Mayeur, L'Enseignement secondaire des jeunes filles (1867-1924), *Le Mouvement social*, n. 96, 1976; e Sandra Ann Horwath, Victor Duruy and the Controversy over Secondary Education for Girls, *French Historical Studies*, v. 9, n. 1, 1975. Embora Levasseur tenha aprovado a lei de 1880, ele exprimiu suas primeiras preferências pelos ciclos de conferências oferecidas pela Association pour l' Enseignement Secondaire des Jeunes Filles porque, assim, estas últimas continuariam sob a influência da família. Cf. *Association pour* ▶

O ENSINO

No nível da instituição superior, durante os primeiros anos da Terceira República, reencontraram-se as mesmas diferenças de opinião sobre a importância de que deviam se revestir as reformas. Malgrado o liberalismo da universidade em comparação com o regime imperial, sua atitude em relação aos métodos modernos de ensino e de pesquisa foi bastante negativa. Sobretudo o caso da Faculté des Lettres de Paris (Sorbonne): as tentativas de reformas de Duruy e, pouco depois, dos republicanos, revelaram-na uma força conservadora, que deveria ser vencida se se quisesse trazer mudanças. A ideologia republicana foi, portanto, lenta em penetrar "a fortaleza da Sorbonne" e, somente durante os anos 1880, as reformas começaram a se implantar aí.

*Os Anos 1880 e Posteriores:*
*Lutas Relacionadas Com a Secularização*

Os anos 1880 foram caracterizados por um cisma político profundo, nascido da secularização das escolas primárias. Evidentemente, os conservadores se opunham à secularização, mas um bom número de republicanos ficou também perturbado pela questão, que não deixava de remontar aos debates levantados pela instrução secundária das moças. A ideologia republicana, que favorecia a instrução primária obrigatória, conduziu à lei de 1881, instituindo a gratuidade da educação primária. Todavia, a quase unanimidade dos republicanos sobre o assunto não se reencontrou sobre as outras questões que diziam respeito ao ensino.

Já em 1880, o grupo de "centro-esquerda" (em torno de Jules Simon) teve que se aliar aos seus tradicionais inimigos (os conservadores), a fim de impedir uma lei que proibiria os membros de congregações religiosas de ensinar em instituições de ensino superior. Essa divergência de opinião intensificou-se quando os grupos de Ferry e Gambetta tornaram-se mais poderosos e

▷ *l'enseignement secondarie des jeunes filles* (Année 1892-93), *Ouverture des cours dans l'amphithéâtre de la Sorbonne, le 16 Nov. 1892. Allocution de M. Levasseur, Président*, Paris: 1892. A citação de Reclus foi tirada de uma carta na qual ele resume suas ideias: *Lettre de Reclus à Baud-Bovy*, 19 septembre 1894, Archives Baud-Bovy 36, f. 106-107, Département des Manuscrits et des Archives Privées, Bibliothèque Publique et Universitaire, Genève.

conseguiram votar várias leis anticlericais na área do ensino[12]. A lei de 1882 tornou a instrução primária obrigatória para todas as crianças e introduziu programas que eliminariam a instrução religiosa nas escolas. Além disso, a lei de 1886 estipulou que, antes de cinco anos, todas as escolas públicas deveriam, sem exceção, substituir seu pessoal clerical por seculares. As escolas privadas faziam exceção a essa lei, segundo os princípios liberais, mas não eram subvencionadas pelo Estado. Deve-se notar aqui que, apesar de a maioria dos franceses não ser antirreligiosa, o republicanismo devia tomar uma posição adaptada a uma população que acreditava em seu sistema. O alvo dessas leis, a Igreja Católica, era uma força social e política aliada aos adversários da República. Ora, os republicanos não questionavam a ordem socioeconômica e estavam, ainda, amedrontados pela lembrança da Comuna[13]. Eles viam, portanto, na educação primária obrigatória, gratuita e secular, um meio de difundir uma ideologia democrática republicana, além de conhecimentos necessários a uma sociedade moderna. O conflito com a Igreja se atenuou consideravelmente quando esta aderiu à República na passagem do século. A política anticlerical tornou-se, então, o apanágio dos radicais e dos socialistas.

À mesma época, ao implantar tais reformas, os republicanos se preocuparam cada vez mais com o sistema universitário. Como explicado a seguir, uma nova onda de professores penetrou e terminou por conquistar várias instituições, em particular a Sorbonne. O ideal republicano de uma instrução acessível a todos se encontrou também nesse nível e vários professores se juntaram às associações que tinham por objetivo difundir o conhecimento a todas as camadas da sociedade, inclusive às mulheres e à classe operária.

A atenção colocada na geografia em razão do desafio alemão, do movimento colonial e da vontade de reforma dos

12  A respeito de Jules Simon, "seu liberalismo era criticado por ser considerado quase como reacionário" (*Dictionnaire universel des contemporains*, 6. ed., Paris: 1893, p. 1446). Ainda em 1879 ele tinha se oposto a uma anistia para os partidários da Comuna de Paris – anistia que o resto da esquerda desejava.

13  Louis Legrand (*L'Influence du positivisme dans l'œuvre scolaire de Jules Ferry*, Paris: Marcel Rivière, 1961) mostra que Jules Ferry justificava suas ações indicando que a República estava ameaçada tanto pelo perigo conservador quanto pelo perigo revolucionário.

liberais e republicanos permite pensar que esta disciplina teve um papel e um lugar particulares na transformação do sistema de ensino.

## O PAPEL E O LUGAR DA GEOGRAFIA
## NAS REFORMAS DO PRIMÁRIO E DO SECUNDÁRIO

*Difusão da Ideologia e da Moral Republicanas*

A seção precedente lembrou que um dos objetivos principais dos oportunistas e dos radicais consistiu em criar uma nova geração de partidários do regime. Eles tentaram inculcar na população escolar uma nova moral republicana, que poderia resistir às tentações dos dois extremos: o clericalismo e a ideologia revolucionária.

Antes da votação da lei de 1882 que proibiu a educação religiosa nas escolas primárias públicas, oportunistas tentaram difundir manuais (história, geografia e instrução cívica) que não faziam menção a Deus, deixando subentender que a moral podia existir sem a religião. Evidentemente, os monarquistas e os conservadores, que examinaram o conteúdo de todos os manuais, opuseram-se a esse tipo de obra e lutaram para que fossem interditados. Por exemplo, um manual de história para o primário, publicado por Pierre Foncin, em 1872, foi criticado pelos conservadores. Por instigação do monsenhor Dupanloup, bispo de Angers e um dos líderes da direita clerical, o manual foi proibido, sob um ministério que defendia os interesses católicos (1875) e, mais tarde, autorizado (1877), quando uma mudança política assim o permitiu[14].

Os fundamentos filosóficos da nova ética republicana serão estudados no próximo capítulo, mas, em um plano geral, pode-se observar que se tratava de um conjunto de princípios idealistas que nada mais eram do que uma transposição secular da moral cristã. De fato, os manuais de moral e instrução cívica foram redigidos por Ferdinand Buisson e Félix Pécaut,

---

14   *Dictionnaire universel des contemporains*, p. 596. Foncin era também um partidário feroz do ensino especial e do ensino secundário para moças – causas combatidas por Monsenhor Dupanloup: J.B. Duthil, "Pierre Foncin", *Revue de géographie commerciale*, n. 50, 1925-1926, p. 5-20.

conselheiros de Jules Ferry em matéria pedagógica e administrativa. Na origem, protestantes liberais, eles se tornaram livres-pensadores cuja filosofia moral foi modificada sob uma forma idealista[15]. Os princípios mais mencionados eram: o dever, o trabalho, a responsabilidade, o nacionalismo, a abnegação, o sentido da parcimônia, os princípios de 1789 etc.

Jacques e Mona Ozouf explicitaram como a ideologia republicana era perfeitamente exposta e propagada pelos manuais das escolas primárias. Eis alguns exemplos: a Terceira República era reconhecida como a melhor expressão da Revolução Francesa; oferecia a igualdade para todos diante da lei, do imposto, do serviço militar, da justiça e da educação (igualdade de chances); consagrava a liberdade do indivíduo, da imprensa e da empresa; o devotamento à pátria era o devotamento a toda a humanidade; a Comuna constituía uma revolta republicana contra a assembleia monarquista que ameaçava a República (a luta de classe nunca era mencionada); mesmo sem se associar a guerra à ideia de pátria, uma guerra francesa só podia ser uma guerra justa; as guerras eram causadas por tiranos (causas econômicas jamais eram fornecidas). Manifestou-se, aliás, que a unanimidade dos manuais em difundir essa ideologia explicaria por que a classe operária mostrou-se tão nacionalista e tão pronta a combater durante a Primeira Guerra Mundial, superando até as expectativas da classe dirigente[16].

Um estudo inteiro poderia ser empreendido sobre a influência dos manuais de geografia no sentido de inculcar a ética republicana na população escolar francesa. Muito notável foi o ensino do amor pela França por causa do seu caráter único. Embora o papel de Deus não fosse invocado, a descrição geográfica da França era claramente teleológica: o país constituiria um conjunto harmonioso, com proporções "regulares" e ocuparia uma posição "central" dentro do continente. O tema vinha

---

15 Ver Ferdinand Buisson; Charles Wagner, *Libre pensée et protestantisme libéral*, Paris: Fischbacher, 1903; e F. Buisson, *La Foi laïque*, 2. ed., Paris: Hachette, 1913.

16 Cf. J. Ozouf; M. Ozouf, Le Thème du patriotisme dans les manuels primaires, *Le Mouvement social*, n. 49, 1964, p. 30-31; e P. Vilar, Enseignement primaire et culture populaire en France sous la Troisième République, *Niveaux de culture et groupes sociaux*, Paris/Haia: Mouton, 1967. Ver também o capítulo III de Carlton J.H. Hayes, *France, a nation of patriots*, New York: Columbia University Press, 1930; e P. Nora, "Ernest Lavisse", *Revue Historique*, n. 228, p. 73-106.

completar, entre os fundamentos do patriotismo francês, a atitude em relação à terra – uma atitude de apego (a França caracterizava-se por seu caráter rural, contrariamente aos vizinhos mais importantes). A posição de Vidal de la Blache sobre o tema foi muito reveladora:

A Alemanha representa, para o alemão, sobretudo uma ideia étnica. O que o francês destaca na França [...] como o provam seus lamentos quando ele dela se afasta, é a bondade do solo e o prazer de viver aí. Ela é para ele o país por excelência, isto é, algo intimamente ligado ao ideal instintivo que ele tem da vida. Assim, entre os povos de civilização industrial que nos cercam, vemos hoje em dia os habitantes tirarem, cada vez mais, sua subsistência do exterior; a terra, entre nós, continua sendo aquela que sustenta seus filhos. Isso cria uma diferença quanto ao apego que ela inspira.[17]

Por ocasião de um discurso para estudantes de nível secundário, Vidal os estimulou a usar suas férias de verão para melhor conhecer a terra de França, e esclareceu que "seu contato, seu aspecto, despertam impressões e imagens, nas quais se encarna e toma forma a ideia de pátria"[18].

Esses propósitos, que lembravam os estudos de psicologia dos povos, levaram a estereotipar os franceses perante os outros povos. Por exemplo, Henry Lemonnier, Franz Schrader e Marcel Dubois mostravam como os franceses eram melhores colonizadores que os outros povos por causa do "caráter sociável" dos primeiros, o que os tornava aptos a ganhar "a simpatia das tribos indígenas"[19]. De fato, todos os manuais de geografia, com exceção de um ou dois, glorificavam a expansão colonial da Terceira República e a apresentavam como um empreendimento não somente nobre e civilizador, mas também como normal e natural. Segundo Foncin, "a expansão colonial é uma necessidade de vida dos povos, assim como a caminhada é uma necessidade para a saúde".

---

17 Apud Émile Toutey et al., *Géographie de la France*, Écoles Normales, Paris: Delagrave; apud J. Ozouf; M. Ozouf, op. cit., p. 7.

18 P. Vidal de la Blache, *Discours: Distribution des prix* (*Lycée Buffon*), Paris: A. Quelquejeu, 1905, p. 2.

19 Extraído de um manual de geografia de 1892, citado por J. Ozouf; M. Ozouf, op. cit., p. 22.

Desse modo, os geógrafos participavam do movimento republicano em favor da instrução e muitos, dentre eles, por intermédio de manuais que redigiam, contribuíam para divulgar os aspectos da filosofia moral e social dos republicanos. A posição ideológica deles parecia assim com a dos governantes. O caso de Foncin foi característico. Professor na Université de Bordeaux, reitor em Lille, cofundador das sociedades de geografia pró-coloniais nessas cidades, fundador da Alliance Française, promotor do ensino secundário das jovens e autor de manuais que deixavam o clero em fúria, ele foi nomeado inspetor geral do ensino secundário (1881-1911) por Paul Bert, ministro da Instrução Pública e conhecido por seu anticlericalismo.

Graças a essa função de alto nível, Foncin pôde influenciar o ensino da geografia segundo as orientações da política oportunista*. Por ocasião de sua morte, seu amigo Vidal de la Blache redigiu uma nota necrológica particularmente longa e elogiosa em *Annales de géographie*, deixando transparecer suas preferências políticas e ideológicas:

Sua lembrança permanecerá ligada à de uma geração que merece a atenção e as simpatias da história; aquela que, dolorosamente ferida pelos acontecimentos de 1870, soube levantar a cabeça e empreender vigorosamente uma obra de grande fôlego: reconstituir a grandeza da pátria, devolver a ela coragem e orgulho. Os homens que se dedicaram a esta tarefa e que a perseguiram através de tantos ataques quantos dissabores, os Gambetta, os Jules Ferry, os Paul Bert, obedeciam a uma inspiração que sempre renascia entre nós após as grandes crises e que é o símbolo de nossa indestrutível vitalidade. Foncin compartilhou com esta falange de homens de Estado, esta ousadia reformadora, esta fé robusta nos destinos da pátria.[20]

---

\*  Os partidários de Léon Gambetta (político francês originalmente radical, que se uniu aos realistas e moderados na Terceira República) eram chamados de "oportunistas", termo que, evidentemente, não tinha então o sentido pejorativo que possui atualmente. Para J.-P. Minaudier, "a expressão oportunistas [...] significava que eles estavam prontos a fazer concessões [...] que eles tratavam os problemas à medida que eles se apresentavam, sem intolerância nem espírito de sistema". (*La République des opportunistes* [*1879-1898*], 2005, p. 1-2. Disponível em: <www.minaudier.com>.) (N. da T.)

20  P. Vidal de la Blache, Nécrologie: Pierre Foncin, *Annales de géographie*, n. 26, 1917, p. 70.

O próprio Vidal não expressou explicitamente suas opiniões a respeito das reformas precisas que afetavam o sistema escolar. Entretanto, em um artigo, ele descreveu as ideias que governavam a instrução primária britânica[21]. Aí, fez elogios ao respeito britânico pela iniciativa local (*voluntary schools*) e ao papel do Estado que impunha um caráter facultativo à educação religiosa. As opiniões de Vidal pareciam, então, estar de acordo com a política dos oportunistas em matéria de ensino.

As ideias claras e precisas de Levasseur, no que diz respeito ao ensino, devem ser assinaladas. Em 1873, apesar de aceitar o princípio do ensino público, gratuito e obrigatório, ele fez algumas restrições e projetou um período de transição. Entretanto, quando as leis de 1881 e 1882 foram votadas, ele as acatou como fatos consumados[22]. Sua atitude foi, assim, a de um republicano com preferência conservadora. Observou-se igualmente essa atitude quando de sua opinião sobre o ensino da moral nas escolas. Reconhecendo que o homem "esclarecido" e racional podia agir moralmente sem ser de fato religioso, ele pensou o oposto no que concerniu "à massa pouco esclarecida que se guia pelo sentimento e interesse mais do que pela razão cultivada". Para esta massa, ele concluiu que a religião tinha uma útil influência moralizadora. A opinião aristocrática o levou a admitir na escola o ensino das ideias de Deus, do dever e da responsabilidade[23]. Ou seja, ele acompanhou os oportunistas moderados, que aceitaram, como fórmula de compromisso com os conservadores, a menção a Deus nos cursos de moral no nível primário.

Apesar das poucas subvenções provenientes do Estado, as instituições de ensino privadas sobreviveram e algumas até foram criadas. A maior parte de escolas católicas enquanto outras fundadas de acordo com princípios pedagógicos experimentais. Foi, por exemplo, o caso da École des Roches, criada e dirigida por Edmond Demolins (discípulo de Le Play), que se interessava pelos métodos de ensino ingleses.

---

21 Idem, Une école de village dans le pays de Galles, *Revue pédagogique,* nouvelle série, n. 9, 1886, p. 409-414.

22 É. Levasseur, *Rapport sur l'instruction primaire et l'instruction secondaire,* Exposition Universelle de Vienne, 1873, Section Française, Paris: Imprimerie Nationale, 1875; idem, *L'Enseignement primaire dans les pays civilisés,* Paris/ Nancy: Berger-Levrault, 1897-1903, 2 v. (Ver especialmente v. 1, p. 62).

23 Idem, *L'Enseignement primaire dans les pays civilisés,* p. 513-514.

## Os Novos Programas

Os novos programas de estudo refletiram o espírito liberal e republicano que queria adaptar o ensino à sociedade moderna. A primeira tentativa de realizar esse objetivo consistiu em introduzir "o ensino especial", do qual já se falou. Deve-se observar que a disciplina geográfica esteve presente em todas as reformas: no ensino especial, no ensino secundário para moças e em todas as escolas normais[24]. Esse lugar respeitável destinado à geografia resultou de grandes esforços da parte de liberais e republicanos. A geografia deveria, com efeito, tornar-se o símbolo do ensino moderno face ao ensino tradicional clássico. Aliás, isso foi muito bem expresso no livro *La Question du latin*, que provocou numerosas reações, por defender a ideia de abandonar o ensino das línguas mortas em proveito do ensino das línguas vivas e da geografia[25]. Apenas esta última, pensava-se então, poderia promover, na França, uma juventude empreendedora, bem informada das condições sempre mutantes do mundo moderno e capaz de tornar as colônias mais produtivas.

Levasseur desempenhou um papel importante no renascimento da geografia nos níveis primário e secundário de ensino. Desde 1863 encarregado de preparar os programas de economia e de geografia do ensino especial, ele refletiu sobre os quadros do que deveria ser uma "geografia econômica" – expressão quase desconhecida à época – em detrimento da antiga geografia histórica, que reinava no ensino clássico. E contribuiu com Himly, em seguida, no começo da Terceira República, para a reforma dos programas de geografia em todo o sistema escolar. Durante os dramáticos acontecimentos de janeiro de 1871, ele teve a iniciativa de fazer um discurso na Académie des Sciences Morales

---

24  Vidal de la Blache era professor na Escola Normal de Professoras Primárias nos anos 1880, além de manter sua cadeira de professor na Escola Normal Superior que formava a elite masculina dos professores para o secundário. Sobre a posição da geografia na totalidade das instituições de ensino público na França, cf. R. Allain, Sur l'enseignement de la géographie en France, *Terzo Congresso Geografico Internazionale* (*Venezia, 1881*), Roma: Società Geografica Italiana, 1882, p. 476-487.

25  Raoul Frary, *La Question du latin*, Paris: L. Cerf, 1885; e sobretudo a crítica de Ferdinand Brunetière, La Question du latin, *Revue des deux mondes*, n. 6, 1885, p. 862-881. Para perspectivas adicionais, cf. Clément Falcucci, *L'Humanisme dans l'enseignement secondaire en France au XIXe siècle*, Toulouse: E. Privat, 1939.

O ENSINO

et Politiques para preconizar o desenvolvimento do estudo e do ensino da geografia na França. Os programas de geografia propostos logo após sua viagem de inspeção com Himly foram progressivamente adotados. Eles foram muito importantes, criando a divisão da geografia em três ramos (físico, político e econômico) e difundindo a imagem da geografia no seio da população escolarizada[26].

## Difusão de Vários Manuais e o Papel dos Editores

Os novos programas e o avanço do ensino da geografia conduziram à produção de numerosos atlas e mapas. Vários editores assumiram um lugar de destaque no encorajamento e no desenvolvimento do ensino de geografia. Era, com efeito, muito importante que esses homens de negócio corressem o risco de lançar novas publicações, como manuais escolares e revistas. Por isso, por ocasião da fundação da *Annales de géographie*, Vidal não hesitou em expressar seu reconhecimento a Armand Colin. Sua empresa, como disse um contemporâneo, estava "habilmente situada no cruzamento da escola e da política"[27]. Armand Colin foi republicano e fez fortuna, após 1870, com a publicação de manuais para o primário e o secundário, publicando também manuais e periódicos de nível universitário. Seu espírito empreendedor e sua ideologia republicana incitaram-no a participar do movimento a favor do ensino. A fim de produzir uma série de manuais de qualidade, a empresa Armand Colin reuniu autores tais como Lavisse, Foncin e Vidal de la Blache para a história e a geografia, e Paul Bert para o ensino das ciências[28]. As tendências ideológicas desse grupo de autores eram claramente republicanas e oportunistas.

26  É. Levasseur, *L'Étude et l'enseignement de la géographie*; C. Faure, Les Progrès de l'enseignement de la géographie en France, *Bulletin de la Société neuchâteloise de géographie*, t. VI, 1891, p. 96-125; e P. Claval; J-P. Nardy, *Pour le cinquantenaire de la mort de Paul Vidal de la Blache*, Paris: Les Belles Lettres, 1968. (Cahiers de géographie de Besançon, 16.) Ver a segunda parte sobre "Levasseur géographe", de Nardy.

27  Lucien Gallois, Nécrologie de Vidal de la Blache, *Annales de Géographie*, n. 27, 1918, p. 169; Hubert Bourguin, *De Jaurès à Léon Blum: L'École normale et la politique*, Paris: A. Fayard, 1938, p. 56.

28  *Dictionnaire universel des contemporains*, p. 359.

A casa dirigida por Charles Delagrave, a partir de 1865, também desempenhou um papel importante na difusão dos livros de geografia. Suas publicações eram concebidas para o ensino primário e, sobretudo, o secundário. Todavia, a casa atraiu um grupo de autores diferentes: Paul Janet, Guyau, Fouillée (para os manuais de filosofia), Havet e Guérard (para a literatura) e Focillon (para as ciências)[29]. Estes últimos eram liberais, porém mais próximos dos conservadores que dos radicais. Esta deveria ser também a tendência de Levasseur e do coronel Niox, que escreveriam os manuais de geografia. De fato, Focillon e Levasseur colaboraram na concepção da *La Réforme sociale*, revista inspirada pelos discípulos de Le Play e que foi marcada por suas ideias conservadoras. Na totalidade, o grupo de autores de Delagrave era mais conservador que o de Colin, mesmo sendo ambos republicanos. Delagrave publicou também a *Revue de géographie*, fundada em 1877, por Ludovic Drapeyron. Os manuais de Levasseur, publicados por Delagrave, revolucionaram o ensino da geografia, enfatizando mais a interdependência dos fenômenos que a memorização dos nomes de lugares. Entretanto, seu caráter analítico e a ausência de síntese talvez tenham prejudicado, no longo prazo, a qualidade dessas obras[30].

As outras editoras não se interessaram tanto pela publicação de manuais de geografia para os níveis primário e secundário. Félix Alcan, por exemplo, foi o editor mais importante dos autores de esquerda (judeus, em sua maioria), como sociólogos durkheimianos e socialistas. Deve-se notar, entretanto, que Masson publicou manuais de geografia escritos por Marcel Dubois e outros autores, como Augustin Bernard, J.G. Kergomard, Augustin Terrier, Henri Cordier e Joseph Deniker. Mais tarde, em colaboração com Franz Schrader e Henri Lemonnier, Dubois publicou na editora Hachette (na qual se encontrava o escritório cartográfico mencionado no primeiro capítulo). A editora Mame publicou livros vendidos às escolas privadas (católicas). Foi assim que Jean Brunhes escreveu vários manuais de geografia para essa empresa.

Enfim, deve-se enfatizar que Levasseur e, em seguida, Vidal de la Blache e Dubois, fizeram grandes esforços para lançar

---

29  Ibidem, p. 431.
30  Sobre esse ponto, cf. P. Claval; J.-P. Nardy, op. cit., p. 61-62.

mapas murais e atlas com os quais a geografia moderna pudesse ser melhor ensinada. Esses documentos foram impressos pelos editores habituais dos autores. O *Atlas physique, politique, économique de la France*, de Levasseur, e o *Atlas général*, de Vidal, constituíram etapas inovadoras na história da cartografia francesa com fins pedagógicos.

A maior parte das pessoas mencionadas também contribuiu para o desenvolvimento da geografia no nível superior.

## O ENSINO SUPERIOR

É preciso enaltecer que, ao longo de toda a reforma do ensino superior, não somente a estrutura como também o papel das faculdades de Letras e de Ciências mudaram radicalmente. No começo do século XIX, só havia uma universidade, dividida em faculdades (Letras, Ciências, Medicina, Direito) repartidas nas principais cidades da França. As faculdades de Medicina e de Direito dispensavam um ensino especializado e permitiam a obtenção de diplomas necessários ao exercício das profissões médicas e jurídicas. Ao contrário, as faculdades de Letras e de Ciências tinham uma missão dupla. De um lado, forneciam o *baccalauréat*, isto é, o diploma conferido aos estudantes que terminam o secundário. Por outro lado, ensinavam as disciplinas literárias ou científicas a um pequeno número de estudantes e concediam os diplomas de licenciatura e de doutorado. De fato, o ensino original se encontrava nas escolas especializadas, como a École Normale Supérieure, a École des Chartes\*, a École Polytechnique e o Muséum d'Histoire Naturelle. Para atrair ouvintes, os professores de Letras e de Ciências adotavam a fórmula introduzida por François Guizot e Victor Cousin: o curso magistral público. Entretanto, o aspecto mundano desses cursos prejudicava a qualidade do ensino.

No início do Segundo Império, apareceram alguns desejos de mudança. O desenvolvimento da pesquisa avançada (sobretudo na Alemanha) fez com que várias personalidades

---

\* *École des Chartes*: escola instituída para preparar especialistas de documentos antigos conforme o *Micro Robert Dictionnaire de Français Primordial*, Paris: S.N.L/Le Robert, 1971, p. 167. (N. da T.)

pedissem mais cátedras e laboratórios. O ministério de Duruy tentou obter uma melhor qualidade de cursos (ao enfatizar os métodos) e recomendou aos professores de universidade que se interessassem particularmente pelos estudantes provenientes do pessoal docente dos estabelecimentos secundários que ainda não fossem titulares de licenciatura em Letras ou em Ciências. Além disso, alguns cursos ministrados por profissionais qualificados completaram aqueles dados por professores. Também nessa época (como já mencionado), a École Pratique des Hautes Études foi criada para promover a pesquisa.

Na perspectiva de reformas reclamadas pelos liberais nasceu a nova concepção do papel da universidade – papel este definido pelos republicanos. A universidade deveria ser uma instituição de estudos e pesquisas mais avançadas. Antes de abordar a análise das instituições nas quais a geografia estava presente, convém mencionar o fracasso de Ludovic Drapeyron (embora com certo apoio político), que tentou convencer o governo a criar uma escola especial de geografia. Todavia, a propaganda de Drapeyron por um melhor *status* atribuído ao ensino e à pesquisa contribuiu, e muito, para a institucionalização da geografia[31].

## A École Normale Supérieure

A École Normale Supérieure foi a primeira instituição a aceitar as mudanças em conformidade com as ideias liberais e republicanas. Fundada por Napoleão I para assegurar a formação de professores do secundário, ela oferecia aos seus estudantes

---

31  Por exemplo: L. Drapeyron, Plan d'une école nationale de géographie, *Revue de géographie*, n. 14, 1884, p. 352-361; e idem, Que la géographie est une science grâce à la topograpie: Où est démontré la nécessité d'un enseignement secondaire géographique complet et décentralisé, *Revue de géographie*, n. 16, 1885, p. 401-411. O suporte político era fornecido por Agénor Bardoux: L'École Nationale de Géographie devant le Sénat: Discours prononcés par M.A. Bardoux, sénateur, et par M.R. Goblet, Ministre de l'Instruction publique, le 31 juillet 1885, *Revue de géographie*, n. 17, 1885, p. 161-166; e L'École de Géographie et la Société de Topographie, *Revue de géographie*, n. 19, 1886, p. 420-423. Ver também os comentários de: N. Broc, L'Établissement de la géographie en France: diffusion, institutions, projets (1870-1890), *Annales de géographie*, v. 83, n. 459, 1974, p. 545-568.

uma instrução gratuita, incluindo o pensionato. O recrutamento se fazia "por meio de um concurso muito difícil, que concluía com a seleção de excelentes estudantes"[32]. A École Normale Supérieure constituía a elite do mundo literário (e científico, em parte). Após sua saída da escola, alguns "normalianos" tentavam doutorados; eles terminavam por deter a maioria dos postos no ensino superior. Outros preferiam as profissões liberais, como o jornalismo (por exemplo, Prévost-Paradol) ou a alta administração (Gréard), mas alguns escolhiam, também, a política (Guizot, Victor Cousin, no passado; Jules Simon, Rambaud e Jaurès, durante a Terceira República)[33]. Os professores que lá ensinavam estavam entre os mais célebres em sua especialidade e vários dentre eles, principalmente os solteiros, moravam na própria escola. O pequeno número de estudantes permitia constituir pequenas classes; vários diplomados insistiram neste fato para demonstrar que o sistema dos seminários de tipo alemão introduzido na universidade francesa já existia na École Normale Supérieure[34]. Na medida em que era aplicada, a disciplina era muito severa (por exemplo, os alunos podiam sair da escola somente nas tardes das quintas-feiras e aos domingos). Assim, ela se tornava uma comunidade literária e científica, na qual laços de amizade se teciam (como o famoso triunvirato Levasseur, Gréard, Prévost-Paradol). A esse respeito, uma carta de Taine, datada de 15 de fevereiro de 1852, e destinada a Prévost-Paradol, foi muito clara. Nomeado professor de liceu na província, Taine sentia falta da escola, "querida pátria da inteligência". "Aqui, eu estou como morto. Nem conversas, nem pensamentos [...]. Afastado da École, eu definho longe da liberdade e da ciência."[35] Lavisse mencionou que os estudantes eram regularmente convidados ao salão de Duruy, durante os anos 1860. Uma observação de Raoul Blanchard foi bem significativa (ele havia estudado na instituição, no final dos anos 1890): "o que fazia a superioridade da École não era somente o

---

32  Emmanuel de Martonne, *Geography in France*, New York: American Geographical Society, 1924, p. 20. (Research Series, n. 4a.)

33  Paul Gerbod, *La Condition universitaire en France au XIXe siècle*, Paris: PUF, 1965, p. 528.

34  Paul Dupuy et al., *L'École normale (1810-1883)*, Paris: Le Cerf, 1884.

35  Gabriel Monod, La Vie d'Hippolyte Taine, d'après des documents inédits, *Revue de Paris*, v. 1, n. 3, 1894, p. 165-198.

valor do ensino, por vezes bastante discutível, que ali se recebia, mas, ao menos igualmente, o contato íntimo e constante entre dezenas de jovens [...], com aptidões e especialidades variadas". Em outros termos, "a École era um caldeirão onde se ferviam ideias novas, das quais cada um tirava seu proveito"[36].

Ela era tradicionalmente liberal, o que motivou a desconfiança das autoridades do Segundo Império. Esta tradição seria mantida entre os alunos e o pessoal docente. Vários republicanos foram nomeados para a escola durante os anos 1870, graças ao diretor Ernest Bersot, que recebera seu posto de Jules Simon (seu ex-professor na instituição, nos anos 1830). Estes dois homens, cuja diferença de idade não era grande, compartilharam opiniões liberais e republicanas. Em 1877, Bersot convidou Vidal de la Blache para ministrar geografia na escola. Numa Fustel de Coulanges, de tendência conservadora, foi diretor por um curto período (1881-1883), durante o qual o posto de subdiretor da seção literária seria criado para Vidal, por Paul Bert[37]. Os diretores seguintes (Georges Perrot, Lavisse) contribuíram para fazer da École Normale Supérieure uma fortaleza republicana. Na época, vários professores foram, igualmente, republicanos fervorosos, como Émile Boutroux, em filosofia, Gabriel Monod e Gustav Bloch (o pai de Marc Bloch), em história e Charles Andler (um socialista), em alemão.

A orientação política dos estudantes foi, talvez, ainda mais marcante. Blanchard declarou que metade dos estudantes, em 1898-1899, era de esquerda ("os vermelhos"), enquanto os outros eram "indiferentes", ou uma minoria de católicos e de conservadores ("os brancos"). Esta esquerda constituía as "tropas" que podiam ser mobilizadas por Charles Péguy para combater os grupos "antidreyfusistas", se eles chegassem a semear a confusão na "radical" Sorbonne. Em suma, a escola se tornara "uma das cidadelas do dreyfusismo". Notou-se, amiúde, a influência

---

36  E. Lavisse, Nécrologie: Albert Dumont (1842-1884), *Annuaire de l'Association des anciens élèves de l'École normale supérieure*, 1885, p.48-59; Raoul Blanchard, *Ma jeunesse sous l'aile de Péguy*, Paris: A. Fayard, 1961, p. 193.

37  Félix Hémon, *Bersot et ses amis*, Paris: Hachette, 1991. Vidal era, aliás, apreciado por Fustel de Coulanges (Lettres de celui-ci au ministre de l'Instruction publique et des Beaux-Arts proposant Vidal pour certaines décorations, 4 et 5 déc. 1882, 10 juillet 1883, Archives Nationales, Paris, F 17.22298, dossier Vidal de la Blache).

O ENSINO

de Lucien Herr, bibliotecário da escola de 1888 a 1926, na orientação dos alunos na direção da esquerda ou do socialismo[38].

O Caso Dreyfus tendeu a dividir os republicanos em dois campos – embora alguns (os oportunistas, com frequência) não quisessem se comprometer em demasia. A ideia de Lucien Herr de lançar uma publicação regular redigida pelo pessoal docente da escola e com viés de apoio ao movimento dreyfusista não chegou a se materializar, mas conheceram-se os nomes daqueles cuja colaboração teria sido solicitada, entre os quais, Vidal de la Blache[39]. Embora pouco engajado em relação ao assunto, a indicação quanto a sua opinião foi a única que encontramos. Seja como for, o fato revelou as inclinações ideológicas de Vidal e mostrou a situação difícil na qual se encontravam os oportunistas da época. Pode-se igualmente notar que, durante sua estada na escola, Albert Demangeon foi um "democrata", Gallois e Raveneau foram amigos de Herr, Vachet foi um "democrata" e um "socialista", Emmanuel de Martonne foi "democrata" e dreyfusista, e Blanchard, um dreyfusista militante – todos sendo discípulos de Vidal[40]. Em conexão com a orientação ideológica da École Normale, interessa-nos observar a origem social dos estudantes: entre aqueles inscritos em 1874, somente 20% provinham de famílias da magistratura, das forças armadas e das profissões liberais; do restante, 29% vinham de famílias empregadas no ensino, 6% de outras famílias eram de funcionários e 20% de famílias tinham rendimentos modestos (operários, comerciantes, empregados de escritório). Com o desenvolvimento contínuo da profissão docente, a escola oferecia, assim, aos seus estudantes um emprego assegurado e favorecia a reprodução do meio docente[41].

O ensino em geografia na École Normale foi inicialmente apresentado na concepção histórica apenas aos estudantes do último ano (por exemplo, por Ernest Desjardins). Bersot,

38  R. Blanchard, op. cit., p. 208; e Charles Andler, *Vie de Lucien Herr* (1864-1926), Paris: Rieder, 1932.
39  Ibidem.
40  Ibidem, p. 53, 121, 137; H. Bourguin, op. cit., p. 60-62, 414; R. Blanchard, op. cit.
41  As cifras são extraídas de P. Gerbod, op. cit. Reportar-se, também, a Victor Karady, Normaliens et autres enseignants à la Belle Époque: Note sur l'origine sociale et la réussite dans une profession intellectuelle, *Revue française de sociologie*, n. 13, 1972, p. 35-58; e a idem, L'Expansion universtaire et l'évolution des inégalités devant la carrière d'enseignant au début de la IIIe République, *Revue française de sociologie*, n. 19, 1973, p. 443-470.

quando apelou a Vidal, esperava que este formato tradicional prosseguisse; não foi o caso[42]. Ao contrário, a orientação que Vidal adotou muito se assemelhou aos paradigmas de pesquisa alemães. Sua posição de subdiretor, por outro lado, ajudou-o a estender o ensino da geografia aos estudantes de segundo e, em seguida, do primeiro ano. Vidal, que se beneficiou mais tarde da colaboração de seu ex-aluno, Gallois, foi professor de todas as gerações que passaram pela escola, de 1877 a 1898. Desse modo, inculcou a ideia do valor da geografia na elite futura da França. Uma vez no poder, esta elite não mais colocaria em discussão a institucionalização da geografia. Vidal influenciou não somente os futuros geógrafos, mas outros estudantes, ainda que seu ensino parecesse rapidamente superado e enfadonho para aqueles que estavam à procura de novidades intelectuais (do gênero daquelas oferecidas por Andler ou Bergson)[43].

Os estudantes da École Normale foram, em geral, muito bem-sucedidos nos concursos universitários. Por exemplo, quando Blanchard passou pelo exame de agregação de história e de geografia, havia cem candidatos, dos quais sete da instituição, para dez postos de trabalho; seis dos sete "normalianos" foram exitosos. Vidal se encontrava, então, em excelente posição para recrutar um grupo de discípulos de talento; com efeito, a maioria de diplomados da École Normale.

O papel dessa instituição diminuiria, após 1903, quando seu pessoal e os cursos foram integrados a uma Sorbonne reformada[44]. Cursos suplementares, entretanto, seriam dados na École Normale, principalmente os que tinham como um dos objetivos uma formação pedagógica. Durkheim oferecia, assim, um curso de pedagogia, mas é interessante notar que ele não era popular junto aos estudantes geógrafos; estes não assistiam a seus cursos![45]

---

42   *Émile Bourgeois, Notice sur la vie et les travaux de M. Paul Vidal de la Blache, Mémoires de l'Institut: Académie des sciences morales et politiques*, 1920, p. 18.

43   Por exemplo, Romain Rolland mostra sua admiração por Vidal em *Le Cloître de la rue d'Ulm*, Paris: A. Michel, 1952, p. 202. Para reações mais críticas em relação ao seu ensino, ver Pierre Jeannin, *École normale supérieure, livre d'or*, Paris: Office français de diffusion artistique et littéraire, 1963 p. 98-99.

44   Essa unificação foi buscada e levada a efeito pelos republicanos reformistas, sobretudo Lavisse. Ver Jean Bonnerot, *La Sorbonne*, Paris: PUF, 1927, p. 91-92 e as páginas consagradas a esse problema na *Revue internationale de l'enseignement* nos anos 1903 e 1904.

45   Comunicação pessoal de Georges Chabot.

## O ENSINO

## A *École des Chartes*
## e a *École Pratique des Hautes Études*

A École des Chartes formou excelentes bibliotecários e eruditos notáveis. Aí não se ensinou a geografia, mas ela deve ser mencionada, pois contribuiu grandemente para a renovação das disciplinas conexas, a saber, os estudos históricos e, depois, a paleografia; deve-se, aliás, notar que Himly estudou nela antes de se voltar para a geografia. Ele se serviu, portanto, de sua formação na École des Chartes para conduzir as pesquisas geográficas. Benjamin Guérard e Jules Quicherat o tinham iniciado nos métodos da erudição, no estudo crítico dos textos antigos. A influência adicional de François Mignet e do renascimento histórico alemão (ele tinha estudado na Alemanha e seguido os cursos de Ranke) o colocaram na escola francesa de história crítica[46]. Dada a natureza das fontes e dos estudos seguidos nessa escola, os trabalhos de Himly priorizaram a história política. Por isso, quando ele se voltou mais tarde para a geografia, seus trabalhos foram essencialmente de ordem histórica e política. Sua posição especial de detentor da única cadeira de geografia em Paris durante três decênios teve como efeito direcionar as teses de geografia para preocupações históricas. Se o caso de Himly e dos estudos históricos foi isolado, parece que a École des Chartes não influenciou muito o desenvolvimento da geografia; aliás, a reputação conservadora dessa instituição não incitou o governo republicano às generosidades (sete professores, em 1875, nove, em 1910).

Orientações de pesquisa similares se encontravam na École Pratique des Hautes Études. Lá, A. Longnon ensinava a geografia histórica da França, estabelecendo assim a notoriedade que deveria assegurar-lhe uma cadeira no Collège de France. Uma inovação surgiria em 1894, com a criação de uma cadeira de geografia física para Albert de Lapparent, que já detinha a

---

46  Himly estudava na École des Chartes à mesma época que Leopold Delisle, que viria a se tornar o fundador da escola francesa de paleografia. Para mais detalhes sobre a história crítica francesa, cf. George Peabody Gooch, *History and Historians in the Nineteenth Century*, 2 ed., London/New York: Longmans Green, 1952; e Louis Halphen, *L'Histoire en France depuis cent ans*, Paris: A. Colin, 1914. Ver também William R. Keylor, *Academy and Community: The Foundation of the French Historical Profession*, Cambridge: Harvard University Press, 1975.

cadeira de geologia e de mineralogia no Institut Catholique de Paris, desde 1875. Mas a instituição – a École Pratique des Hautes Études – não era prestigiosa o suficiente para atrair ou manter professores de renome (os salários eram, além disso, pouco elevados). Ela atraía muito poucos estudantes, pois não oferecia diplomas e não podia facilitar o acesso a uma carreira no ensino. Nesse cenário restrito, Longnon, Lapparent, bem como os durkheimianos (como Mauss) que penetrariam ali, após 1900, exerceriam muito pouca influência no desenvolvimento do conhecimento geográfico – a não ser pelo sucesso de algumas de suas obras[47].

## A Universidade

A universidade era um campo de batalha muito importante entre conservadores e reformistas, pois suas opiniões quanto ao papel das faculdades no ensino, na pesquisa e na sociedade diferiam bastante. Tais diferenças de opinião se reforçavam por concepções filosóficas divergentes e pelo valor estratégico da instituição. O fracasso de Duruy em suas tentativas de reformar a Universidade já foi mencionado. Nesta seção, serão estudadas, mais especialmente, as faculdades de letras, notadamente a Sorbonne, que se encontrava no topo da hierarquia universitária.

Os professores da Sorbonne eram conhecidos por serem membros da oposição liberal sob o Segundo Império. Após 1870, eles se tornaram, em geral, favoráveis à República, mas seu conservadorismo notório e sua filosofia espiritualista só desapareceriam pouco a pouco, sob os esforços do novo regime. Por causa da inércia do sistema de cátedra, a "Nova Universidade" que Jules Ferry desejou surgiria lentamente. Por exemplo, em Paris, em 1877, 22% dos professores iniciaram sua carreira entre 1836 e 1847 (isto é, sob o reinado de Louis-Philippe), cerca de um terço, entre 1857 e 1867 (conservadores-liberais), e somente

---

47 Sobre os durkheimianos, cf. T.N. Clark, op. cit., p. 47-48; sobre a audiência das obras de Lapparent, cf. N. Broc, De la géologie à la géographie: Albert de Lapparent (1839-1908), *Revue de géographie de Lyon*, n. 52, 1977. p. 273-279.

O ENSINO

20% durante a era da "Nova Universidade"[48]. A escolha dos decanos da Faculté des Lettres de Paris* demonstrou muito bem o alargamento gradual das visões dos docentes: primeiramente, o ultratradicional Henri Patin (1865-1876); em seguida, o defensor dos interesses católicos, Henri Wallon (1876-1881); depois, o liberal Himly (1881-1898) e, enfim, o radical Alfred Croiset (1898-1919). Igualmente, os vice-reitores nomeados para a Université de Paris (como Gréard, Louis Liard, Lucien Poincaré, Paul Appell) representaram a evolução de uma política liberal e oportunista até um maior radicalismo. As ações sucessivas do Ministério da Instrução Pública (sob Jules Simon, Waddington, Jules Ferry, Paul Bert, Berthelot, Rambaud) revelaram uma evolução semelhante. De fato, utilizaram-se as faculdades ou universidades provinciais tanto como lugares de exílio para aqueles que não tinham as graças do regime (como o católico Pierre Duhem em Bordeaux) quanto como refúgio para experimentar inovações quando isso foi possível (como Durkheim, em Bordeaux, de 1887 a 1902).

Um começo da transformação da universidade em instituição de estudos e de pesquisas apareceu em 1877, com a criação de trezentas bolsas de estudos: enfim a Faculté des Lettres tinha estudantes! À mesma época, um novo tipo de cargo acadêmico foi criado – o de *maître de conférences* – para fazer a introdução aos cursos reservados aos estudantes inscritos e oferecidos a pequenos grupos de alunos. Reformas estruturais seguiram-se, nos anos 1880. Uma associação importante foi criada em 1880: a Société por l'Étude des Questions d'Enseignement Supérieur, que publicou a partir do ano seguinte a famosa *Revue internationale de l'enseignment*, na qual foram debatidos todos os projetos de reforma. O secretário dessa sociedade foi Lavisse, e ela reuniu quase todas as personalidades do mundo do ensino: os cientistas Berthelot e Louis Pasteur; o especialista de ciência política, Émile Boutmy; os historiadores Monod, Fustel de Coulanges e Seignobos; e o sociólogo Durkheim. Membros importantes da administração, tais como Gréard, Albert Dumont e Liard, cooperaram com

---

48  P. Gerbod, op. cit., p. 574.
*  Geralmente era nas faculdades de Letras que se sediavam os cursos de Geografia na França. (N. da T.)

ela. Estes últimos se mostraram muito eficientes na realização dos objetivos dos reformistas. Gréard, amigo de Prévost-Paradol, diretor de ensino superior, posteriormente vice-reitor da Université de Paris, de 1879 a 1902, manteve-se como o inspirador dos ministros da Instrução Pública que se sucederam rapidamente. Dumont (que morreu jovem, em 1884) e Liard substituiram-no na direção do ensino superior. Eles foram, todos, próximos de Jules Ferry. Entre os reformistas mais reconhecidos notaram-se Rambaud (professor de história na Sorbonne, colaborador de Ferry, ministro da Instrução Pública, de 1896 a 1898, amigo de Vidal de la Blache e sogro do filho de Vidal) e, sobretudo, Lavisse (ele também professor de história na Sorbonne, colega próximo de Vidal e dirigente não oficial da Sorbonne reformada)[49].

Um reformista, hoje esquecido, muito conhecido em sua época, foi o professor de geografia na Sorbonne, Auguste Himly. Lavisse, com efeito, chamou-o "um dos fundadores da Université de Paris"[50]. É muito razoável pensar que Himly tivesse ideias suficientemente espiritualistas para poder receber a cadeira de geografia, em 1862-1863. Certo é que Himly foi, no início, um dos membros mais liberais da Sorbonne: suas tendências ideológicas deviam ser provavelmente muito semelhantes às de Jules Simon. Ele foi, aliás, escolhido por este para preparar, com Levasseur, a reorganização do ensino da geografia. Como protestante e liberal, ele não foi sensível ao anticlericalismo dos oportunistas que visavam a Igreja Católica. Assim, como vários outros protestantes, ele participou ativamente da reforma do ensino. Sendo, ao mesmo tempo, um membro da "velha" Sorbonne e um partidário de sua transformação, ele constituiu o homem ideal para conciliar os professores de esquerda e de direita, em um período de transição. Paul Bert o nomeou decano da Faculté des Lettres de Paris e ele foi continuamente reeleito até sua aposentadoria, em 1898. Himly aplicou todas as medidas preconizadas pelos reformistas, presidiu a construção

---

49 Cf. P. Vidal de la Blache, Notice sur la vie et les œuvres de M. Alfred Rambaud, *Mémorie de l'Institut: Académie des sciences morales et politiques*, 1908, n. 2; e P. Nora, "Ernest Lavisse", *Revue Historique*, n. 228, p. 73-106.

50 E. Lavisse, Nécrologie: A. Himly, *Revue internationale de l'enseignement*, v. 52, p. 388.

O ENSINO 91

de uma nova Sorbonne, mais funcional, e permitiu a Lavisse assumir o papel de líder ideológico dessa instituição[51].

Na virada do século XIX, o pessoal docente da Sorbonne era, sobretudo, de esquerda e dreyfusista. Dentro da minoria anti-dreyfusista, encontrava-se Marcel Dubois que, pouco antes do Caso Dreyfus, tinha sido nomeado para a nova cadeira de geografia colonial; ele foi, aliás, um dos fundadores da Ligue de la Patrie Française[52]. As implicações ideológicas de uma Sorbonne quase inteiramente de esquerda seriam bem ilustradas pelo caso de Henri Bergson: ele pediu, em 1894 e 1898, um posto de trabalho na Sorbonne, mas seu pedido foi recusado duas vezes.

Alguns exemplos mostram bem o alcance da transformação do sistema universitário: antes de 1880, a obtenção da licenciatura em letras se baseava em um exame único versando sobre as letras antigas; após essa data, a licenciatura se dividiu em três opções (letras, filosofia, história e geografia). Em 1886, introduziu-se uma quarta especialidade – a das línguas vivas. A especialização foi ampliada em 1907, quando as quatro disciplinas só possuíam uma matéria comum (a versão em latim). Por sugestão de Lavisse, uma pequena tese (o diploma de estudos superiores) foi introduzida no programa, a partir de 1886, a fim de julgar a capacidade do estudante de fazer pesquisa. Este diploma tornou-se obrigatório, em 1894, para os candidatos ao concurso de *agrégration* de história e geografia (e, logo, nas outras disciplinas).

Várias reformas tinham por objetivo reorganizar as diversas faculdades em universidades regionais. A ideia era, em primeiro lugar, descentralizar as faculdades parisienses (onde metade dos estudantes estava inscrita); em segundo lugar, criar grandes universidades que encorajariam o desenvolvimento intelectual e econômico de suas regiões; e, em terceiro lugar, facilitar o progresso das ciências agrupando-se as faculdades e eliminando-se as barreiras entre as disciplinas. Tal reforma necessitaria, entre outras providências, da transferência de várias faculdades de algumas cidades para outras. Apesar de uma campanha reformista vigorosa, os interesses locais, muito poderosos no Senado, impediram a realização de tais projetos: quinze universidades

---

51 Profils Sorbonniens: M. Auguste Himly, em *L'Estafette*, 18 fev. 1894.
52 Julien Benda (*La Jeunesse d'un clerc*, 13. ed., Paris: Gallimard, 1936, p. 201) menciona que Dubois era um antidreyfusista notório.

foram criadas, uma em cada região onde geralmente já se encontravam ao menos duas faculdades, em 1896[53].

O interesse dos geógrafos pela regionalização da França será examinado no capítulo seguinte. Basta dizer aqui que a opinião de Vidal foi inteiramente a favor da criação das universidades regionais. Por ocasião de uma conferência, em 1917, ele aprovou vivamente a lei de 1896 e aqueles que a prepararam – embora só mencionasse os que já haviam falecido (isto é, Jules Ferry, Dumont, Rambaud). Ele fez, também, um elogio a todos os universitários que permaneceram em sua província, em vez de se dirigirem a Paris; eles fizeram das universidades regionais uma realidade. Sua conferência retomou dois princípios caros aos reformistas, ou seja, a descentralização do sistema de ensino e a participação da universidade local no desenvolvimento de sua região[54]. Aqui, ainda, as ideias de Vidal corresponderam ao movimento reformista animado pelos republicanos oportunistas. Em tal contexto, sua ação, acrescentada àquelas de Himly e de Levasseur, só poderia contribuir grandemente para o extraordinário sucesso da institucionalização da geografia em todos os níveis.

No ensino superior, pode-se afirmar que a institucionalização, com frequência, precedeu a demanda. O ardor com o qual Blanchard procurou recrutar estudantes quando de sua chegada a Grenoble demonstrou muito bem esse fenômeno[55]. É possível crer que a institucionalização antecedeu o pleno desabrochar da disciplina. Com efeito, só após o cumprimento do processo de institucionalização, na virada do século XIX, a escola de geografia vidaliana, que se beneficiou deste processo, produziu trabalhos avançados e programas de pesquisa

---

53 Exemplos de obras que defendiam a criação das universidades são: Louis Liard, *Universités et facultés*, Paris: A. Colin, 1890; idem, *L'Enseignement supérieur en France, v. II: 1789-1893*, Paris: A. Colin, 1894; e E. Lavisse, *Études et étudiants*, Paris: A. Colin, 1890. Para mais detalhes sobre as reformas introduzidas durante esse período, cf. A. Prost, op. cit.; Theodore Zeldin, Higher Education in France, 1848-1940, *Journal of Contemporary History*, nov. 1967, p. 53-80; E. Lavisse, *Questions d'enseignement national*, Paris: A. Colin, 1885; Octave Gréard, *Education et instruction, t. III: Enseignement supérieur*, Paris: Hachette, 1887.

54 P. Vidal de la Blache, La Rénovation de la vie régionale, *Foi et vie*, Cahier B, n. 9, 1917, p. 107-108.

55 É a opinião de V. Karady (L'Expansion universtaire et l'évolution des inégalités…, *Revue française de sociologie*, n. 19). Cf. R. Blanchard, op. cit., p. 119-122.

O ENSINO

coerentes. Deve-se, entretanto, nuançar o sucesso dessa institucionalização com o apoio de três observações:

Em primeiro lugar, a diferenciação da geografia em relação à história não era completa. As duas disciplinas mantinham-se associadas por meio dos exames de licenciatura e agregação. Além disso, às vésperas da Primeira Guerra Mundial, várias cadeiras nas faculdades provinciais continuavam a ser de história e geografia (por exemplo, Dijon). Em casos semelhantes, a geografia é que, mais comumente, sofria com essa situação, pois o titular do cargo era, em geral, um historiador.

Em segundo lugar, a separação muito clara entre as faculdades de letras e as de ciências colocava em desvantagem a geografia, pois, segundo Vidal, esta tinha necessidade da contribuição das ciências naturais. Esse inconveniente diminuiria um pouco, em 1896, mas persistiria assim mesmo – pois cada faculdade possuía sua própria autonomia[56]; com efeito, os ensinos de geografia física eram estabelecidos nas faculdades de ciências. Assim, os estudantes inscritos na faculdade de letras podiam acompanhar os cursos de geografia física, mas o esforço não era reconhecido no nível dos diplomas.

Em terceiro lugar, Himly deteve, por muito tempo, a única cadeira de geografia em Paris (Dubois seria nomeado para uma segunda cadeira de geografia colonial em 1893). Assim, até a sua aposentadoria, em 1898, Himly orientaria a maior parte das pesquisas geográficas feitas no quadro das teses de doutorado, pois a tradição da época era fazer o doutorado em Paris, a fim de obter um diploma bem cotado. E, como ele preferia a geografia histórica clássica e a história da geografia, todas as teses defendidas enquanto teve a cadeira tratariam dessas especialidades. Alguns afirmaram que ele aceitava ideias inovadoras sérias[57], outros, que ele desencorajava todas as teses que não fossem orientadas para a geografia histórica. Himly fazia uma distinção muito clara entre as disciplinas da faculdade de letras e as da faculdade de ciências e tinha a tendência a desprezar as

56  A organização das faculdades é explicada, com detalhe, em vários artigos da *La Grande encyclopédie*, Paris: H. Lamirault, 1886-1902, 31 v.
57  Cf. Henri Welschinger, Notice sur la vie et les travaux de M. Louis-Auguste Himly, *Mémoires de l'Institut Académie des sciences morales et politiques*, n. 14, 1911; e P. Vidal de la Blache, Nécrologie: Auguste Himly, *Annales de Géographie*, v. 15, 1906, p. 479-480.

pesquisas da geografia física[58]. Ele acreditava que era a história e não a geografia física que constituía a base das pesquisas em geografia humana, só aceitando a criação de uma cadeira de geografia física na faculdade de ciências. Seu ponto de vista tradicional afastava-o sem dúvida, das inovações dos geógrafos alemães ou dos discípulos de Vidal – embora fosse consciente da utilidade da geografia física, como mostraria sua crítica elogiosa do livro de Albert de Lapparent[59].

Em suma, Himly parece ter moderado a institucionalização das ideias vidalianas, cujo centro de gravidade permaneceu na École Normale Supérieure, até que Vidal o sucedeu, em 1898. A partir dessa data, Vidal se encontrou em posição dominante, pois teve condições de controlar a disciplina geográfica tanto na Sorbonne quanto, indiretamente, na École Normale Supérieure (por intermédio de seu discípulo, Gallois) – ou seja, nas duas instituições mais importantes do ensino superior francês.

## O Collège de France

Essa instituição parisiense sempre mostrou certa originalidade. Desde sua fundação à época do Renascimento, a instituição manteve um estatuto independente do sistema universitário. Eminentes homens de ciência foram aí nomeados para fazer pesquisa e dar cursos públicos. Porém, como nenhum diploma foi concedido, o impacto do Collège de France sobre o desenvolvimento das escolas do pensamento continuou muito limitado. Isso foi particularmente verdadeiro para a geografia histórica, segundo Longnon, para a geografia econômica, ensinada por

58 Por exemplo, René Clozier, em "L'histoire de la géographie et l'enseignement" (*L'Information géographique*, n. 32, 1968, p. 196-197), menciona a opinião de Himly de que uma tese regional sobre a Lorena deveria ser defendida na Faculdade de Ciências. Em "Discussion sur l'agrégation de géographie", Himly declarou que "o homem era muito mais interessante para o homem do que os pedregulhos" (*Revue de géograhie*, n. 18, 1886, p. 462).

59 A. Himly, relatório sobre "La Géologie en chemin de fer, description géologique du bassin Parisien et des régions avoisinantes, par M.A de Lapparent", *Comptes rendus des séances et travaux de l'Académie des sciences morales et politiques*, n. 129, 1888, p. 938-939.

O ENSINO

Levasseur, e em parte, para a geografia humana, desenvolvida por Jean Brunhes[60].

Na virada do século XIX, o Collège de France tinha uma reputação mais conservadora que a Sorbonne. Com efeito, se esta última tinha se tornado um símbolo da República anticlerical, racionalista e positivista (com Lavisse, Durkheim, Seignobos), o Collège de France encarnava as ideias e os valores opostos (Gabriel Tarde, Bergson). Entre os seus administradores, encontrava-se Eugène Melchior de Vogüé, assim como o banqueiro Albert Kahn, que criara uma cadeira de geografia humana, em 1912, para Jean Brunhes, um dos discípulos mais célebres de Vidal[61]. Antes dessa época, a geografia econômica fora ensinada no Collège de France, em associação com a economia estatística, graças à cadeira ocupada por Levasseur até sua morte, em 1911. Então, se o Collège de France daria certa audiência às ideias geográficas novas, ele lhes asseguraria, entretanto, uma posteridade muito limitada.

## A École Libre des Sciences Politiques

Essa escola foi fundada em 1872, por Émile Boutmy. Muito impressionado pela vitória alemã e pelo desastre da Comuna, ele previu uma evolução para uma república democrática. E se dedicou à reabilitação da França que ele desejava por meio do avanço de uma elite política que recebesse uma educação

---

60 Os contatos de Brunhes com outros discípulos de Vidal (sobretudo de Martonne) impediram que suas contribuições fossem completamente esquecidas. Pierre Deffontaines e Mariel J.-B. Delamare deram prosseguimento a várias de suas ideias. Longnon se beneficiou da transformação da cadeira de história e moral em uma cadeira de geografia histórica da França (A. Maurel, La Chaire d'histoire et de morale au Collège de France, *Le Figaro*, 25 avril 1892; e idem, Chaire de Géographie historique de la France, Archives Nationales, Paris, F17.13556, 29 bis).

61 Interessado pelas coisas práticas (Jacques Chevalier, *Entretiens avec Bergson*, Paris: Plon, 1959, p. 77), Kahn foi acusado por H. Bourguin (op. cit., p. 242) de ter espiões nos sindicatos. Ele pertencia, provavelmente, a esse tipo de conservadores abertos às ciências positivistas e que será estudado no capítulo seguinte. Alguns professores, aliás, colocaram dificuldades quando da fundação da cadeira. Por ocasião da eleição, Bergson falou em favor de Brunhes e Émile Gautier foi apresentado em segunda linha (Chaire de géographie humaine, Archives Nationales, Paris, F17.13556, 29).

96      A ESCOLA FRANCESA DE GEOGRAFIA

adequada. Ele se beneficiou do apoio entusiasta e da cooperação de Taine, seu orientador intelectual, que enxergou nessa
tentativa uma contribuição das ciências sociais à formação de
um governo racional[62].

À época da fundação, e durante vários anos, Levasseur
ministrou um curso de geografia e de estatística. Mais tarde,
em 1909, o sucessor de Boutmy nas funções de diretor, Anatole
Leroy-Beaulieu, solicitou a colaboração de Vidal para dar conferências de geografia. Em seguida, André Siegfried, discípulo
de Vidal, tornou-se o responsável pelo ensino da geografia.
Geralmente, os estudantes não eram orientados para a pesquisa
e, de todo modo, seu interesse primordial permanecia voltado
à ciência política. Entretanto, o fato de a geografia figurar nos
programas de estudos favoreceu seu desenvolvimento, pois
numerosos membros da elite no poder, formados na École Libre,
reconheceram a partir daí o princípio da existência dessa disciplina. Ademais – e isso poderia ter impactos tanto positivos
quanto negativos – essa elite formou uma ideia da geografia
com base no ensino da École Libre des Sciences Politiques.

## As Outras Instituições

Os cursos de geografia também foram dados em outras instituições, mas como elas não tinham estudantes, no sentido exato da
palavra, e não ofereciam diplomas oficiais, desfavoreceram a formação e o desenvolvimento de escolas de pensamento geográfico.
Entretanto, essas instituições tornaram conhecidas a existência e
a importância da geografia no espírito do público. Além do mais,
elas constituíram um fórum para intercâmbios intelectuais que
não foram sempre dos mais avançados, mas que, assim mesmo,
trouxeram contribuições originais. Eis aqui dois exemplos.

O primeiro deles, fornecido por Franz Schrader. Primo dos
irmãos Reclus, encarregado da seção de geografia do jornal de
Gambetta (*La République française*), de 1877 a 1879, ele, posteriormente, foi chefe do escritório cartográfico da Casa Hachette,

---

62   *Revue de Paris*, n. 1, 1906, p. 795-805; Pierre Rain, *L'École libre des Sciences Poli-*
*tiques (1871-1941)*, Paris: Presses de la Fondation Nationale des Sciences Populaires,
1963; e G. Monod, La Vie d'Hippolyte Taine, *Revue de Paris*, v. 1, n. 3, p. 193.

e deu cursos de "géographie anthropologique" na École d'Anthropologie, a partir de 1892. Pouquíssimos geógrafos franceses tiveram laços tão estreitos com os antropólogos. A École d'Anthropologie, que publicava uma *Revue mensuelle*, fora fundada por Paul Broca e refletia sua atitude positivista e evolucionista.

O segundo exemplo veio de Brunhes, que ministrou um curso sobre os métodos geográficos no Collège Libre des Sciences Sociales, no final do século XIX. Este estabelecimento de ensino foi fundado por Jeanne Weill (que escrevia sob o pseudônimo de Dick May), em 1895, e algumas outras pessoas que sentiram a necessidade de uma instituição destinada ao ensino das ciências sociais. Os fundadores reuniram um pessoal docente formado, sobretudo, por especialistas das ciências sociais com poucas coisas em comum e que, às vezes, até se opunham vivamente. Esta particularidade trouxe certa originalidade ao grupo, ainda mais se a comparação fosse feita com a relativa homogeneidade da escola durkheimiana. O corpo docente compreendeu discípulos de Le Play, positivistas e outros especialistas em ciências sociais bem conhecidos. De fato, e ao que parece, uma atitude positivista, assim como um ponto de vista reformista, uniu vários dentre eles[63]. Em função de conflitos no seio do pessoal, nascidos do Caso Dreyfus, Weill fundou uma École des Hautes Études Sociales francamente dreyfusista, onde foram organizados debates entre acadêmicos conhecidos, e conferências tratando de questões sociais importantes[64].

## CONCLUSÃO

A amplitude e as dimensões da reforma do ensino, ao final do século XIX, acabam de ser analisadas. Foi assinalado o papel importante dos geógrafos como reformistas e como beneficiários das reformas.

---

63    É interessante notar que o editor de esquerda, Alcan, publicou, sob a direção de Dick May, uma série de obras escritas pelos professores do Collège (a "Bibliothèque générale des Sciences Sociales").

64    Sobre esse Collège e a École d'Anthropologie, cf. T.N. Clark, op. cit., p. 155-160; *L'École d'anthropologie de Paris, 1876-1906*, Paris: F. Alcan, 1907; e P. Broca, *Le Programme d'anthropologie*, Paris: De Cusset, 1876. (Leçon d'ouverture des cours de l'École d'Anthropologie.)

O processo de institucionalização das diversas correntes geográficas da época será analisado e resumido em um capítulo ulterior. Podem-se, entretanto, estabelecer desde agora algumas correlações entre o sucesso desses geógrafos no seio das instituições de ensino superior e a posição ideológica de seus defensores.

Levasseur, cuja ação foi decisiva para melhorar e generalizar o ensino da geografia nos níveis primário e secundário, pode ser considerado possuidor de um ponto de vista semelhante àquele da ala conservadora dos oportunistas, descolando-se pouco do espiritualismo que reinava no início de sua carreira. Entretanto, seu pensamento não foi aprofundado pelas gerações seguintes de geógrafos. A tendência filosófica que sustentou seus trabalhos pode ter contribuído para essa ausência de interesse por parte dos estudantes; porém, mais seguramente, sua posição no Collège de France não favoreceu a formação de um grupo de discípulos. Ademais, seu ensino não foi sempre especializado somente na geografia, adquirindo seu renome, sobretudo, nas áreas econômicas e estatísticas.

Himly teve uma posição mais favorável para influenciar as pesquisas dos estudantes, notavelmente no nível do doutorado. Mas, deve-se notar que aqueles que obtiveram este diploma já tinham ideias bem estabelecidas e os compromissos que aceitaram para a redação de sua tese foram, provavelmente, mais sobre a forma que o conteúdo. Merece ser lembrado que a Sorbonne praticamente não teve estudantes (de geografia) até os finais dos anos 1870, e que a situação só melhorou muito lentamente. Além disso, Himly se dedicou mais à reforma da Sorbonne e à qualidade dos seus cursos públicos do que à formação dos estudantes. Aqui, ainda, o ponto de vista relativamente espiritualista do professor não atraiu, provavelmente, a jovem geração de estudantes do final do século XIX. Todavia, seu papel na institucionalização da geografia foi importante, pois, sendo um dos principais reformistas da Université de Paris, ele fez que se respeitasse mais o lugar da geografia no ensino superior – mesmo que o associasse à história.

Vidal ocupou a melhor posição estratégica para promover uma escola geográfica. Durante dois decênios, ele ensinou na École Normale Supérieure – na época, a principal instituição – que permitia aos estudantes, uma vez diplomados, assegurar-lhes um lugar no sistema universitário. Quando a

O ENSINO

Sorbonne tornou-se uma verdadeira instituição de ensino e de pesquisa, ele sucedeu Himly na cadeira de geografia mais prestigiosa da França e pôde assim destacar uma orientação clara às teses de doutorado. A convergência entre a ideologia de seus discípulos e o movimento republicano explicaria, em grande parte, o sucesso de sua escola de pensamento.

Os especialistas da morfologia social não conseguiram institucionalizar solidamente sua escola de pensamento (foi, aliás, o caso da sociologia durkheimiana, considerada em seu conjunto). Esta institucionalização mais restrita deve ser relacionada, em parte, com o fato de a geografia ter assumido um pouco o lugar que a morfologia social pretendia, e, também, com a tendência mais à esquerda desses acadêmicos – orientação que, no conjunto, raramente dominou a cena política[65].

Os discípulos de Le Play não penetraram, voluntariamente ou não, no sistema universitário, e seu pensamento ficou, portanto, excluído das escolas primárias e secundárias. Eles deram cursos e conferências somente em associações marginais ao sistema de ensino.

Élisée Reclus foi muito marcado politicamente como anarquista, o que o impediu de conseguir um posto de trabalho na França. Foi-lhe oferecido um cargo em Genebra e, quase simultaneamente, outro, em Bruxelas[66]. Ele escolheu este último, passando a ensinar ali, de 1892 a 1905.

Finalmente, Schrader, de origem protestante e cuja ideologia se inclinou para a esquerda (e até para o radicalismo) poderia ter sido um bom candidato a uma cadeira de geografia. Entretanto, conforme princípio emitido por seu pai, e que ele respeitou, não procurou adquirir os diplomas necessários ao exercício de funções universitárias[67].

Antes de analisar com mais profundidade as diversas tendências geográficas, devemos examinar as relações com as correntes filosóficas promovidas pela Terceira República.

---

65 Para uma interpretação mais global, remeter-se a V. Karady, Durkheim, les sciences sociales et l'Université: Bilan d'um semi-échec, *Revue française de sociologie*, n. 17, 1976, p. 267-311.

66 "Reclus à Genève" (recorte de jornal sem referência bibliográfica), Archives Francis Chaponnière (E4, 168), Département des Manuscrits et des Archives Privées, Bibliothèque Publique et Universitaire, Genève.

67 É.-A. Martel, Nécrologie: F. Schrader, *La Montagne*, v. 12, n. 183, 1925, p. 177-206.

# 4. A Busca de uma Nova Ordem Social

Os republicanos, que chegaram ao poder a partir dos anos 1870, pensavam que os dogmas e doutrinas que tinham prevalecido até então e que emanavam do Segundo Império, da monarquia e do catolicismo eram responsáveis pela decadência da França. Rejeitando igualmente os modelos socialistas e anarquistas, eles tentaram dar à jovem República fundamentos filosóficos novos. Neste contexto, certo número deles viu na ciência uma aliada do regime, e até um de seus pilares. A primeira parte deste capítulo tratará dessa atitude: seu impacto político será avaliado e, posteriormente, a atenção incidirá sobre a concepção da ciência elaborada pela corrente principal do republicanismo, assim como sobre suas implicações morais. Na segunda parte deste capítulo, a ênfase será colocada nos aspectos mais significativos da busca republicana de uma filosofia socioeconômica; a saber, os diferentes recursos ao tradicionalismo e às ideias solidaristas e regionalistas.

Os geógrafos só desempenharam um papel direto no quadro do regionalismo, mas é interessante examinar outros aspectos da procura de uma filosofia republicana da ordem social, que tiveram relação com o debate sobre a natureza e o valor da ciência, e também com o problema da moral. A evolução do

A ESCOLA FRANCESA DE GEOGRAFIA

pensamento geográfico francês foi, com efeito, influenciada por tais questões: seus diversos autores reagiram diferentemente a elas. As tendências ideológicas permitem, então, precisar suas escolhas metodológicas e seu lugar no seio das instituições científicas.

## A CIÊNCIA E A REPÚBLICA

Uma espécie de aliança foi concluída, pelo menos verbalmente, entre a ciência e a República. Os termos "ciência" e "República", frequentemente justapostos, serviram mutuamente de justificação, de maneira que uma testemunha ingênua da época quase poderia crer que uma não existiria sem a outra. A República fez um esforço enorme para desenvolver a ciência e, em troca, contou com esta para se reforçar, liberando os indivíduos das superstições e dos dogmas. Submetendo-se essa aliança a um exame, ver-se-á como a própria ciência foi uma fonte de inspiração política, como a concepção da ciência evoluiu durante o período e como (e até que ponto) ela foi invocada para construir uma nova moral republicana.

### A Ciência, Fonte de Inspiração Política

Os chefes políticos da Terceira República se formaram durante o Segundo Império. Este período é, com frequência, identificado como a grande era do positivismo no pensamento francês. De fato, trata-se de um exagero se consideramos o meio filosófico ambiente, inclusive quando se assimila o cientificismo ao positivismo[1].

Essa assimilação seria de fato enganosa, pois, fundamentalmente, o positivismo se limita à crença de que o método

---

1 Sobre esse ambiente o testemunho de Félix Ravaisson é particularmente útil: *Rapport sur la philosophie en France au dix-neuvième siècle*, Paris: Imprimerie Impériale, 1867. Para mais perspectiva, reportar-se, por exemplo, a Emile Bréhier, *Histoire de la philosophie, v. 2: La Philosophie moderne*, Paris: Alcan, 1929; e a Donald Geoffrey Charlton, *Positivist Thought in France During the Second Empire (1852-1970)*, London: Oxford University Press, 1959.

A BUSCA DE UMA NOVA ORDEM SOCIAL 103

científico – que deve se ocupar apenas dos fatos (constatados pela experiência) e de suas relações – constitui o único meio de conhecimento e que ele pode ser aplicado ao estudo da sociedade. É mais apropriado falar de cientificismo quando se pensa que o determinismo, analisável pela ciência, abraça toda realidade e que a ciência pode responder a todas as questões que o homem pode colocar. Émile Littré e Claude Bernard foram, nesse sentido, autênticos positivistas, enquanto Ernest Renan, Hippolyte Taine e Marcelin Berthelot seriam classificados como representantes do cientificismo.

Em tal contexto, os trabalhos de August Comte, e também os de Saint-Simon, de Littré, de Fréderic Le Play, John Stuart Mill e de Herbert Spencer insistiram no fato de que uma "sociologia" era possível, seu campo estando baseado na convicção de que existe uma realidade social (quer dizer, um conjunto de fatos sociais submetidos ao seu próprio determinismo). Taine e Renan, por meio dos seus estudos de psicologia, literatura, filosofia e história, contribuíram grandemente para propagar a visão científica do homem e de suas atividades. De fato, como a maior parte de seus contemporâneos franceses, Taine defendeu essa abordagem sem conhecer bem a filosofia de Comte: ele só o "descobriu" por volta de 1860[2]. A fé ilimitada na ciência foi alimentada pelo progresso tecnológico notável resultante da revolução industrial. A extensão da rede de estradas de ferro, a industrialização crescente e, principalmente, a conclusão do canal de Suez, em 1869, constituíram símbolos poderosos da capacidade do homem de transformar a natureza graças ao progresso científico. Ciência e tecnologia passaram a ser percebidas como intimamente ligadas.

Enquanto o positivismo e o cientificismo pareciam triunfar, outras orientações se mantinham, e até se desenvolviam. Entre estas, os temas espiritualistas eram defendidos mais amiúde que outros. O espiritualismo eclético, herdado de Victor Cousin, era a filosofia estabelecida "não oficial" da universidade e se beneficiava da tolerância simpática do regime imperial, ainda mais que não se opunha à moral católica que acabou, aliás,

2    Cf. Victor Giraud, *Essai sur Taine*, Paris: Hachette, 1901, p. 62. Sobre o impacto desses autores, cf. G. Monod, *Les Maîtres de l'histoire: Renan, Taine, Michelet*, Paris: Calmann-Lévy, 1894.

quase por incorporar à sua doutrina[3]. Ademais, nos últimos anos do Segundo Império, certos filósofos se voltaram para o kantismo a fim de transformar, ou combater, o positivismo, o cientificismo e o espiritualismo eclético. Contudo, a filosofia dominante nos meios liberais que se opunham ao regime imperial era toda imbuída de uma profunda crença nos benefícios do progresso científico.

A associação feita entre ciência e República tornou-se bastante explícita, inclusive no nível mais elevado da direção política. Os grandes "oportunistas", como Léon Gambetta e Jules Ferry, pretenderam aplicar o método científico no campo político. A maior parte dos simpatizantes do positivismo que, há muito tempo, abandonou a ideia de Comte de um terceiro "estado" dominado pelos sábios, aceitou essa pretensão. Os líderes positivistas aderiram à combinação de princípios e de democracia, tal como apresentada pelos republicanos. Durante o Segundo Império, Jules Ferry fora conduzido a se interessar pela filosofia positivista por Philémon Deroisin, um colaborador de Littré. As concepções filosóficas e políticas de Jules Ferry inspiravam-se, consideravelmente, em Comte e em Spencer. Ele acreditava que a ciência presidiria o futuro da humanidade, o que justificava sua convicção profunda de que uma instrução secular e obrigatória era necessária para fundar uma democracia de inspiração positivista[4]. Estas ideias eram compartilhadas por Gambetta que era ainda mais explícito na defesa do método científico aplicado à política. Sua filosofia pessoal também se alimentava muito em Comte[5]. Ele insistia no fato de que a política devia ser tratada como uma "ciência moral" e ressaltava que o progresso científico, por sua própria natureza, só poderia induzir uma lenta evolução da sociedade. Gambetta invocava argumentos positivistas para justificar sua

---

3   Étienne Vacherot, La Situation philosophique en France, *Revue des deux mondes*, 15 juin 1868, p. 950-977; Paul Janet, Le Spiritualisme français au dix-neuvième siècle, *Revue des deux mondes*, 15 mai 1868, p. 353-385.

4   L. Legrand, *L'Influence du positivisme dans l'œuvre scolaire de Jules Ferry*. Sobre os contemporâneos de J. Ferry, reportar-se a J. Eros, The Positivist Generation of French Republicanism, *The Sociological Review*, v. III, n. 2, 1955, p. 255-277.

5   Pierre Deluns-Montaud, La Philosophie de Gambetta, *Revue politique et parlementaire*, n. II, 1897, p. 241-265; Joseph Reinach, *La Vie politique de Léon Gambetta suivie d'autres essais sur Gambetta*, Paris: Alcan, 1918. (cf. Les Lectures de Gambetta, p. 157-220).

A BUSCA DE UMA NOVA ORDEM SOCIAL

política oportunista, a qual procurava tratar um problema de cada vez (segundo uma ordem científica e progressiva). Ele era muito hostil ao socialismo e, em certa medida, ao radicalismo, já que eles pretendiam resolver todos os problemas graças a uma única fórmula. Sua abordagem, que ele qualificava de "científica", negava a existência de uma "questão social" e sustentava, de preferência, que: "existe uma série de problemas a solucionar, dificuldades a superar de acordo com os lugares, os climas, os costumes, as condições sanitárias e os problemas econômicos, que variam de acordo com as fronteiras de dado país"[6]. A política reformista e conscientemente empírica dos oportunistas se legitimava, então, invocando o método científico e o positivismo – justificação de ordem filosófica que, como observaram vários autores, parece ser uma constante da vida política francesa[7].

Gambetta foi conhecido por ter se cercado de homens de ciência e engenheiros – os mais famosos trabalhando no escritório de redação de *La République française*, como Charles de Freycinet (engenheiro), Paul Bert (fisiologista e discípulo de Claude Bernard) e Marcelin Berthelot (químico) que, a propósito, tornaram-se todos ministros. Os líderes republicanos encaravam muito bem o cruzamento que existia entre as associações de pensamento livre, o positivismo, a franco-maçonaria e o republicanismo. A título de exemplo, Berthelot foi presidente das sociedades francesas de livre-pensamento, Gambetta tornou-se franco-maçom, em 1869, posteriormente sendo a vez de Littré e Jules Ferry, em ocasião semelhante, em 1875[8]. Ademais, esses homens estavam convencidos de que a ciência contribuiria bastante para o estabelecimento de uma moral nova e secular – assunto sobre o qual voltaremos. O que importa notar, neste instante, é o entusiasmo dos republicanos com a ciência

6   Discours du Havre, le 18 avril 1872, apud Émile Neucastel, *Gambetta, sa vie, idées politiques*, Paris: L. Cerf, 1885, p. 52 (essa obra insiste em sua "política científica").

7   John Eros, The Positivist Generation of French Republicanism, *The Sociological Review*, v. III, n. 2, p. 226, 271, 275 (observação de Karl Mannheim, nota 14).

8   Cf. Maurice Reclus, *Jules Ferry, 1832-1893*, Paris: Flamarion, 1947, p. 118-119; J. Eros, The Positivist Generation of French Republicanism, *The Sociological Review*, v. III, n. 2. Sobre Berthelot, pode-se reportar a Reino Virtanen, *Marcelin Berthelot: A Study of a Scientist's Public Role*, Universtity of Nebraska Studies, n. 31, 1965.

e, mais particularmente, com a preferência que os oportunistas concediam à abordagem empírica nas questões humanas. Mas a seguinte questão se impõe: qual foi a concepção de ciência sob a Terceira República?

## Um Novo Olhar Sobre a Ciência

Os debates inspirados pelo cientificismo, o positivismo e o espiritualismo sobre a importância da ciência e do método científico suscitaram um interesse renovado por Kant. A tendência começou a assumir importância nos anos 1860 e se prolongou até o decorrer do século XX. Embora buscasse mais construir os fundamentos da moral, ela deu nascimento a um meio filosófico novo, inclusive uma revisão da concepção positivista da ciência.

Jules Lachelier (1832-1918) é muito citado como um dos principais responsáveis pela difusão do neokantismo na França. Embora só quisesse modernizar o espiritualismo de Cousin, Lachelier esteve na origem de correntes diversas que se separaram sucessivamente da velha doutrina. Ele utilizou Kant para evitar especulações nebulosas sobre, por exemplo, uma oposição entre uma "substância-alma" e uma "substância-matéria", ou, ainda, sobre a prova da existência de Deus como ligação entre um mundo interior e um mundo exterior. O idealismo crítico de Kant ajudou Lachelier a rejeitar essas dicotomias. Apesar de não ter jamais ensinado na Sorbonne, ele obteve em 1861 um posto na École Normale Supérieure, de onde seu pensamento se difundiu. Desde o começo, ele introduziu deliberadamente o pensamento de Kant no seio de todas as questões filosóficas. Lachelier exerceu influência aparentemente considerável sobre os estudantes da École Normale, que continuaram a passar, de mão em mão, muito tempo depois de sua saída, as anotações de seus cursos, até os anos 1890[9].

Além de Lachelier, Antoine-Augustin Cournot, Charles Renouvier, Octave Hamelin e Émile Boutroux estiveram entre os iniciadores do retorno a Kant. Estes filósofos foram neokantianos

---

9    Célestin Bouglé, Spiritualisme et kantisme en France, *Revue de Paris*, 1 mai 1934, p. 198-215 (ver especialmente p. 202, Lachelier "se oferece o luxo de 'kantisar' [...] a fundo"). Ver também J. Lachelier, *Du fondement de l'induction*, Paris: Ladrange, 1871.

A BUSCA DE UMA NOVA ORDEM SOCIAL

no sentido de que seus trabalhos concederam uma importância primordial às formas do pensamento (as "categorias" ou os "imperativos categóricos"). Como Kant, eles visaram colocar a questão do conhecimento científico de maneira a evitar que caísse no empirismo (com frequência, chamado de "sensualismo" ou "associacionismo") ou no racionalismo extremo (que nega o valor da experiência). Os neokantianos fizeram, portanto, da exploração das abordagens do espírito humano uma de suas principais tarefas. Eles se esforçaram para analisar as modalidades que presidiam a elaboração das diversas ciências. Esta corrente de pesquisa chegou, com autores como Henri Poincaré e Pierre Duhem, a uma filosofia das ciências conhecida sob o nome de "convencionalismo", em que o lado "convencional" – ou "arbitrário" – do método científico foi sublinhado.

Este neokantismo francês (à época chamado de "neocriticismo" ou, simplesmente, "idealismo") caracterizou-se, também, pela vontade de conciliar o livre-arbítrio e o determinismo, cuja importância foi cada vez mais colocada em evidência pelos sucessos da ciência. Eis por que os neokantianos se dedicaram a mostrar os limites da ciência, de modo simultâneo, em seus métodos e em suas pretensões. Ao mostrar a autonomia do espírito eles tentaram encontrar a via que lhes permitiria afirmar a liberdade humana[10].

Convém ressaltar que esta filosofia não contradizia fundamentalmente o positivismo, tal como definido antes e cujas interpretações estreitas ela queria ultrapassar. Ao contrário, ela se opunha ao cientificismo, que afirmava que o método científico era a chave de um conhecimento ilimitado. Entretanto, é importante insistir no fato de que no espírito do público havia certa confusão, não somente entre positivismo e cientificismo, mas também entre neokantismo e espiritualismo.

Todas essas correntes se justapunham, e também podiam se combinar parcialmente. As perspectivas positivistas, e até cientificistas, estavam ainda muito fortes, nos anos 1870 e 1880. Elas

---

10  Cf. Dominique Parodi, *Du positivisme à l'idéalisme: Philosophies d'hier et d'aujourd'hui*, Paris: Vrin, 1930; Léon Brunschvicg, *L'Idéalisme contemporain*, Paris: Alcan, 1905. Sobre os laços entre as filosofias, reportar-se a Mary Jo Nye, *The Boutroux Circle and Poincaré's Conventionalism*, *Journal of the History of Ideas*, n. 40, 1979, p. 107-120.

eram reforçadas pelas teorias materialistas e evolucionistas, para as quais Darwin tinha dado um novo impulso[11]. Na verdade, o positivismo se combinava facilmente com o neokantismo na filosofia pessoal de muitos. Esta atitude era comum entre os que se filiavam ao oportunismo. Eram, aliás, os diversos governos oportunistas que mais apoiavam os neokantianos, na medida em que estes elaborassem uma filosofia necessária ao novo regime, em especial para estabelecer os fundamentos de uma moral secular – como explicarei adiante. Quase todos fariam belas carreiras, alguns (Boutroux, Poincaré) servindo como hipotéticos fiadores da seriedade de uma França oportunista.

A maioria dos homens de esquerda, inclusive Durkheim, ficou conhecida pela inspiração que tirou de Comte e do positivismo. Entretanto, este não podia se confundir com as ideologias de esquerda: os conservadores também adotavam a perspectiva positivista para guiar seus trabalhos de pesquisa. Le Play e seus discípulos foram um belo exemplo disso. Eles desejaram ancorar suas doutrinas católicas e conservadoras na observação positiva da ordem social.

Dominique Parodi, testemunha desses movimentos, fez uma boa análise deste "tradicionalismo por meio do positivismo" defendido, por exemplo, por Paul Bourget, Charles Maurras, Maurice Barrès, Eugène Melchior de Vogüé e Ferdinand Brunetière[12].

Mas, em geral, os conservadores pendiam a se desviar das ciências positivas que os republicanos adotavam como pedra angular de uma sociedade melhor. Assim, na Sorbonne, o "partido intelectual" (incluindo os positivistas e racionalistas, Ernest Lavisse, Charles Seignobos e Émile Durkheim) tornou-se o símbolo da República que a direita odiava. Por consequência, nasceu uma forte corrente antirracionalista e antipositivista que, na virada do século XIX, atraiu uma crescente proporção da juventude[13].

---

11  Por exemplo, Brunetière tentou introduzir o evolucionismo nos estudos literários: Charles Darwin: Sa méthode, *Revue politique et littéraire*, 29 avril 1882, p. 518-524.

12  D. Parodi, Traditionalisme et positivisme, *Revue de synthèse historique*, n. 13, 1906, p. 265-287.

13  Um bom exemplo é Péguy. Ele teve, por sua vez, uma grande ascendência sobre a juventude. O caso do geógrafo Raoul Blanchard deve ser citado. Ver, deste último, *Ma jeunesse sous l'aile de Péguy*, Paris: A. Fayard, 1961.

Os mais conservadores dos republicanos desenvolveram a orientação espiritualista e neovitalista do kantismo de Lachelier. Henri Bergson afirmou-se rapidamente como o mais famoso representante dessa corrente filosófica. Suas críticas a Kant, sua ênfase na intuição, na duração e na criatividade da vida tornaram-no popular nos meios antirracionalistas (com frequência, conservadores)[14]. No entanto, é preciso ressaltar que, ao contrário da opinião que tendeu a se generalizar, ele não contestou as ciências positivas, apenas quis descrever tudo o que a metafísica poderia acrescentar ao conhecimento.

Assim, após este breve sobrevoo do estado complexo da filosofia durante a Terceira República, observa-se a prevalência de um meio filosófico idealista, quase sempre neokantiano, que procedia da ideologia republicana e favorecia o desenvolvimento das ciências positivas, tentando também valorizar o lugar da liberdade humana.

## Ciência e Moral Republicana

A questão da rejeição, pelos republicanos, das éticas espiritualistas e católicas originárias do Segundo Império e do partido da realeza era, na época, de primeira importância, ainda mais que essas velhas correntes prolongavam-se sob a forma de diversas filosofias tradicionalistas e de um catolicismo renovado no fim do século XIX. Os recursos à ciência e ao kantismo, já mencionados, eram, então, utilizados pelos republicanos para lançar as bases de uma nova filosofia moral. Eles visavam estabelecer os fundamentos de uma moral secular na qual o dever, o individualismo, o racionalismo, a liberdade, assim como a solidariedade social e nacional deviam ser valores-chave. Divergências importantes só surgiam quanto ao tema do nacionalismo: aqueles que se situavam mais à esquerda, embora patriotas, eram internacionalistas e pacifistas e se opunham aos que exaltavam, acima de tudo, a nação francesa.

---

14 Assim, Jacques Chevalier procura mostrar como o pensamento de Bergson converge com o cristianismo: J. Chevalier, *Entretiens avec Bergson*, Paris: Plon, 1959. Sobre a admiração por Bergson, cf. G. Guy-Grand, *Une philosophie de la vie*: M. Henri Bergson, *La Vie*, n. 1, 1912, p. 342-345, 374-377.

O encorajamento de um conhecimento positivo e racional formava a unanimidade. Era, portanto, sob a bandeira da ciência que os republicanos conduziam com persistência sua guerra contra "superstições" tidas como capazes de oprimir o povo e, por consequência, travar o avanço para uma sociedade melhor. A ciência, por seu método, seus resultados e sua prática, devia insuflar uma verdadeira ética patriótica[15]. Exaltava-se também a ciência como base do progresso. Contudo, é útil distinguir, para a clareza deste trabalho, duas tendências maiores na pesquisa dos fundamentos de uma moral republicana. Como não diferiam de modo radical, mas usualmente se combinavam no espírito das pessoas da época, elas devem ser vistas como dois polos nas reflexões morais do tempo.

Inicialmente, o idealismo kantiano deve ser mencionado. Ele constitui, com efeito, a tendência mais importante, pois se expandiu rapidamente no ensino público. Ainda aqui, Lachelier pode ser considerado um dos principais iniciadores desta corrente filosófica. Por seu posto na École Normale (1864-1874), por sua ação como inspetor de instrução secundária e, com certa regularidade, como presidente ou vice-presidente de júris dos concursos de agregação, ele contribuiu grandemente para a difusão do neokantismo no seio da elite intelectual e nas aulas de filosofia dos liceus. Renouvier também é reconhecido por ter exercido uma influência importante neste movimento. Após 1870, surgiram algumas teses maiores que tiraram sua inspiração de Kant (em especial as de Boutroux e de Désiré Nolen, que difundiram as ideias de Kant por meio de um ensino próprio). Essa difusão ultrapassou, e muito, o mundo dos intelectuais. Os cursos de filosofia dados nos liceus acabaram por se basear essencialmente no kantismo, naquilo que diz respeito à moral, e isso em menos de duas décadas[16]. A moral de Kant

15 H. Chatreix, Une morale d'État, em C. Bouglé (dir.), *Encyclopédie française, v. 15: Éducation et instruction*, Paris: Larousse, 1939. Ver também, L. Poincaré, *Éducation, science, patrie*, Paris: Flammarion, 1926.
16 Sobre essa difusão do neokantismo, reportar-se a Claude Digeon, *La Crise allemande de la pensée française, 1870-1944*, Paris: PUF, 1959, p. 334-335. Cf. Henri Vaugeois, *La Morale de Kant et l'Université de France*, Paris: Nouvelle Librairie Nationale, 1917; Charles-Alexandre Vallier, *L'Intention morale*, Paris: G. Baillière, 1882; e sobre a influência de Renouvier cf. A. Thibaudet, Réflexions, *Nouvelle revue française*, n. 35, 1930, p. 542-554. Boutroux e Nolen são os autores, respectivamente, das obras *De la contingence des lois de la nature*, Paris: G. Baillière, 1874 e *La Critique de Kant et la métaphysique de Leibnitz*, Paris: G. Baillière, 1875.

A BUSCA DE UMA NOVA ORDEM SOCIAL

oferecia a vantagem de ser concebida como independente do cientificismo e das religiões reveladas. Ela recorria muito à ideia de dever e baseava-se na razão, que pertence a todos os seres racionais. As leis morais podiam, então, ser compartilhadas por todas as pessoas responsáveis e racionais.

O sucesso dessa corrente idealista foi tanto que os manuais de moral utilizados na escola laica primária (o tema era objeto de um curto ensinamento oferecido no início de cada dia letivo) veicularam esse gênero de idealismo a despeito da inspiração positivista dos reformadores políticos[17]. De fato, o positivismo não oferecia facilmente uma ética conveniente para um país desejoso de estabelecer a democracia, isto é, de desenvolver o sentido da responsabilidade individual baseada na consciência e na racionalidade de cada um. Sobretudo a moral idealista difundida na escola tinha a vantagem de não romper com as éticas tradicionais (cristãs).

Aliás, os autores dos manuais, amiúde, eram antigos protestantes, como Félix Pécaut e Ferdinand Buisson. Na época, o protestantismo era bem visto pelos liberais, pois não estava marcado pela pesada herança que o catolicismo tinha deixado na França[18]. Manuais como *Le Tour de la France par deux enfants*, o livro de leitura mais famoso do nível primário, ilustravam o tema difundido do laço estreito existente entre o nacionalismo, de um lado, e o conhecimento e o uso do solo, de outro – tema já mencionado no capítulo precedente[19]. Pela instrução que alguém se tornaria habilidoso, que alguém poderia extrair de um país todas as suas riquezas potenciais, mesmo que este alguém fosse pobre. Os autores da obra escrevem no prefácio:

17  J. Eros, The Positivist Generation of French Republicanism, *The Sociological Review*, v. III, n. 2, p. 272.

18  Ferdinand Buisson; Charles Wagner, *Libre pensée et protestantisme libéral*, Paris: Fischbacher, 1903; F. Buisson, *La Foi laïque*, 2 ed., Paris: Hachette, 1913. Uma excelente discussão da moral kantiana é fornecida por uma testemunha da época: A. Fouilléé, Le Neo-kantisme en France, *Revue philosophique*, n. II, 1881, p. 1-45.

19  G. Bruno (pseudônimo de Madame A. Fouillée), *Le Tour de France par deux enfants*, Paris: E. Belin, 1877 (numerosas reimpressões). Sobre o alcance dessa obra, ver Aimé Dupuy, Histoire sociale et manuels scolaires: Les livres de lecture de G. Bruno, *Revue d'histoire économique et sociale*, n. 31, 1953, p. 128-151; e sobretudo J. Ozouf; M. Ozouf, Le Tour de la France par deux enfants. Le petit livre rouge de la République, em P. Nora (org.), *Les Lieux de mémoire*, t. I, Paris: Gallimard, 1984-1992, p. 291-321.

Ao relatar as corajosas viagens, através da França, de dois meninos que saem da Lorraine, nós quisemos mostrar como cada criança na França pode alcançar o sucesso fazendo bom uso das riquezas de seu país e como, mesmo nos lugares em que o solo é pobre, ela consegue, por meio de seu trabalho e de sua perseverança, torná-lo o máximo possível produtivo.

A importância ideológica da geografia se revelava mais uma vez. De fato, parece que toda uma ética nacionalista tinha se ancorado no amor às qualidades intrínsecas da pátria, no desenvolvimento de suas possibilidades e no gênero de vida que daí resultava. Encontram-se tais ideias sobre as relações homem-meio nos escritos de Maurice Barrès, que são característicos do nacionalismo francês na virada do século XIX. Já Renan, quando tentava definir o que era uma nação, exprimia ideais semelhantes. Sua definição tinha sua fonte em considerações geográfico-culturais que já assinalamos nos trabalhos de Vidal de la Blache e sobre as quais retornaremos[20].

A segunda tendência maior na pesquisa dos fundamentos de uma moral republicana era mais claramente positivista. Vários homens de esquerda pensavam, de fato, que a moral devia ser gradualmente substituída por uma física social dos costumes, que devia acabar por se integrar completamente na sociologia. Eles acreditavam que existia uma realidade moral, observável no seio dos diversos fatos sociais, como as crenças, os costumes, as leis, as sanções legais etc. Numerosos radicais e socialistas compartilhavam e pregavam esse ponto de vista. Com frequência, eles estavam ligados, direta ou indiretamente, a Durkheim, no qual eles encontravam certa inspiração. Os mais conhecidos seriam Albert Bayet, influente nos meios radicais e socialistas, e Lucien Lévy-Bruhl. Este último era um eminente discípulo de Durkheim para quem a moral era um dado e devia ser tratada como tal. Então, a moralidade não exigia mais fundamento racional do que a natureza "no sentido físico do termo". Assim como para o físico, que não procura jamais

---

20  M. Barrès, *Les Déracinés*, Paris: E. Fasquelle, 1897; e idem, *La Terre et les morts* (*Sur quelles réalités fonder la conscience française*), Paris: La Patrie Française, 1899; Ernest Renan, *Qu'est-ce qu'une nation?*, Paris: C. Lévy, 1882; e, por exemplo, P. Vidal de la Blache, *Discours: Distribution des prix* (*Lycée Buffon* ), Paris: A. Quelquejeu, 1905.

A BUSCA DE UMA NOVA ORDEM SOCIAL

estabelecer o que as leis da natureza devem ser, mas se questiona simplesmente o que elas *são*. Para o especialista da ciência da moral, "não há lugar para ditar, em nome da teoria, as regras da moral prática"[21].

Esta abordagem sociológica da moral não tinha sempre uma forma tão extrema. Ela era, por sinal, muito criticada pelos espiritualistas e por aqueles que se inspiravam no neokantismo – os escritos de Bayet e de Lévy-Bruhl eram seus alvos favoritos. Entre as críticas, podiam-se notar as de Alfred Fouillée. Seus argumentos, fundamentados na distinção entre a moral social e a moral individual, enfatizavam o fato de que as escolhas morais não eram inteiramente determinadas por uma sociedade particular, mas também se baseavam em um ideal moral. Fouillée escrevia assim:

O conteúdo particular e concreto do ideal moral é provavelmente sempre relativo a uma condição dada da sociedade, mas o ideal moral, por sua universalidade, e, sobretudo, pelo caráter soberanamente *imperativo*, segundo Kant, soberanamente *persuasivo*, a nosso ver, ultrapassa o contexto atual de nossas ideias práticas, de nossas máximas sociais e de nossa estrutura social.[22]

Boutroux, que era muito interessado pelo progresso científico, insistia mais que Fouillée na utilidade das ciências naturais e humanas para o desenvolvimento de uma moral mais realista (isto é, aplicável), mas pensava que "as ciências positivas não podem absorver a moral" – esta última guardando um caráter vago e inalcançável, que não podia ser colocado em nenhuma camisa de força[23].

Na prática, no espírito das pessoas, as duas tendências que acabam de ser identificadas como tentativas para dar os fundamentos à nova moral republicana costumavam se misturar em diversos graus. Numerosos eram aqueles que pareciam inclinar-se a favor do ponto de vista idealista por causa de seu ceticismo sobre o sucesso que os sociólogos deveriam mostrar em suas

---

21  L. Lévy-Bruhl, *La Morale et la science des mœurs*, Paris: Alcan, 1903, p. 99. Cf. A. Bayet, *La Morale scientifique*, 2. ed., Paris: Alcan, 1907; e idem, *La Science des faits moraux*, Paris: Alcan, 1925.

22  A. Fouillée, La Science des mœurs, remplacera-t-elle la morale?, *Revue des deux mondes*, 1º octobre 1905, p. 549.

23  E. Boutroux, Préface, *Morale sociale*, Paris: Alcan, 1899, p. x.

funções. O próprio Durkheim, prudente, qualificava sua filosofia de racionalismo e Berthelot, símbolo da fé republicana na ciência, reconhecia a dívida que tinha com Platão e Kant e distinguia uma "moral positiva" de uma "moral ideal" – esta última fazendo eco aos seus conceitos de "ciência positiva" e "ciência ideal"[24]. Numerosos socialistas também pertenciam a uma tradição idealista. Até quando o pensamento de Karl Marx foi introduzido na França, nos anos 1870, a maior parte dos socialistas tentou integrar o marxismo ao quadro idealista tradicional. Foi o que fizeram Jean Jaurès, Charles Andler e Lucien Herr (o bibliotecário da E.N.S). Entretanto, ocorreu um cisma entre os "possibilistas" (como eram chamados) e os marxistas "guesdistas" (a partir do nome de seu chefe, Jules Guesde). A coincidência que existe no uso de um mesmo termo – "possibilista" – entre os socialistas e entre os geógrafos vidalianos, merece ser notado. Embora provavelmente fortuita, atrai a atenção sobre as tendências idealistas dos dois grupos.

Os intelectuais ou cientistas que defendiam uma moral de base puramente científica eram pouco numerosos: tratava-se de positivistas estritos, como Bayet e Lévy-Bruhl, ou de "materialistas", como eram designados, cujas visões sobre a evolução faziam-nos crer na ciência como meio de resposta definitiva para todas as questões. Era, em especial, o caso de Charles Letourneau e de André Lefèvre, associados à escola de antropologia de Paris, onde reinavam o materialismo e o evolucionismo. Foi, sem dúvida, contra estes gêneros de crenças – ou melhor, contra a forma estereotipada que o grande público tinha delas – que se insurgiram os arautos da "falência da ciência". A controvérsia assumiu importância, em 1895, sob o impulso de Brunetière, à qual os homens de ciência Claude Richet e Berthelot trouxeram as réplicas mais célebres[25]. O ponto importante dessa

---

24 M. Berthelot, La Science idéale et la science positive, publicado em 1863, reproduzido em *Science et philosophie*, Paris: Calman-Lévy, 1886, p. 1-40; e, do mesmo autor, La Science et la morale, *Revue de Paris*, 1º février 1895, p. 449-469. Entre os durkheimianos, Bouglé se singularizava por sua utilização do quadro neokantiano: C. Bouglé, *Essai sur le régime des castes*, Paris: Alcan, 1908; idem, *Les Idées égalitaires*, Paris: Alcan, 1899; e idem, *Leçons de sociologie sur l'évolution des valeurs*, Paris: A. Colin, 1922.

25 Ferdinand Brunetière, Après une visite au Vatican, *Revue des deux mondes*, 1º janvier 1895, p. 97-118; Charles Richet, La Science a-t-elle fait banqueroute?, *Revue scientifique*, n. 3, 1895, p. 38-39; M. Berthelot, La Science et la morale, *Revue de* ▶

controvérsia não foi tanto o fato de ela constituir uma contestação da própria ciência, mas uma reação contra a supremacia da ideologia radical, cientificista e racionalista. Com efeito, os republicanos radicais tornaram-se mais apressados do que nunca para reforçar suas posições, por causa da crescente infiltração de ideologias opostas (sobretudo cristãs) em seu campo tradicional. Isso pode explicar o "atraso cultural" entre as ideias cientificistas, às quais os políticos só tinham uma fidelidade ritual, e a filosofia das ciências da época, que tinha, há muito tempo, tornado o cientificismo *démodé*, como explicado anteriormente. Como consequência, o regime relegou vários homens de ciência católicos a postos de trabalho que não corresponderam plenamente aos seus talentos. Tal pode ter sido, talvez, o caso de Pierre Duhem, que fez carreira na província (Bordeaux), Albert de Lapparent, no Institut Catholique de Paris e, sem nenhuma dúvida, Paul Tannery, cujos repetidos fracassos na obtenção de uma cadeira de história geral das ciências, no Collège de France, foram deliberadamente arranjados pelos ministérios da época. Esta esteve sob o controle dos radicais, que preferiram designar para o posto Pierre Lafitte, chefe da igreja comtista, e, depois, Grégoire Wyrouboff, antigo colaborador de Littré[26].

O sucesso crescente das filosofias neovitalistas, na virada do século XIX, deve ser mencionado aqui. Embora nem sempre dirigidas contra a ciência, elas foram quase sempre interpretadas como tais. Foi certamente o caso do bergsonismo. Mesmo havendo reações parciais contra o kantismo, estas filosofias podiam facilmente ser aceitas pelos republicanos moderados, desde que fossem percebidas como uma continuação do

---

▷ *Paris*, p. 449-469. Para perspectivas adicionais reportar-se a Harry W. Paul, The Debate Over the Bankruptcy of Science in 1895, *French Historical Studies*, v. 5, n. 3, 1968, p. 299-327; e Henry E. Guerlac, Science and French National Strength, Edward M. Earle (org.), *Modern France*, Princeton: Princeton University Press, 1951.

26  Ver H.W. Paul, The Debate Over the Bankruptcy of Science in 1895, *French Historical Studies*, v. 5, n. 3, p. 299-327; idem, Scholarship and Ideology: The Chair of the General History of Science at the College de France, 1892-1913, *Isis*, v. 67, n. 238, 1976, p. 376-397. Sobre as concepções religiosas de Lapparent, ver seu prefácio no v. 2 de Louis Murat, *L'Idée de Dieu dans les sciences contemporaines*, 2 ed., Paris: P. Téqui, 1909; e suas obras tentando conciliar ciência e religião: *Science et apologétique*, Paris: Bloud, 1905; e *La Providence créatrice*, Paris: Bloud, 1907.

espiritualismo de Lachelier, em que a existência de alguma força teleológica ou de um pensamento organizador em ação no mundo fosse reconhecida. Os temas, caros aos republicanos, de liberdade e de criatividade, continuavam no centro das atenções.

As considerações precedentes sobre a ciência e os fundamentos da moral permitiram precisar o contexto filosófico geral no qual se desenvolveu a geografia e no qual ela pôde se alimentar. As implicações mais imediatas deste contexto serão examinadas em seguida.

## A BUSCA DE UMA NOVA FILOSOFIA SOCIOECONÔMICA

A instabilidade (econômica, social e política) crônica da França desde o fim do século XVIII suscitou numerosas reflexões sobre suas causas e os meios de remediá-la. Além dos escritos que glorificaram o reino do liberalismo, notaram-se numerosos trabalhos propondo reformas baseadas na revisão dos princípios de 1789. Estes, pela ênfase que colocaram no indivíduo e no Estado, em detrimento de todas as outras unidades sociais, foram tidos como responsáveis pela desorganização social do século XIX. Consequentemente, toda uma série de pensadores se orientou para a pesquisa de uma ordem orgânica susceptível de substituir o sistema atomista e "jacobino", que, até então, prevaleceu na sociedade francesa. Não é necessário dizer que esta corrente de pensamento alimentou a reflexão social que deu nascimento à sociologia[27]. As críticas se dirigiram, acima de tudo, contra a centralização estatal (o jacobinismo) e o liberalismo econômico.

Neste contexto, o sucesso das ideias antiutilitaristas assumiu todo o seu significado. Assim, em uma obra principal, Élie Halévy, intelectual muito conhecido à época, realizou um exame crítico da doutrina utilitarista e demonstrou como a tentativa

---

27  Esse aspecto característico do pensamento francês foi bem enfatizado por Robert A. Nisbet, *The Social Group in French Thought*, tese de doutorado não publicada, Universidade da Califórnia, Berkeley, 1939. Ver, também sua obra *The Quest for Community: A Study in the Ethics of Order and Freedom*, New York: Oxford University Press, 1953; e Henry Michel, *L'Idée de l'État, essai critique sur l'histoire des théories sociales et politiques en France depuis la Révolution*, Paris: Hachette, 1896.

A BUSCA DE UMA NOVA ORDEM SOCIAL    117

desta de construir uma ciência do homem fracassou. Isto ocorreu, em sua essência, porque as hipóteses de base (relacionadas com os profundos "instintos" humanos) não foram fundamentadas sociologicamente[28]. Ao longo do século XIX, mais em seu final, houve um esforço particular de caracterização do social, sobretudo em relação ao econômico.

Como a geografia humana nasceu nesse contexto, é bem provável que ela tenha tomado parte ou, pelo menos, que tenha reproduzido os debates e o desafio que ele impunha. É o que as linhas seguintes vão confirmar.

## As Orientações Tradicionalistas

As orientações tradicionalistas foram muito variadas e, embora alguns autores do começo do século XIX fossem qualificados de "retrógrados" ou de "tradicionalistas", os que se voltaram para o Antigo Regime, a fim de nele procurar inspiração, não foram sempre conservadores.

Certamente, houve aqueles que propuseram um retorno ao antigo regime. Na realidade, seu modelo se alimentou mais na Idade Média do que em qualquer outro período histórico. Eles negaram a prioridade do indivíduo e a supremacia do Estado. Somente a pluralidade das autoridades faria reinar uma ordem na sociedade. Apenas o Estado (contrariamente aos princípios colocados em 1789) não era suficiente: unidades intermediárias deviam existir entre ele e o indivíduo. Estes grupos eram primeiro a família, em seguida a Igreja e diversas associações. Joseph de Maistre (1753-1831) e, principalmente, Louise-Gabriel-Ambroise Bonald (1754-1840) eram considerados os iniciadores desta corrente de pensamento social[29]. Todavia, no final do século XIX, essas ideias agrupavam poucos seguidores, pois elas se recusavam a levar em conta as transformações trazidas pela revolução industrial.

28  E. Halévy, *La Formation du radicalisme philosophique*, Paris: Alcan, 1901-1904, 3 v.
29  J. de Maistre, *Considérations sur la France* (*Nouvelle édition*): *Essai sur le principe générateur des constitutions politiques et des autres institution humaines*, 3. ed., Paris: Potey, 1821; L. de Bonald, *Théorie du pouvoir politique et religieux dans la sociéte civile, démontrée par le raisonnement et par l'histoire*, 1796, 3 v. (reedição: Paris: A. Le Clère, 1843, 3 v.).

Foi precisamente Lamennais (1758-1854) que lançou uma corrente, a do catolicismo social, que levou em conta a industrialização e as mudanças sociais que ela exigiu[30]. A orientação mais realista levou-o a insistir no princípio da liberdade do grupo, mais do que no conceito cardinal de autoridade de acordo com Bonald. Em nome deste princípio, Lamennais propôs reformas como a liberdade da Igreja, a liberdade de associação, a liberdade de educação (em oposição ao controle do Estado) e a descentralização do poder (nas unidades administrativas locais). Essas ideias foram retomadas e desenvolvidas pelos líderes católicos, como Albert de Mun (1841-1914) e La Tour du Pin (1834-1924), por volta do final do século XIX. Eles escreviam na Association Catholique, fundada em 1876, e propunham como solução um regime corporativo. Não somente a família seria reanimada e reabilitada como unidade indissolúvel (eles se pronunciavam contra o divórcio), mas também a vida corporativa das épocas passadas devia ser restaurada, pois a família sozinha não podia assegurar uma segurança suficiente face às incertezas da vida industrial. Eles sustentavam que as funções e os direitos importantes deviam ser concedidos a diversos organismos, como a Igreja, as universidades e, acima de tudo, os corpos profissionais. Os sindicatos seriam o objeto de uma atenção particular. O catolicismo social queria ver aí uma versão moderna das corporações das profissões do Antigo Regime, nas quais empregadores e empregados se uniam para assegurar os interesses da profissão e a segurança dos membros. No leque político da época, os reformistas católicos-sociais estavam, sem ambiguidades, associados à direita. Assim, Albert de Mun se destacou: primeiro, participando ativamente no esmagamento da Comuna; depois, como deputado, dedicando-se à defesa do catolicismo. Ele professou opiniões monarquistas, apoiou Boulanger, opôs-se à política colonial, ao socialismo de Estado, mas também ao *laissez-faire*, e fez campanha a favor do conceito de corporação (em particular no que se referiu aos sindicatos operários)[31].

---

30  Cf. Eugène Spuller, *Lamennais, étude d'histoire politique et religieuse*, Paris: Hachette, 1892.

31  A. de Mun, *Ma vocation sociale: Souvenirs de la fondation de l'œuvre des Cercles catholiques d'ouvriers (1871-1875)*, Paris: P. Lethielleux, 1911. Cf. Marc Sangnier, *Albert de Mun*, Paris: F. Alcan, 1932; Jacques Piou, *Le Comte Albert de Mun, sa vie publique*, Paris: Editions "Spes", 1925; Parker Thomas Moon, *The Labor* ▶

A BUSCA DE UMA NOVA ORDEM SOCIAL

Frédéric Le Play (1806-1882) foi o instigador de outra orientação. Ele também se interessou pela organização da sociedade francesa, mas pensava que toda transformação devia basear-se em um conhecimento profundo da realidade social. Para isso, ele elaborou um método particular, que lhe valeu ser reconhecido atualmente como um dos fundadores dos estudos sociológicos. Ele denominou seu método, que se baseou em parte em medidas de orçamentos, "a observação dos fatos sociais"[32].

Para simplificar, pode-se dizer que a ideia de Le Play era destacar os elementos problemáticos da sociedade francesa e examinar, em seguida, outros países onde estes elementos estavam presentes, mas não geravam problemas. A instituição que regia tais elementos podia, então, ser adotada e aplicada ao caso francês. Já se mencionou que Le Play e seus discípulos se voltaram amiúde para a Inglaterra; mas outros países também foram utilizados como modelos em função do problema considerado. Por tal perspectiva, a França poderia tirar proveito das experiências dos outros povos e evitar os inconvenientes dos sistemas *a priori*. Sabe-se que Le Play distinguia três grandes tipos de organização familiar: a família patriarcal, a família instável e a família particularista, ou família-tronco. Ele recomendaria o último tipo para a França, pois lhe parecia o mais compatível com o ambiente social e físico deste país, assim como com suas próprias convicções católicas. Mas, contrariamente ao catolicismo social, Le Play não acreditava muito no impacto que podia ter um restabelecimento das associações profissionais – ideia que considerava panaceia desgastada. Além disso, não se opunha ao capitalismo e à liberdade de trabalho. Ele tinha, aliás, uma inclinação para

---

▷ *Problem and the Social Catholic Movement in France*, New York: Macmillan, 1921.

32 Uma análise interessante do método de Le Play é aquela de Maurice Vienes, *La Science sociale d'après les principes de Le Play*, Paris: Giard et Brière, 1897, 2 v. Ver também a apresentação feita nas páginas 63-69 de Pitirin Aleksandrovič Sorokin, *Contemporary Sociological Theories*, New York: Harper and Brothers, 1928 (tradução francesa: *Les Théories sociologiques contemporaines*, Paris: Payot, 1938). As principais obras de Le Play são: *Les Ouvriers européens*, Paris: Imprimerie Impériale, 1855; *La Réforme sociale en France, déduite de l'observation comparée des peuples européens*, Paris: Plon, 1864, 2 v.; *L'Organisation de la famille*, Paris: Téqui, 1871; *La Réforme en France*, Tours: A. Mame, 1876; e *Constitution essentielle de l'humanité*, Tours: A. Mame, 1881.

favorecer apenas alguns agrupamentos na sociedade, ou seja, as unidades administrativas locais e as "corporações" científicas e literárias, como aquelas que existiam na Grã-Bretanha. Sua crítica ao individualismo e à onipotência do Estado o aproximava, todavia, dos católicos sociais[33]. Contudo, a diferença que subsistia entre estas duas orientações mantinha Le Play e seus partidários afastados da extrema-direita, no contexto político da época.

Em 1856, Le Play fundou a Société d'Économie Sociale, com o objetivo de propagar suas ideias e de propor as reformas da sociedade francesa. Posteriormente à tormenta de 1870-1871, ele desempenhou um papel importante na criação, em 1872, de outro tipo de associação reformista, com uma estrutura descentralizada: as Unions de la Paix Sociale. Em 1881, um ano antes de sua morte, Le Play organizou uma revista comum às duas associações: *La Réforme sociale*. Ela alcançava um vasto público, ainda que vários assinantes e autores não compartilhassem plenamente as ideias de Le Play. O que os unia era uma preferência pela abordagem empírica dos problemas, a desconfiança em relação às teorias preconcebidas e uma visão conservadora das coisas. O próprio Le Play tinha especificado que era a religião – e não necessariamente o catolicismo – que constituía a base de toda sociedade. A título de exemplo, entre os autores que colaboravam na *La Réforme sociale*, em 1890, observavam-se autênticos discípulos de Le Play, assim como simpatizantes (por exemplo, Georges Picot), entre os quais alguns eram membros eminentes da Société de Géographie de Paris (Émile Cheysson, Antoine d'Abbadie e Émile Levasseur). Conferências também eram organizadas no quadro da revista para convidados que, certamente, não deviam ser fundamentalmente hostis à filosofia do grupo; entre os conferencistas, Vidal de la Blache[34]. Esse gênero de abordagem empírica, antirradical e antissocialista da melhora da sociedade floresceu, por sinal, no quadro de

---

33  Para um resumo de suas proposições, cf. *La Réforme sociale en France*, v. 3, p. 630-634. Cf. Andrée Michel, Les Cadres sociaux de la Doctrine morale de Frédéric Le Play, *Cahiers internationaux de sociologie*, n. 34, 1963, p. 47-68.

34  P. Vidal de la Blache, Les Pays de France, *La Réforme sociale*, n. 48, septembre 1904, p. 333-344.

numerosas associações que foram criadas ao final do século XIX (Ligue contre la Licence des Rues, Comité de Défense et de Progrès Social, Société Protectrice de l'Enfance, Ligue de Liberté d'Enseignement etc.).

Um desvio interessante em relação à corrente principal leplayista deve ser assinalado: o grupo animado por Edmond Demolins e o abade Henri de Tourville. O cisma se produziu em 1886, quando a maioria dos discípulos de Le Play obrigou Demolins a pedir demissão de seu posto de diretor da publicação *La Réforme sociale*. Seus amigos e ele próprio foram acusados de negligenciar a ação social e prática, favorecendo uma pesquisa muito teórica e intelectual; também sofreram críticas ao grande individualismo nas reformas que propuseram. O novo grupo se organizou imediatamente em torno de uma revista, *La Science sociale* (mais tarde, em 1904, ele fundou a Société Internationale de Science Sociale)[35]. Seus membros foram muito ativos e propuseram, entre outras coisas, uma "Nomenclatura dos fatos sociais" para facilitar a pesquisa social e científica.

A propósito, cabe observar o interesse que Hippolyte-Adolphe Taine manifestou pelo pensamento de Le Play. Ele assistiu, regularmente, às conferências de Demolins, feitas na sede da Société de Géographie de Paris[36]. Embora fosse considerado um dos líderes do liberalismo sob o Segundo Império, fez figura de conservador durante a Terceira República. E continuou a utilizar seu método empírico para criticar e tentar demolir as ideias dogmáticas dos republicanos que o radicalismo inspirava, assim como procedera antes contra o catolicismo dogmático. Ele se reuniu assim aos discípulos de Le Play para denunciar o que de fato contribuíra para fazer o renome da França fora de suas fronteiras, a saber, a elaboração de uma concepção racionalista do homem, da sociedade e da história[37].

---

35  Os dois grupos fundiram-se em 1936.

36  *Dictionnaire de biographie française*, v. 10, Paris: Letouzey, 1965, p. 995. Ver também a carta de Taine a Alexis Delaire, publicada como prefácio para: Société d'Economie Sociale et Unions de la Paix Sociale, *La Réforme sociale et le centenaire de la Révolution*, Paris: La Réforme Sociale, 1890.

37  H.-A. Taine, *Les Origines de la France contemporaine*, Paris: Hachette, 1876-1894, 8 v. Essa mudança da situação de Taine no tabuleiro ideológico da França é analisado por C. Digeon, op. cit., p. 215-234.

O caso de Taine revela a mudança profunda da estrutura ideológica francesa que, a partir dos anos 1890, viu certos republicanos de orientação empírica e conservadora (por oposição aos radicais e socialistas) aproximando-se dos adversários tradicionais da República. Foi quando novas orientações apareceram, na esperança de remediar a desorganização social. De uma parte, o tema mais ou menos tradicionalista do retorno a laços mais estreitos com a terra teve um sucesso notável. Ele foi, em geral, parelho com o nacionalismo (como já assinalado) e, com frequência, com ideologias francamente de direita. Foi o que bem ilustrou Barrès, não apenas um escritor, mas também um homem político ativo, próximo das ideias corporativistas de Albert de Mun[38].

Por outro lado, a adesão progressiva (que se iniciou em torno de 1890) da Igreja Católica à Terceira República deu origem a uma nova política de direita, que não era toda antirrepublicana, assim como a novos grupos de esquerda. Em seguida à encíclica *Rerum Novarum*, de Leão XIII, o catolicismo social conheceu uma retomada de popularidade, como mostrado pelo movimento das "Semanas Sociais", fundado em 1904 por Henri Lorin e Marius Gonin. Entre os católicos mais à esquerda, quase sempre chamados "democratas cristãos", destacou-se o movimento lançado, em 1906, por Marc Sangnier: Le Sillon (O Sulco). Este grupo chegou a pleitear a abolição da divisão entre o patronato e os assalariados. Le Sillon foi dissolvido em 1910, quando suas teses mais avançadas foram condenadas pelo novo papa Pio X. Jean Brunhes (discípulo de Vidal de la Blache) tomou parte ativa na vida desse grupo e foi – junto com seu irmão, Bernard, o futuro físico – ensinar aos trabalhadores nos bairros operários. Após a Primeira Guerra Mundial, propuseram-lhe a presidência de um partido democrata (cristão)[39].

Tanto quanto outras tendências tradicionalistas, esses católicos estavam a favor do fortalecimento dos grupos sociais; mas

---

38  Cf. Michael Curtis, *Three Against the Republic: Sorel, Barrès and Maurras*, Princeton: Princeton University Press, 1959.

39  Jean-Brunhes Delamarre, *Les Géographes français*, Paris: Bibliothèque Nationale, 1975, p. 49-80 (Comité des travaux Historiques et Scientifiques, Bull. de la Section de Géographie, LXXXI). Cf. Jean Brunhes; Henriette Brunhes, *Ruskin et la Bible: Pour servir à l'histoire d'une pensée*, Paris: Perrin, 1901. Sobre Le Sillon reportar-se a Jeanne Caron, *Le Sillon et la démocratie chrétienne (1894-1910)*, Paris: Plon, 1966.

tentavam adaptá-los às realidades econômicas que prevaleciam na virada do século XIX. Contudo, de fato, mesmo entre os radicais e os socialistas da época, desenhava-se um interesse crescente pela maneira de se dar à sociedade uma natureza mais orgânica. Saint-Simon e August Comte não tinham, eles próprios, repetido aos católicos que se interessavam em promover a reconstituição de grupos organizados? O vocabulário era diferente, mas os temas acusavam uma semelhança marcante. Estes republicanos se agrupavam em torno da ideia de "solidariedade social".

## As Ideias Solidaristas

As ideias solidaristas se levantavam contra o utilitarismo. Elas correspondiam às aspirações dos republicanos que eram sensíveis ao tema da desorganização social da França e que estavam desejosos de encontrar um compromisso entre o liberalismo econômico e o coletivismo, entre um Estado todo-poderoso e uma massa de indivíduos isolados. Para eles também o desafio residia no estabelecimento de uma nova ordem social mais orgânica.

No final do século XIX, a "solidariedade" tornou-se um conceito de moda que se vinculou, de fato, a filosofias muito diferentes, mas que teve a vantagem de ser uma panaceia para um problema sentido com profundidade. Pode-se, entretanto, dizer que este conceito foi mais particularmente adotado pelos republicanos de esquerda, de Gambetta, em 1870, aos radicais e aos socialistas na virada do século XIX. Léon Bourgeois, radicalista, colocou-o à frente quando assumiu a presidência do governo, em 1895-1896, e publicou suas ideias sobre política social – o solidarismo[40]. Sua teoria, síntese bastante pessoal e eclética de ideias solidaristas difundidas naquela época, era concebida para inspirar aplicações práticas. Seu objetivo era construir o que hoje se chama Estado-providência e promover instituições do tipo associação, para combater as injustiças que resultavam de uma sociedade na qual o indivíduo estava excessivamente isolado. Contudo, o solidarismo de Léon Bourgeois

---

40   L. Bourgeois, *Solidarité*, Paris: A. Colin, 1896.

não apelava a nenhuma justificação de ordem caritativa ou paternalista. Ele se baseava, de fato, em uma moral que misturava fundamentos naturais e racionais. A solidariedade era considerada um fenômeno natural que, todavia, não agia sempre em favor dos fracos e desafortunados. O solidarismo, portanto, deveria estar baseado em uma compreensão científica da solidariedade natural, a fim de que lhe fosse permitido oferecer correções racionais e voluntárias para as injustiças, e isto à luz do ideal moral.

O solidarismo encontrava uma parte de suas fontes em vários autores[41]. Entre os contemporâneos de Léon Bourgeois estavam filósofos idealistas, como Renouvier e Fouillée (que estudavam alguns dos aspectos legais da questão), do mesmo modo que mais positivistas, como Berthelot. É necessário mencionar o sociólogo Durkheim, para quem a solidariedade fornecia à moral um fundamento essencial. Este consistia em reconhecer os direitos do outro, refreando seu próprio egoísmo. As ideias de Durkheim seriam prolongadas, no plano jurídico, por Léon Duguit[42]. Os dois homens eram pelo reforço do sindicalismo, o qual forneceria à sociedade os grupos sociais de base. O solidarismo se beneficiou, também, do protestantismo social e do catolicismo social. Este último já foi mencionado; quanto ao outro, deu nascimento a um movimento em favor da cooperação, quer dizer, a difusão das cooperativas como forma socioeconômica de base. Charles Gide foi seu melhor porta-voz[43]. Além disso, os especialistas das ciências naturais e aqueles das ciências humanas procuravam demonstrar que a associação e não a concorrência, tal como apresentada por Darwin, constituía a característica de toda vida. Os escritores

---

41 J.E.S. Hayward, Solidarity: The Social History of an Idea in Nineteenth Century France, *International Review of Social History*, v. 4, 1959, p. 261-284; e idem, The Official Social Philosophy of the Third Republic: Léon Bourgeois and Solidarism, *International Review of Social History*, v. 6, 1961, p. 19-48 (Entretanto, Hayward negligencia a influência do tradicionalismo).

42 É. Durkheim, *De la division du travail social*, Paris: Alcan, 1893; J.E.S. Hayward, Solidarist Sindicalism: Durkheim and Duguit, *Sociological Review*, nouvelle seérie 8, 1960, p.17-36; 185-202.

43 Cf. *Les Sociétés coopératives de consommation*, Paris: A. Colin, 1904; e idem, *La Coopération: Conférences de propagande*, 2. ed., Paris: L. Larose/L. Tenin, 1906. Cf. C. Gide; C. Rist, *Histoire des doctrines économiques depuis les physiocrates jusqu'à nos jours*, Paris: L. Larose/I. Tenin, 1909.

A BUSCA DE UMA NOVA ORDEM SOCIAL    125

da época insistiam, ainda, no fato de que uma solidariedade existia entre o passado, o presente e o futuro.

O solidarismo tinha seus adversários. Alguns eram socialistas muito à esquerda (como Georges Sorel ou os marxistas) e que não acreditavam na cooperação com a burguesia; outros eram conservadores. Estes apoiavam o *laissez-faire* ou se opunham à assimilação da solidariedade natural a um socialismo de Estado. Eugène d'Eichtal dirigia os ataques mais virulentos contra o solidarismo, com a ajuda de outros economistas – em geral, os colaboradores do *Journal des économistes*, entre os quais se destacava Levasseur[44].

Quais foram os resultados concretos das ideias solidaristas? Se eles foram variados, o mais notório foi, certamente, a proliferação de associações de todo tipo. Ela foi facilitada pela lei de 1884 (votada sob o ministério do gambettista Waldeck-Rousseau), que legalizou os sindicatos. Associações, tanto industriais quanto agrícolas, formaram-se por toda parte na França, aliás, para o grande prazer de Vidal de la Blache[45]. Ele era favorável à formação de associações de caráter econômico, pois pensava que elas constituíam o melhor meio de resistir à concorrência das grandes empresas. Os partidários do protestantismo social, como os do catolicismo social, encorajaram a criação de cooperativas e de associações de consumidores análogas àquelas que existiam nos Estados Unidos[46]. Outras associações, possuindo uma finalidade social particular, multiplicaram-se no fim do século XIX, muitas vezes encorajadas pelo governo. Foi assim que se criaram universidades populares, um museu social, uma associação de combate ao desemprego, e outra, filotécnica etc.[47] Algumas destas entidades operavam com uma base local, conduzindo ao exame

---

44   Cf. E. d'Eichtal et al., *La Solidarité sociale et ses nouvelles formules*, Paris: Picard, 1903 (essa obra inclui os comentários feitos por outros membros da Académie des Sciences Morales et Politiques).

45   Cf. P. Vidal de la Blache, La Rénovation de la vie régionale, *Foi et vie*, Cahier B, n. 9, 1º mai 1917, p. 105-106. Em paralelo, ver P. Deschanel, La Question sociale et le socialisme, *Revue politique et parlementaire*, n. 31,1897, p. 29-51.

46   Cf. J. Brunhes, Une forme nouvelle de pouvoir économique des consommateurs: Les Ligues sociales d'acheteurs (L.S.A), *Revue économique internationale*, ago. 1908.

47   Várias delas se federaram sob o nome de Alliance d'Hygiène Sociale. Para um lista, ver *Annales de l'Alliance d'Hygiène Sociale*, jan.-mar. 1913, p. 12-49.

de outro tipo de organização na qual a solidariedade podia desabrochar: a unidade territorial.

## O Regionalismo

As teorias tradicionalistas, assim como as solidaristas, procuravam valorizar o grupo social como elemento funcional de uma sociedade de caráter pluralista. A dimensão espacial era mencionada, mas só assumiria importância no fim do século XIX – e isto a um ponto tal que serviria de fundamento para um novo movimento ideológico, o regionalismo. O desabrochar do regionalismo, no início do século XX, atraiu tanto a atenção que tendeu-se a esquecer de que as ideias regionalistas remontavam ao começo do século XIX. Certamente, uma ideologia baseada nas regiões geográficas não seria concebível em uma época em que a reflexão sobre a região natural ou histórica não estava ainda bem desenvolvida; mas uma teoria da descentralização espacial nas áreas políticas, sociais e econômicas era encontrada em certos trabalhos que queriam reagir contra o jacobinismo.

Bonald declarava, por exemplo, que o município constituía "a verdadeira família política" e que deveria formar a unidade de base de representação territorial. Mas, como desconfiava profundamente dos sistemas políticos fundamentados em uma representação territorial, ele era mais a favor de uma representação setorial (quer dizer, profissional) e de um reforço da família. Essa opinião sobre as reformas políticas que deviam ser feitas era também a de maior parte dos movimentos tradicionalistas. Ao mesmo tempo, alguns, como Lamennais e La Tour du Pin, recomendavam a autonomia das províncias (e não somente a das pequenas coletividades locais). Eles acusavam o Estado central de impor a uniformização dos costumes, hábitos e instituições, naturalmente variados, e de ter sensivelmente dirigido o enquadramento da sociedade, desde os tempos antigos. Somente as províncias autônomas podiam preservar a vida local das usurpações do Estado[48]. Le Play também fazia

---

48    Sobre as ideias de Bonald e Lamennais, cf. R.A. Nisbet, *The Social Group in French Thought*, p. 127, 141, 151-152; e H. Michel, op. cit., p. 120.

A BUSCA DE UMA NOVA ORDEM SOCIAL 127

declarações semelhantes, embora, como Comte, visasse mais do que tudo o revigoramento do grupo familiar. Todavia, Le Play e seus discípulos popularizavam o estudo dos países* em suas monografias das famílias, nas quais queriam demonstrar como o "lugar" influenciava o "trabalho" e, por consequência, a organização familiar.

Em meados do século XIX, a evolução das ideias que deviam conduzir ao regionalismo parecia entrar em uma nova fase. Enquanto a noção de *pays* começava a atrair a atenção de alguns observadores sociais, a reflexão sobre o *meio* ganhava popularidade, por intermédio dos trabalhos de Michelet e de Taine e, talvez mais ainda, de romances como os de Stendhal, Mérimée e Victor Hugo. Em paralelo ao interesse novo pela descrição detalhada das regiões, as aspirações regionalistas – que não provinham dos adversários tradicionais da Revolução Francesa – seriam claramente enunciadas no "Programa de Nancy", em 1865. Este reclamava o reforço das pequenas unidades locais (comuna e cantão) e a criação de unidades maiores que o departamento (lembrando as antigas províncias). Entre os partidários se recrutavam numerosos liberais e republicanos, entre os quais Prévost-Paradol, Jules Simon e Jules Ferry. É importante sublinhar a este respeito que o socialista Proudhon expressava, também, ideias regionalistas[49].

Relegada a um plano secundário durante os anos incertos da Terceira República, a ideia regionalista assumia uma amplitude considerável na virada do século XIX. A popularidade dos romances regionais, sobretudo aqueles de Barrès, era reveladora de uma evolução política que chegaria à criação da Fédération Régionaliste Française, em 1900, e de seu meio de difusão, a *Action régionaliste*, em 1902 (uma Ligue Occitane* já tinha sido criada, em 1896). A federação agrupava membros de categorias políticas e profissionais diversas. Assim, ela contava em suas fileiras homens de direita, como o duque d'Orléans e Barrès, herdeiros do oportunismo, como Paul Deschanel, radicais, como

---

\* No original, *pays*, região de tamanho pequeno, espaço de vida tradicional e homogêneo pelas características físicas e socioculturais, percebido e chamado pelos habitantes. (N. da T.)

49 Para mais precisões, reportar-se a Thiébaut Flory, *Le Mouvement régionaliste français: Sources de développement*, Paris: PUF, 1966.

128 A ESCOLA FRANCESA DE GEOGRAFIA

Léon Bourgeois, e até socialistas. As categorias políticas de centro e de centro-direita eram, entretanto, mais bem representadas[50]. Vários membros não estavam diretamente envolvidos com a política, como o escritor Frédéric Mistral, e não menos importantes, geógrafos como Vidal de la Blache, Brunhes e Foncin.

Se os estudos de geografia regional ampliavam sua popularidade graças a essa situação, vários deles contribuíam para o desenvolvimento das ideias regionalistas. A voga dos estudos regionais não era somente obra dos discípulos de Le Play (especialmente os agrupados em *La Science sociale*), mas também dos vidalianos, que começavam sua célebre série de teses regionais, e de alguns historiadores. Os últimos eram mais ou menos ligados a Henri Berr, e pressagiavam o renascimento dos estudos históricos, tal como ilustrado por Lucien Febvre e Marc Bloch, após a Primeira Guerra Mundial. Henri Berr (1863-1954), filósofo de formação, fundou a *Revue de synthèse historique*, em 1900, com o objetivo de promover a pesquisa em todos os campos de uma história concebida em um sentido amplo. Essa revista publicou, notadamente, toda uma série de monografias históricas regionais. A série deslanchou, em 1903, antes mesmo da publicação das teses regionais vidalianas[51]. Um dos objetivos dessas monografias foi o de trazer uma contribuição para a compreensão, em dado lugar, da psicologia de um povo ou, segundo Henri Berr, para a "etologia coletiva" – à época muito popular.

O regionalismo foi uma preocupação largamente difundida, mas seu impacto concreto na estrutura política francesa permaneceu, até certo ponto, fraco. Ele só sobreveio durante a Primeira Guerra Mundial, quando a necessidade de uma

---

\* "Occitane" se refere a Occitânia, região meridional da França onde se falava (sobretudo na Idade Média) a *langue d'oc*, também chamada provençal em sentido amplo, e que, hoje em dia, é mais chamada "occitan" – com base em *Petit Larousse Illustré*, p. 709. (N. da T.)

50 Entre os opositores do regionalismo, os radicais de inspiração jacobina encontravam um porta-voz eloquente na pessoa de Georges Clemenceau. Cf. Joseph Paul-Boncour; Charles Maurras, *Un débat nouveau sur la République et la décentralisation*, Toulouse: Société Provinciale d'Edition, 1905.

51 H. Berr, Introduction générale: La Synthèse des études relatives aux régions de la France, *Revue de synthèse historique*, n. 6, 1903, p. 166-181 (reimpresso em Louis Barrau-Dihigo, *La Gascogne: Les Régions de France – Publications de la Revue de Synthèse Historique*, Paris: L. Cerf., 1903, p. 1-16). Na mesma série, note-se: L. Febvre, *La Franche-Comté*, Paris: L. Cerf, 1905.

A BUSCA DE UMA NOVA ORDEM SOCIAL

adaptação rápida dos recursos econômicos e administrativos nacionais se fez sentir duramente. Henri Hauser, historiador, especialista em ciências sociais e geógrafo, desempenhou um papel importante, durante a guerra e o pós-guerra, que se traduziu em uma reforma regional baseada nas zonas cobertas pelas câmaras de comércio[52].

Portanto, não há qualquer dúvida de que os geógrafos estiveram grandemente envolvidos no regionalismo. A nova curiosidade pelas regiões influenciou sua disciplina. Assim, um desafio a enfrentar foi o de definir os critérios de base das divisões regionais. Numerosos projetos de regionalização foram propostos em diversas publicações. Vários deles foram sugeridos e discutidos por ocasião de congressos das sociedades de geografia. Geógrafos de prestígio formularam suas propostas. Foncin – já citado a propósito de seu papel no movimento colonial – foi um líder do regionalismo e escreveu numerosas obras sobre a questão. Sua primeira obra sobre *Les Pays de France* (1898) definiu as regiões a partir de bases, antes de tudo, histórico-culturais. Ele se inspirou nos estudos eruditos (os de Auguste Longnon, por exemplo) sobre a geografia histórica da Gália e da França, que demonstravam a permanência das divisões em *pagi* (palavra latina que deu origem a *pays*). Foncin generalizou os resultados e propôs uma divisão da França em 32 regiões, agrupando os *pays* estreitamente aparentados. Ele adotou uma abordagem que muito se diferenciava daquela de seus predecessores, no sentido de que ela evitava se polarizar nas regiões naturais. O sucesso dos trabalhos de Foncin suscitou pesquisas mais aprofundadas. As mais conhecidas foram aquelas de Lucien Gallois testando a identificação que Foncin fez entre regiões naturais e *pays*, no contexto da bacia parisiense. Suas pesquisas detalhadas conduziram-no à conclusão de que tal identificação seria inexata. A oposição de Gallois à teoria de Foncin teve um impacto importante no pensamento geográfico: a região natural foi claramente dissociada da região histórico-cultural[53]. Vidal de

---

52  H. Hauser, *Le Problème du régionalisme*, Paris: PUF, 1924.

53  Esse ponto é sublinhado em P. Claval; J-P. Nardy, *Pour le cinquantenaire de la mort de Paul Vidal de la Blache*, Paris: Les Belles Lettres, 1968, p. 109-112. (Cahiers de géographie de Besançon, 16.) Cf. Pierre Foncin, *Les Pays de France. Projet de fédéralisme administratif*, Paris: A. Colin, 1898; e Lucien Gallois, *Régions naturelles et noms de pays: Étude sur la région parisienne*, Paris: A. Colin, 1908.

130 A ESCOLA FRANCESA DE GEOGRAFIA

la Blache, comentando os trabalhos de Gallois, ratificou essa conclusão; ele acrescentou a ela a constatação de que a região econômica moderna seria costumeiramente diversa das outras e que deveria ser escolhida na eventualidade de uma regionalização da França. Dois anos mais tarde, baseando-se nesses princípios modernos, ele propôs seu próprio esquema de regionalização que previu que assembleias regionais fossem criadas e eleitas[54]. É interessante notar que seu projeto foi utilizado por Jean Hennessy, deputado de tendência oportunista e membro da Fédération Régionaliste Française, para formular duas propostas legislativas (1915-1916) visando montar uma estrutura política e econômica regional na França[55]. Vidal continuou a defender suas ideias regionalistas em duas conferências, nas quais tratou explicitamente do problema. Ele escreveu e concluiu sua última obra-prima na mesma época, um volume sobre a França do Leste, ilustrando de modo brilhante sua nova abordagem, ligada ao papel modal e estruturante das cidades e da indústria[56].

A teoria regionalista de Vidal surgiu muito original no contexto de então, o da busca de uma ordem socioeconômica mais orgânica. Pode-se até contrastar as ideias de Vidal e as de Durkheim sobre a questão. Este último, embora conhecido por suas tendências socialistas, juntou-se aos defensores do tradicionalismo ao insistir sobre a necessidade de reabilitar o grupo social para resolver os problemas ligados à desorganização da sociedade, tais como a anomia e as bases da moral. A solidariedade engendrada em cada grupo devia integrar o indivíduo na corrente principal da vida social. Uma vez que a unidade de família fora destruída pela divisão moderna do trabalho, Durkheim preconizava como solução o reforço dos grupos profissionais. Em especial no prefácio à segunda edição de *De La Division du travail social*, Durkheim rejeitava explicitamente a descentralização territorial em favor da associação profissional

54 P. Vidal de la Blache, Resenha de *Régions naturelles et noms de pays*, *Journal des savants*, nouvelle série, n. 7, 1909, p. 389-401, 454-462; e idem, *Régions françaises*, *Revue de Paris*, 15 décembre 1910, p. 821-849.

55 Cf. J. Hennessy, *Régions de France, 1911-1916*, Paris/Zürich: G. Crès, 1916; T. Flory, op. cit.

56 P. Vidal de la Blache, Sur la relativité des divisions régionales, *Athèna*, n. 11, 1911, p. 1-8; idem, La Rénovation de la vie régionale, *Foi et vie*, Cahier B, n. 9; e idem, *La France de l'Est (Lorraine-Alsace)*, Paris: A. Colin, 1917.

A BUSCA DE UMA NOVA ORDEM SOCIAL

agrupando os membros de uma profissão onde quer que eles se encontrassem. Ele acreditava que a descentralização territorial enfraqueceria a unidade nacional, que as regiões constituiriam apenas um agregado arcaico e frouxo – ao contrário de uma estrutura orgânica (como as associações profissionais) – e que elas não poderiam se adaptar às necessidades de uma indústria moderna cuja repartição estava sujeita a mudanças[57].

As propostas de Durkheim opunham-se, portanto, de maneira radical, àquelas de Vidal, embora seus pontos de partida não tivessem se afastado um do outro. Tal como Durkheim, Vidal observava com simpatia a criação de associações na França, em particular após a lei de 1884. Ele as julgava indispensáveis, dada a tendência moderna para a concentração econômica. Para sobreviver, as pessoas que tinham determinada profissão deviam se agrupar em associações ou em sindicatos. Vidal denominou essa necessidade como "princípio de associação"[58]. Em virtude desse princípio, diversas associações tendiam a reagrupar-se para cooperar e assumiam um caráter regional e não nacional. Elas contribuíam inclusive para a criação de novas regiões (regiões econômicas). Ademais, Vidal insistia naquilo que chamava de "solidariedade" entre regiões, isto é, a necessidade de fazer comércio[59]. O fenômeno encorajava o desenvolvimento de cidades que agiam de volta como centros de estruturação regional. A interdependência entre regiões que daí resultava não devia ameaçar a unidade nacional; ao contrário, devia reforçá-la. Por meio desta teoria da região econômica moderna, Vidal invalidava o argumento de Durkheim segundo o qual a unidade territorial era mal adaptada à vida moderna. Vidal tentava, ao invés disso, mostrar como a "vida regional encontrou hoje em dia um novo alimento em um contato cada vez mais estreito com a vida moderna, com as condições econômicas que prevalecem e que impõem o espírito de associação e de agrupamento". A vida regional devia assumir as formas: "trabalho coletivo, cooperação de energias diversas, agrupando

---

57  Cf. É. Durkheim, *De la division du travail social* [1893], 2. ed., Paris: Alcan, 1902. Ver também sua obra *Le Suicide, étude de sociologie*, Paris: Alcan, 1897.

58  Cf. P. Vidal de la Blache, La Rénovation de la vie régionale, *Foi et vie*, Cahier B, n. 9, p. 105.

59  Cf. P. Vidal de la Blache, Régions naturelles et noms de pays, *Journal des savants*, nouvelle série, v. 7, n. 10, 1909, p. 18.

em feixe tudo o que é vivo e ativo em uma região"[60]. À objeção de que nem todas as regiões da França possuíam os recursos econômicos adequados, Vidal respondia que as grandes teses regionais (escritas por seus estudantes) tinham revelado potenciais inexplorados.

As conclusões de Vidal, portanto, diferiam de maneira considerável das reformas propostas por alguns de seus contemporâneos. Ele elaboraria uma teoria regional original que englobava tanto o desenvolvimento econômico como a descentralização, e também um fator natural de reforço da moralidade (e assim da coesão social), pois que a vida regional exigia a cooperação: "A cooperação é um método que provoca necessariamente a eliminação de certos preconceitos enraizados, inveja do próximo, visões mesquinhas, espírito de exclusividade, especialismo rasteiro."[61]

## CONSIDERAÇÕES À GUISA DE CONCLUSÃO

Este capítulo tocou em várias facetas da pesquisa de fundamentos republicanos da ordem social. A aparente complexidade da situação foi característica dos ajustamentos ideológicos que se deram durante a Terceira República. As principais correntes filosóficas expostas aqui constituíram os diferentes quadros de referência aos quais os geógrafos puderam, explicitamente ou não, apelar. A compreensão das relações existentes entre estas correntes e os diferentes grupos ideológicos da época (por exemplo, as relações entre o idealismo neokantiano e a política oportunista) facilitará, nas páginas seguintes, a descoberta e a análise dos empréstimos, quase sempre inconscientes, de certas ideias filosóficas feitas pelos geógrafos. Essa compreensão ajudará ainda a esclarecer a concepção que eles tiveram da ciência, da geografia e das relações entre natureza e sociedade.

A ascensão da Terceira República coincidiria com o crescimento do interesse, atribuído aos trabalhos e métodos empíricos,

---

60  Idem, La Rénovation de la vie régionale, *Foi et vie*, Cahier B, n. 9, p. 109.
61  Ibidem.

A BUSCA DE UMA NOVA ORDEM SOCIAL

mesmo entre os mais fortes defensores do idealismo filosófico, tendência mais ligada à ideologia oportunista do que ao radicalismo e ao socialismo. Para os oportunistas e os conservadores, três valores complementares deviam ser exaltados: o trabalho, o método empírico e a associação. É nesse contexto, e com esses valores no espírito, que o indivíduo abordava as relações do homem com a terra. Daí o sucesso dos temas que desenvolviam a ideia de enraizamento (de acordo com a expressão de Barrès) do homem na terra, isto é, uma terra transformada pela cultura, onde cada um vivia e aceitava o peso do passado e as condições do meio físico. A terra adquiria, então, um valor cultural e moral precioso, uma capacidade de promover o desenvolvimento moral dos homens que entravam em interação com ela. Vidal de la Blache, aliás, exprimiu isso muito bem: "O sentimento de personalidade e de independência que o homem tira de um solo, do qual ele sente em si mesmo a *virtù*, é um valor e, por assim dizer, um capital que uma sociedade deve saber administrar."[62]

Este capítulo permitiu captar as posições ideológicas de vários geógrafos – corroborando, em geral, as conclusões dos capítulos precedentes. Por exemplo, Vidal era um regionalista, assim como os discípulos de Le Play. Todavia, sua concepção não resultava do tradicionalismo, na medida em que ela não estava orientada para a família e que as regiões que ele propunha tinham, antes de tudo, uma significação econômica e visavam colocar todas as partes da França no diapasão da economia nacional e mundial. Em outras palavras, para Vidal a vida local não devia ser protegida das influências exteriores, mas evoluir muito mais, de maneira a promover o desenvolvimento econômico da região.

O interesse suplementar de Vidal pela unidade da França colocava-o mais na corrente oportunista do que naquela deliberadamente pluralista dos tradicionalistas. Seja como for, sua síntese de temas regionalistas, solidaristas e até tradicionalistas em uma teoria unitária do regionalismo era altamente original e integrava várias das preocupações de seu tempo. Ponto interessante a sublinhar: os durkheimianos rejeitavam a ideia de

---

62 Idem, Régions naturelles et noms de pays, *Journal des savants*, n. 7, p. 18.

uma reforma regionalista. Isto ajuda a compreender por que os morfologistas sociais se desinteressavam tanto pelo fenômeno regional. Assim, eles se mantinham afastados de uma preocupação popular da sociedade de seu tempo.

Embora parciais, os resultados obtidos neste capítulo, assim como nos precedentes, são suficientemente numerosos para que se possa tentar uma síntese explicando a institucionalização desigual das diversas tendências do pensamento geográfico da época, objetivo principal do capítulo seguinte.

# 5. Os Círculos de Afinidade: Formação e Alcance

Os capítulos anteriores colocaram progressivamente em evidência as características particulares do contexto no qual operavam os homens envolvidos na pesquisa geográfica. Como sugerido na introdução do presente trabalho, eles podiam ser agrupados dentro de diferentes círculos de afinidade. Estes compreendiam os geógrafos que estavam ligados entre si, não somente pelos contatos diretos que mantinham como também por meio de personalidades que frequentavam ou de correntes ideológicas às quais gostavam de se referir. Assim, foi possível destacar a desigualdade das dificuldades encontradas para chegar à institucionalização. Em um primeiro tempo, os fatores gerais que contribuíram para a formação dos círculos serão brevemente expostos; em seguida, o alcance de cada um deles será avaliado.

## FATORES DA FORMAÇÃO

### *Mudanças na Visão do Mundo*

Embora não se possa tratar a fundo uma questão tão vasta no contexto limitado da presente obra, é possível, entretanto, abordá-la à luz do que foi dito no decorrer dos capítulos precedentes. De fato, esta questão não pode ser evitada, na medida em que toda disciplina nova – representada por especialistas – deve conseguir um lugar na sociedade em geral. É preciso que esta seja receptiva não somente no plano cultural mas também no plano social, para que ela aceite fornecer a ajuda e os créditos necessários a este novo empreendimento.

O século XIX conheceu um grande entusiasmo com a aplicação do método científico a todos os aspectos da natureza e da sociedade. Uma vontade de compreensão e de domínio racionais do mundo substituiu de forma progressiva a invocação da tradição e o apelo a estudos pouco sistemáticos. Logo, houve na sociedade uma demanda estrutural favorecendo o nascimento de novas disciplinas, em particular da geografia, no seio do ensino e da pesquisa. É evidente que não se pode falar de nenhum determinismo simples da sociedade, tomada de maneira geral, em relação ao desenvolvimento da geografia. Houve, antes, uma conjunção entre o contexto geral e as ideias ou ações provenientes de certos grupos de pressão. Estes tiveram uma influência sobre as orientações políticas e sobre o destino da geografia como disciplina ou objeto de curiosidade. Um grande número de associações, revistas, congressos e trabalhos de vulgarização contribuíram sobremaneira para manter o interesse público por tal ciência.

Vários fatores favoreceram o desenvolvimento da geografia. O movimento colonial e o fervor nacionalista estimularam um melhor conhecimento do mundo e do território nacional. O desejo cada vez mais disseminado de fundamentar os valores humanos no enraizamento na terra favoreceu igualmente o desenvolvimento dos estudos regionais. Ao final do século XIX, o entusiamo do público francês pelo conhecimento das regiões foi considerável e o interesse – posto em evidência pelas obras literárias e declarações políticas – manifestou-se com força na pesquisa geográfica. Os discípulos de Le Play obstinaram-se a definir o ambiente em suas pesquisas. O grupo de *La Science sociale* codificou este gênero de estudos: em 1886, Henri de Tourvillle estabeleceu a famosa *Nomenclatura* dos elementos que deveriam ser incluídos em cada monografia. Entre eles, "o lugar" seria apresentado como um "compartimento" essencial.

OS CÍRCULOS DE AFINIDADE: FORMAÇÃO E ALCANCE 137

Em 1893, Edmond Demolins convidou os leitores de *La Science sociale* a estabelecer, com ele, o inventário dos *pays* da França. Desde 1888, o geólogo Albert de Lapparent demonstrara com clareza como as ciências naturais permitiam reencontrar os limites e as características dos diferentes *pays*, tais como seus habitantes já se tinham identificado. Aliás, esse gênero de considerações aparecera nas páginas da *Revue de géographie*, de Drapeyron[1]. Assim se elaboraram as bases científicas sobre as quais repousaram as teorias regionais mencionadas no capítulo precedente, tendendo a superpor regiões culturais e regiões naturais. Embora o valor destas teorias fosse criticado, principalmente por Lucien Gallois, vários geógrafos, em particular os vidalianos, concentraram sua atenção no estudo dos *pays*. O próprio Vidal de la Blache recomendou bastante esse gênero de pesquisa até o momento em que se voltou para o estudo das forças econômicas na formação das regiões[2]. O apelo lançado pelas sociedades geográficas, em seus congressos nacionais, para que se pesquisasse sobre as fronteiras de suas regiões (províncias, *pays*) foi muito sintomático a este respeito.

As casas de edição desempenharam um papel-chave, talvez ainda mais importante do que o das associações, para despertar a curiosidade geográfica como elemento essencial da nova visão do mundo. Pode-se mesmo afirmar que estas editoras criaram um público para a geografia. Entre elas, a editora Hachette foi uma iniciadora. Em 1860, Louis Hachette (defensor da expansão colonial antes que se tornasse uma opção popular) fundou um periódico, *Le Tour du monde*, para alcançar um vasto público e suscitar a curiosidade geográfica do leitor. Encontravam-se nele relatos de viagens e de explorações apresentados de maneira literária e romanceada. *Le Tour du Monde* nasceu principalmente da preocupação de Louis Hachette no sentido de fazer uma propaganda geográfica que ele julgava necessária, tanto para a expansão do comércio nacional quanto para a educação dos franceses[3]. Cerca de trinta anos mais tarde, a editora se

1 Cf. J. Franck, Une carte de France à faire, *Revue de Géographie*, n. 1, 1877, p. 341-352. Albert F. de Lapparent, *La Géologie en chemin de fer*, Paris: F. Savy, 1888.
2 Cf. P. Vidal de la Blache, Les Pays de France, *La Reforme sociale*, n. 48, septembre 1904, p. 333-334.
3 J. Duval, Nécrologie de L. Hachette, *L'Economiste français*, n. 4, août 1864, p. 68, reimpressa em *Notice sur la vie de M.L. Hachette, suivie des discours* ▶

atribuiu a honra de ter difundido o conhecimento geográfico graças ao periódico: "Pode-se dizer que, para aumentar e difundir o conhecimento *prático* da superfície da Terra, nenhuma obra foi mais eficaz do que esta."[4]

Na verdade, Hachette editou outras publicações que contribuíram igualmente para a causa. Entre as mais conhecidas, pode-se citar *Les Guides Joanne* (compostos por Adolphe Joanne, com quatro ou cinco colaboradores). Um sobrinho de Hachette, Émile Templier, que se tornou em seguida um de seus principais associados e sucessores, também contribuiu para a propagação da geografia. Ele trabalhou em colaboração com Joanne e ambos "lançaram" Élisée Reclus, facilitando-lhe a publicação de sua obra *Nouvelle géographie universelle: La Terre et les hommes* (1874-1894).

O sucesso da *Géographie universelle* provou que esta obra respondia a uma necessidade do público francês, e mesmo do público estrangeiro, pois ela ultrapassou nossas fronteiras; mas, não se poderia dizer que, durante o decurso de sua publicação, ela desenvolveu, transformou e ampliou o sentimento ao qual estava destinada a responder? A própria noção de geografia se modificou, a Terra assumiu outro aspecto aos olhos da geração moderna, os métodos de ensino avançaram e avançam a cada dia. Pode-se esquecer de que foi no gabinete do sr. Émile Templier que este movimento nasceu?[5]

Apesar de seu caráter elogioso, essas citações refletiram bem a orientação das pessoas que trabalharam para a casa Hachette. Como já mencionado, essa empresa criou um

> ▷ *prononcés à ses obsèques et des articles nécrologiques à sa mémoire*, Paris: C. Lahure, 1865. A orientação literária da revista era exatamente aquela de um de seus colaboradores, Jules Verne. Este escreveu, também, uma importante obra não romanceada: *Géographie illustrée de la France et de ses colonies*, Paris: J. Hetzel, 1867-1868, 2 v.

4   *Librairie Hachette et Cie. Exposition universelle de 1888*, Paris: C. Lahure, 1889, p. 28.

5   F. Schrader, *Monsieur Émile Templier (1821-1891)*, Paris: D. Dumoulin, 1891, p. 30 (extraído de *Tour du monde*). "Há dois meses apenas, ele [Templier] falava àquele que escreveu estas linhas do imenso esforço feito por sua casa para a difusão da geografia: quarenta milhões gastos em trinta anos, em tantas obras magistrais lançadas no mundo; e ele exprimia o pensamento de que ninguém poderia adivinhar a importância desse esforço. 'Porque não o dizeis?' perguntou-lhe um interlocutor. Ele refletiu dois segundos e respondeu: 'Por que dizê-lo? O importante é que isto exista. É melhor ser do que parecer.'" (p. 36)

OS CÍRCULOS DE AFINIDADE: FORMAÇÃO E ALCANCE

escritório cartográfico que permitiu a Vivien de Saint-Martin e Franz Schrader rivalizar, em termos de talento, com os cartógrafos alemães. Ademais, Hachette começou cedo a publicar atlas, mapas e manuais escolares. Em 1878, mais de uma centena de manuais destinados ao ensino da geografia já tinham sido publicados[6]. Nessa época, entretanto, outras casas de edição, tais como Delagrave, Masson e Colin, orientaram uma parte de suas atividades para a publicação de manuais escolares, como visto no terceiro capítulo.

O entusiasmo do público pela geografia atingiu seu paroxismo na virada do século XIX, após o que começou a declinar. Isto foi evidenciado pela baixa na venda dos últimos fascículos da *Nouvelle géographie universelle* e claramente expresso por Camena d'Almeida, em 1910, quando se felicitou pelo fim da geografia como "ciência da moda". Ele constatou, com efeito, que "os geógrafos de hoje [...] não aspiram nem ao papel de educadores populares, nem ao de conselheiros irresponsáveis do comércio ou da diplomacia, no qual amigos imprudentes queriam colocá-los". E acrescentou:

Ora, é preciso constatá-lo, e não para se queixar, a geografia não está, mais do que as outras ciências exatas, destinada a apaixonar as multidões, a entusiasmar auditórios frenéticos. Mas resta-lhe a missão mais discreta e mais fecunda de iniciar um pequeno número de trabalhadores em pesquisas que não são nem sem beleza severa, nem mesmo sem utilidade prática.[7]

O público começou, com efeito, a conscientizar-se sobre o desenvolvimento de outras ciências humanas e a impossibilidade para a geografia de responder sozinha a todos os problemas e a todas as curiosidades.

A nova visão do mundo para a qual a geografia muito contribuiu, no final do século XIX, esteve longe de ser monolítica: as divergências explicaram a formação de diferentes círculos de afinidade na pesquisa geográfica.

6   Cf. *Notice sur la librairie Hachette et Cie*, Paris: E. Martinet, Junho 1878.
7   P. Camena D'Almeida, Discours de réception, *Actes de l'Acad. Nationale des sciences, belles-lettres et arts de Bordeaux*, 3ᵉ série, 72ᵉ année, 1910, p. 174, 176-177. Sobre as vendas da *Nouvelle géographie universelle*, cf. Jean Mistler, *La Librairie Hachette de 1826 à nos jours*, Paris: Hachette, 1964.

## Divergências Ideológicas

Os capítulos anteriores mostraram a importância de uma correlação existente entre, por um lado, a gente de esquerda e o interesse pela elaboração de teorias, e, por outro, os conservadores e a preferência pelas pesquisas empíricas. Essa generalização grosseira deve, é claro, ser ligada à importante questão de saber sobre quais bases estabelece-se a moral. Pode-se compreender, com facilidade, a urgência dos ateus e anticlericais em fundar uma nova moral laica sobre os princípios científicos. Os republicanos moderados não tinham tal urgência simplesmente porque o kantismo lhes oferecia um meio de reconciliar o progresso científico com uma moral fundamentada na razão. De fato, como mencionado um pouco antes, o idealismo de Kant não entrava em choque com a moral existente (de origem cristã). Esta filosofia permitia aos liberais ser mais "pacientes", abordar os fatos sociais de maneira mais indutiva e testar as teorias mais audaciosas.

Pode-se dizer também que o realismo filosófico era, com mais frequência, identificável no campo da esquerda do que no campo dos moderados e dos conservadores, entre os quais, por reação, as tendências nominalistas predominavam. Um método dedutivo, indo do geral para o particular, era mais associável ao realismo filosófico do que ao nominalismo – este último favorecendo uma concepção indutiva da ciência. A esse respeito, o melhor exemplo nos é fornecido pela famosa confrontação entre a concepção realista da sociologia segundo Émile Durkheim, e a concepção nominalista, segundo Gabriel Tarde. Essas observações não devem ser perdidas de vista durante o exame que se seguirá da geografia vidaliana.

O primeiro capítulo mostrou que o interesse pela ciência e cultura alemãs foi, em muito, inspirado por motivos ideológicos. Observou-se igualmente que a referência à Alemanha fixou as normas de progresso científico que não foram, portanto, apenas nacionais. O fenômeno permitiu o desenvolvimento de uma comunidade científica internacional, baseada principalmente no exemplo alemão, mas da qual nem todos os sábios participaram. É assim que o caso dos discípulos de Le Play merece ser mencionado. Em geral, eles apreciavam pouco a ciência alemã, o que ia de par com o fato de que os outros cientistas

OS CÍRCULOS DE AFINIDADE: FORMAÇÃO E ALCANCE

franceses tinham a tendência a ignorá-los. Seu amargor a respeito seria claramente indicado às vésperas da Primeira Guerra Mundial por um deles, Philippe Robert, ao colocar a questão seguinte: "Mas por que Durkheim se deixa seduzir pelas pesquisas totalmente livrescas e teóricas dos alemães e por que ignora o magnífico esforço da escola de Le Play-Tourville?" Robert lançaria o mesmo gênero de ataque contra Charles Seignobos, professor de história na Sorbonne, ao dizer que ele era "um mestre de nosso ensino superior que não ignora nada do que se passa na Alemanha, pelo que nós devemos felicitá-lo, mas que lamentavelmente ainda está à procura do que foi descoberto na França já há 27 anos".

Críticas similares seriam endereçadas à escola de geografia humana de Vidal de la Blache, acusada de preferir "exaltar os estrangeiros, como o alemão Ratzel" do que tomar conhecimento dos trabalhos de seus compatriotas, discípulos de Le Play, que eram de fato os mais inovadores[8].

Assim, os discípulos de Le Play estavam quase excluídos da comunidade científica. O exemplo alemão tinha a tendência a ser considerado o modelo daquilo que deveria ser a ciência. O pensamento vidaliano, inspirado nas ideias alemãs e, por consequência, ligado às correntes mais disseminadas internacionalmente, aos poucos era associado, na França, à ideia de geografia. Os vidalianos, aliás, consideravam os outros pesquisadores envolvidos na pesquisa geográfica bons economistas, sociólogos ou estatísticos, mas não geógrafos[9].

Certas posições ideológicas se manifestavam também pela ênfase colocada no pensamento sociológico francês sobre certos aspectos da sociedade. Para os conservadores, mais particularmente para os discípulos de Le Play, a família constituía o elemento base da sociedade. Os liberais e os autores de esquerda (e a maioria dos sociólogos alemães) concentravam-se em outras unidades sociais que consideravam os elementos essenciais de

8   P. Robert, Le Progrès contemporain en géographie humaine, en sociologie, en histoire, et l'antériorité des découvertes de la science sociale, *La Science sociale*, n. 100-101, 1913, p. 98, 105, 19.

9   Essa atitude é característica em P. Vidal de la Blache, Nécrologie: É. Levasseur, *Annales de géographie*, n. 20, 1911, p. 456-458. Vidal apresenta a obra de Levasseur em geografia como pedagógica (redação de programas e manuais escolares) – o resto sendo considerado como estatístico e econômico.

uma sociedade orgânica e equilibrada (Durkheim e Vidal). Por outro lado, certos conservadores ou moderados faziam do indivíduo o elemento de base da sociedade. Suas reflexões repousavam no liberalismo econômico clássico ou na análise estatística (Tarde, Coste).

As filiações ideológicas tinham um papel importante na escolha e no desempenho de uma carreira. O caso da Sorbonne, fechada inicialmente aos não espiritualistas, em seguida fortaleza das ideias republicanas, neokantianas e positivistas, já foi estudado. A mesma situação era encontrada, embora em graus mais fracos, em todo o sistema universitário francês. Existia certo ostracismo em relação aos cientistas católicos, por oposição aos protestantes liberais e às pessoas não engajadas no plano religioso. O fato de nenhum discípulo ortodoxo de Le Play ter ensinado na Sorbonne, ou em qualquer outra universidade maior, era significativo. Ao contrário, os vidalianos eram protegidos pelo regime. Os durkheimianos estavam um pouco mais à esquerda para assegurar à sua ciência uma ampla institucionalização, antes da Primeira Guerra Mundial. Era, então, visível que as divergências ideológicas, por meio do jogo das instituições, favoreciam a divisão dos geógrafos em diferentes círculos. Essas instituições eram, igualmente, um fato essencial de difusão das escolas de pensamento dos geógrafos.

## A Organização do Trabalho Científico

O grau de organização coletiva do trabalho científico variava muito, de acordo com o grupo de pesquisadores considerado. Malgrado as impressões iniciais que se poderia ter, nenhum geógrafo trabalhava inteiramente isolado.

Para cada um deles, pode-se definir um círculo de afinidade – o que será objeto da segunda parte deste capítulo. O grau de organização se limitava, às vezes, à adesão a uma associação. Esta podia, aliás, ser bem estruturada e servir de base para uma pesquisa organizada, implicando certa continuidade na elaboração de teorias e na resolução de problemas. Não era o caso das sociedades de geografia. Elas constituíam, entretanto, fóruns para discussões de ordem geral, sobretudo a partir dos

OS CÍRCULOS DE AFINIDADE: FORMAÇÃO E ALCANCE     143

relatórios de viagens de exploração, e reuniam pessoas vindas de horizontes sociais bem diferenciados. Assim, elas desempenhavam o papel de um centro de registro dos dados relativos às explorações e às descobertas. Seus congressos nacionais tentavam influenciar a orientação dos trabalhos de seus membros, mas sem mais sucesso que os congressos internacionais. Além disso, nenhuma outra instituição ou associação reforçava na prática os laços entre a maioria dos membros de cada sociedade. Isso levou provavelmente de Martonne a dizer que, na Société de Géographie de Paris, reuniões de comitê "tratando da discussão de assuntos técnicos aconteceram em várias ocasiões, mas não tiveram prosseguimento em razão da ausência de contato estreito com os centros de estudo científico da geografia que se tornaram as universidades"[10].

Todavia, nesse estágio do desenvolvimento da pesquisa, os periódicos ofereciam potencialmente um elo para os pesquisadores e, logo, um meio de coordenar seus trabalhos. Qual foi o desempenho das diversas revistas no cumprimento dessa tarefa?

O segundo capítulo enumerou vários desses periódicos. Ele também mostrou que nenhum periódico publicado pelas sociedades de geografia e pelos grupos de pressão coloniais contribuiu, em função de sua própria natureza, para reflexões continuadas e, portanto, para a formação de escolas de pensamento originais. A primeira tentativa de criar um periódico de envergadura nacional, explorando cientificamente os conhecimentos acumulados por anos, foi a *Revue de géographie*, fundada por Ludovic Drapeyron, em 1877. Ela tinha como objetivo, no plano teórico, mostrar a importância da geografia no estudo da história e da ciência social. Cada número incluía um ou vários artigos de fundo (dentre os quais um podia ser um relatório de viagem), correspondência proveniente de países estrangeiros, críticas de livros, conferências ou reuniões de sociedades de geografia e notícias geográficas. Mesmo que essa revista tenha sido mais bem estruturada que os boletins das sociedades de geografia, ela cobria um leque muito grande de temas, com uma maioria de artigos

---

10  Emmanuel de Martonne, *Geography in France*, New York: American Geographical Society, 1924, p. 7. (Research Series, n. 4a.) Sobre os congressos internacionais ver *La Géographie à travers un siècle de Congrès internationaux*, Union Géographique Internationale, 1972.

144   A ESCOLA FRANCESA DE GEOGRAFIA

tratando das colônias existentes ou projetadas e da geografia histórica. Porém, ainda uma vez, os colaboradores não formavam um grupo coerente e estavam dispersos em toda a França.

Além disso, ela agrupava especialistas de todas as áreas do conhecimento, ou quase isso. Entre as 152 pessoas que patrocinavam a fundação da revista, podiam-se notar Élisée Reclus, Himly, Levasseur, Vidal e Foncin, mas também não geógrafos, tais como Fustel de Coulanges, Rambaud, Broca, Berthelot, Duruy, Pasteur, vários acadêmicos e professores de liceu[11]. A tentativa de reunir, em um mesmo quadro, especialistas com interesses tão diversos era um tanto audaciosa, senão prematura, ainda mais que certas de suas especialidades não estavam ainda realmente formadas. Paradoxalmente, quando Drapeyron fez uma declaração em favor da topografia como meio de afirmar a coerência da unidade da geografia, Reclus o repreendeu por defender uma concepção muito restritiva da disciplina[12].

Em 1906, alguns anos após a morte de Drapeyron, este periódico tornar-se-ia a *Revue de géographie annuelle*, sob a direção de Charles Vélain, que ensinava geografia física na Faculté des Sciences de Paris. Este se daria conta – segundo de Martonne – de que era preferível reorientar a revista, pois a Société de Géographie tinha abandonado a publicação de dissertações e a *Annales de géographie* não publicava artigos que ultrapassassem trinta páginas[13]. A *Revue de géographie annuelle* compreendia, então, uma dissertação de várias centenas de páginas e alguns artigos mais curtos. Provavelmente em razão da especialidade do autor, a ênfase era posta na geografia física (publicando-se aí alguns dos trabalhos mais importantes dos especialistas da geografia física da escola de Vidal). A tentativa de Drapeyron tinha então sido definitivamente abortada. O formato e a periodicidade (anual) da nova revista a impediam de desempenhar um papel de estruturação do conjunto da pesquisa geográfica. Era o que, provavelmente, desejava Vélain, que tinha boas relações com os vidalianos no momento da redução de alcance do periódico – impedindo-o de invadir o campo reservado à *Annales de géographie*.

11   *Revue de Géographie*, n. 1, 1877, p. 3-6.
12   Cf. É. Reclus, *Correspondance*, v. 2, Paris: Schleicher, 1911-1925, p. 182-183.
13   E. de Martonne, op. cit., p. 56.

OS CÍRCULOS DE AFINIDADE: FORMAÇÃO E ALCANCE

Outros periódicos que ajudaram a coordenar a pesquisa fizeram sua aparição nos anos 1880: *La Réforme sociale* e o *Bulletin de géographie historique et descriptive*. *La Réforme sociale* foi fundada, em 1881, por Frédéric Le Play, a fim de substituir o *Annuaire* das Unions de la Paix Sociale. Após sua morte, ocorrida em 1882, seus sucessores enriqueceram esse periódico, fazendo-o absorver o *Bulletin de la Société d'Économie Sociale* (1886). A maior parte dos discípulos se consagrou à ciência em tempo parcial e ocupou funções muito variadas, o que atuou contra a coesão dessa escola. Ademais, seu objetivo primeiro foi definir e tomar medidas concretas que conduzissem à paz social. Então, embora *La Réforme sociale* tenha se distinguido por seu respeito aos princípios enunciados por Le Play, ela fez pouco pelo avanço da teoria geográfica. Lembrou, neste aspecto, o *Bulletin de la Société de Géographie de Paris*, embora mais especializada que este.

A situação conduziu ao cisma entre os discípulos de Le Play, em 1886, quando um novo periódico, *La Science sociale d'après la méthode de Le Play*, foi criado, sob a direção do abade Henri de Tourville e de Edmond Demolins. Estes últimos foram acusados por seus condiscípulos de abandonar a busca de reformas práticas em proveito de estudos teóricos. O grupo, que devia sua coesão ao periódico, produziu interessantes contribuições às ciências sociais, em geral, e aos estudos geográficos, em particular. Em 1904, o título da revista foi modificado e tornou-se *La Science sociale selon la méthode d'observation*. Demolins, Paul de Rousiers e Robert Pinot, que criticavam certas ideias de Le Play, estiveram na origem desta mudança[14]. Em média, a qualidade dos artigos foi notável, ainda mais se se levar em conta o fato de o grupo ser formado por não profissionais (nenhum deles teve um posto universitário).

Em 1886, o Ministério da Instrução Pública criava uma Comissão de Geografia Histórica e Descritiva dentro do Comité des Travaux Historiques et Scientifiques. Esta comissão tinha,

---

14  Sobre essa mudança, ver as indicações fornecidas por Paul Lazarsfeld, Notes sur l'histoire de la quantification: les sources, les tendances, les grands problèmes, *Philosophie des sciences sociales*, Paris: Gallimard, 1970, p. 75-162 (traduzido de: Notes on the History of Quantification in Sociology: Trends, Sources and Problems, *Isis*, n. 52, 1961, p. 277-333).

principalmente, a missão de coordenar os trabalhos das sociedades geográficas e permitir ao Estado controlar as atividades científicas[15]. Os membros da comissão eram nomeados diretamente pelo ministério. Um *Bulletin de géographie historique et descriptive* publicava as atas das reuniões da comissão, assim como alguns artigos. Como não era concebido para ser largamente difundido, esse periódico não era vendido no comércio (o ministério se encarregava de sua distribuição). Dado que seu campo de ação era limitado a um exame crítico dos trabalhos efetuados em geografia histórica e a relatórios de viagem, ele não estava na origem de nenhuma nova escola de pensamento. Além disso, os membros escolhidos pelo ministério eram, em geral, personalidades conhecidas provenientes de círculos de afinidade diferentes (como Himly, Vidal, Hamy, Bouquet de la Grye, Deniker, Schrader etc.).

Em 1891, Vidal de la Blache e Marcel Dubois fundavam a *Annales de géographie*: o objetivo deles, tal como expresso no prefácio do primeiro volume, visava mais preencher lacunas deixadas pelos numerosos periódicos franceses do que suplantá-los. Em vez de atrair o público com a publicação de resultados sensacionais de exploração, a *Annales* pretendia ser científica (negligenciando, neste ponto, as contribuições das *Revue de géographie* e *La Science sociale*). A ambição era produzir o equivalente francês do *Petermanns Mitteilungen**. O novo periódico tencionava promover a pesquisa e a reflexão, tanto na França como no estrangeiro. Nessa óptica, devia desempenhar o papel de um instrumento de trabalho, destacando o que faltava fazer e os meios para alcançá-lo. Não menos importante era a ideia de querer tratar cientificamente a massa disponível de informações geográficas. Como mencionado mais tarde por Gallois, o objetivo da revista era "propagar uma doutrina". Este aspecto educativo claramente refletia-se na divisão inicial prevista para cada número: 1. alguns artigos de fundo concernentes às questões geográficas; 2. uma parte – "de longe, a mais extensa e a mais importante" e considerada

---

15 E. De Martonne, op.cit. p. 14.

* Revista geográfica alemã de grande prestígio e influência (publicada pelo editor Justus Perthes), cujo nome é uma homenagem ao geógrafo August Heinrich Petermann (1822-1878). O periódico foi publicado entre 1878 e 2004. (N. da T.)

## OS CÍRCULOS DE AFINIDADE: FORMAÇÃO E ALCANCE

"essencial" – incluindo relatórios críticos e bibliográficos sobre todas as regiões do mundo, cada uma sendo tratada pela mesma equipe de redatores; e 3. uma parte contendo a correspondência, alguns estudos regionais e notas de informação (ex.: os progressos da exploração e da colonização)[16]. Louis Raveneau dirigia uma *Bibliographie géographique*, apresentada como suplemento anual e concebida para ser um instrumento de trabalho (ela era seletiva e crítica, com um breve comentário sobre a maior parte dos trabalhos).

É interessante notar que, entre 1891 e 1905, os geógrafos escreveram menos artigos na *Annales* que os geólogos, botânicos, climatólogos e oceanógrafos reunidos[17]. Isso talvez pudesse ser atribuído a uma carência de autores (o grupo de Vidal, então, ainda estando restrito). Mas é muito provável que o objetivo do periódico de ser tanto um instrumento de trabalho quanto um meio de propagar uma doutrina fosse o responsável por esse estado de fato. O prefácio já não mencionava a necessidade "de aclimatar" as ciências naturais e biológicas à geografia para que todas as informações pertinentes fornecidas por estas ciências pudessem ser aproveitadas pelos geógrafos? Era assim que artigos escritos por outros especialistas buscavam difundir o conhecimento dessas ciências, tentando ao mesmo tempo integrá-lo à geografia (os artigos de Bonnier, em 1894, e de Flahaut, em 1901, eram verdadeiros manifestos de geografia botânica). De fato, Vidal e Dubois não escondiam que este esforço de aclimatação era "não menos uma necessidade para os leitores, que aí buscam sua satisfação, que para os professores, encarregados dessa parte tão importante da educação nacional. Nós queremos contribuir para a fundação do espírito clássico deste ensino"[18].

O sociólogo T.N. Clark atraiu a atenção para a importância de uma nova revista como instrumento de coordenação dos trabalhos efetuados por um punhado de pesquisadores; ele deu como exemplo os durkheimianos e a revista *L'Année sociologique*

---

16 Avis au lecteur, *Annales de géographie*, n. I, 1891, p. III. O comentário de Gallois é relatado por E. Bourgeois, Nécrologie: Vidal de la Blache, *Revue des sciences politiques*, 1918, p. 338.

17 André Meynier, *Histoire de la pensée géographique en France (1872-1969)*, Paris: PUF, 1969, p. 32.

18 Avis au lecteur, *Annales de géographie*, n. I, p. II-III.

148 A ESCOLA FRANCESA DE GEOGRAFIA

(publicada a partir de 1895)[19]. É certo, entretanto, que a *Annales de géographie*, bem antes, e *La Science sociale*, em certa medida, constituíram exemplos de periódicos que reuniram, cada qual, uma brilhante equipe, e criaram e propagaram novas escolas de pensamento, agindo como verdadeiros centros de pesquisa.

Mas as reclamações de Robert, mencionadas antes – assinalando o fato de que as contribuições de *La Science sociale* foram ignoradas pela comunidade científica francesa – e o relativo retraimento dos discípulos de Le Play, após a Primeira Guerra Mundial, bem mostraram a importância das instituições oficiais de ensino para perpetuar as escolas de pensamento. O terceiro capítulo deste livro insistiu neste ponto e asseverou que o sistema universitário francês, dada sua estrutura centralizada, facilitou a predominância de uma escola de pensamento. Como este sistema atravessou uma fase crucial de transformação e de expansão, na virada do século XIX, o prestígio de certos pesquisadores possuidores de grande autoridade conduziu à formação de discípulos, que se apossaram de todos os postos de trabalho à medida que eles foram criados. Em sociologia, eles foram para os durkheimianos, enquanto em geografia, terminaram por cair nas mãos dos vidalianos.

A parte seguinte busca, precisamente, mostrar como todos os fatores enumerados precedentes se combinaram para promover a formação e o grau de sucesso dos diferentes círculos de afinidade no campo da geografia.


OS DIFERENTES CÍRCULOS

Alguns círculos de afinidade, como os de Vidal, de Tourville, de Demolins e dos morfólogos sociais, são relativamente fáceis de definir. Para outros, entretanto, a delimitação é mais árdua. Seja como for, os limites atribuídos a um círculo de fora da geografia não podem escapar a certa imprecisão, pois foram concebidos, na presente pesquisa, para descobrir os laços dos geógrafos com a sociedade em geral. Eis por que a ênfase será colocada, sobretudo, nos autores envolvidos na pesquisa geográfica, em

---

19 T.N. Clark, The Structure and Function of a Research Institute: The Année Sociologique, *European Journal of Sociology*, n. 9, 1968, p. 37-91.

seus campos de interesse particular, bem como nas ideologias e nas pessoas com as quais estavam em contato. O conhecimento dessas relações permitirá compreender melhor as ideias e os autores que inspiraram os diferentes pesquisadores em seus trabalhos.

Levando-se em conta essas observações, oito círculos de afinidade são destacados. A ordem em que são apresentados é arbitrária. Os primeiros se formaram mais cedo e se apoiaram em formas de organização similares, enquanto os últimos se desenvolveram mais recentemente, mantendo relações mais estreitas com o mundo universitário.

## Os Autores do Inventário Terrestre

A maioria desses homens gravitou em torno das sociedades eruditas, acima de tudo da mais prestigiosa, a Société de Géographie de Paris. Com frequência, a contribuição destas sociedades foi considerada com certo desprezo em razão do valor desigual de seus trabalhos, muitas vezes de ordem puramente prática. De fato, a Société de Géographie de Paris foi, por longo tempo, a única instituição na qual se centralizou e tratou a informação de maneira crítica, e na qual os pesquisadores tiveram a possibilidade de apresentar e afinar suas ideias. Como mencionado, a presença ativa de Jules Duval, Émile Levasseur e Élisée Reclus no seio dessa sociedade, no decorrer dos anos 1860, prefigurou o desabrochar do pensamento geográfico francês nas décadas seguintes.

Quais foram os seus temas de interesse, na virada do século XIX? Em 1891, ano da fundação da *Annales de géographie*, dos dezenove artigos publicados pelo *Bulletin de la Société de Géographie* (à época, trimestral; depois, a partir de 1900, mensal, sob o nome de *La Géographie*), dez eram relatórios de exploração ou discussões críticas a seu respeito (cinco entregues sem análise); um, puramente etnográfico; três, voltados para a geografia física; dois, para um tema técnico (como utilizar os instrumentos para fazer mensurações no terreno); e três, pertencentes à geografia de estilo antigo. Até 1913, às vésperas da Primeira Guerra Mundial, a situação não evoluiu radicalmente. De quarenta dissertações originais produzidas no ano, dezessete eram relatórios de exploração (dos quais oito tinham um objetivo sintético ou crítico); dez trataram de geografia física; dois, de geografia histórica em estilo antigo; três abordaram as características e a disponibilidade de recursos naturais; três eram de geografia econômica; três, de geografia humana; e um, de técnica de mensuração. Logo, apesar da diminuição relativa dos artigos ligados à exploração, estes constituíram sempre mais de 40% das contribuições, enquanto sobreviveu a velha tendência da geografia histórica e da mensuração. Quanto à geografia física, ela afirmou-se claramente, ao mesmo tempo que apareceu um interesse pelos recursos naturais da própria França e por uma geografia humana próxima daquela da escola francesa. Foi um feito de não vidalianos: Paul Reclus (sobrinho de Élisée) e Alexandre Woeikof (professor de geografia em São Petersburgo e grande amigo da escola francesa). Este tipo de artigo permaneceu, todavia, limitado em número, embora os vidalianos já estivessem bem instalados nas universidades.

As características socioprofissionais dos autores também não mudaram muito[20]. Só se identificaram alguns professores entre os colaboradores: Vélain, em 1891, e Wœikof, Allix (professor especialista de geografia), Henri Froidevaux (vidaliano, conferencista da Union Coloniale que dava cursos na Sorbonne, em 1913). No núcleo ativo de animadores do *bulletin* durante esse período, destacaram-se Emmanuel de Margerie e Charles Rabot. Suas observações e críticas na seção "Le Mouvement géographique" foram sempre bem documentadas. O próprio De Martonne disse que elas mereciam ser seguidas e mostravam importantes constatações que diziam respeito à geografia física[21]. O papel desses animadores foi, sem nenhuma dúvida, primordial, dado que os autores não formaram um conjunto homogêneo e exerceram profissões muito diferentes.

Se a Société de Géographie não pôde, graças às suas reuniões e publicações, formar um grupo coerente de pesquisadores capazes de estudar de maneira continuada as questões teóricas, foi, entretanto, uma organização importante por pelo menos duas razões. Primeiro, ela constituiu um meio de articulação e uma tribuna para os geógrafos não universitários. Estes eram viajantes

---

20 Ver D. Lejeune, op. cit., *passim.*
21 E. De Martonne, op.cit., p. 55.

e exploradores, como Rabot, Paul Labbé, Alfred Grandidier e Antoine d'Abbadie, que publicaram estudos científicos sobre diferentes regiões pouco conhecidas do mundo. Em segundo lugar, a sociedade foi um lugar de encontro, onde pesquisadores interessados pela geografia, mas provenientes de diferentes disciplinas e instituições, discutiram entre si, como também com personalidades influentes. O comitê e a comissão central da Société de Géographie incluíram vários membros do instituto, da aristocracia e da alta burguesia, tais como generais, almirantes, homens de negócio e membros do governo (como Ferdinand de Lesseps, Levasseur, em 1891; general Lebon e barão Hulot, em 1913, com o príncipe Roland Bonaparte como presidente). As diferentes comissões compreenderam homens como Schrader, Levasseur, De Lapparent, Henri Cordier (conhecido por seus trabalhos sobre a China), Ernest Hamy (conhecido, sobretudo, pelos estudos antropológicos) etc. No entanto, a contribuição original da sociedade deveu-se não tanto a essas personalidades, mas àqueles que se dedicaram à exploração geográfica e ao estudo crítico das localizações na superfície da Terra.

Seu trabalho foi essencial, numa época em que a quantidade de informações geográficas aumentou consideravelmente, com um impacto que permaneceu por longo tempo. Por meio da seleção e da apresentação dos fatos, os autores do inventário terrestre filtraram a informação e impuseram, muitas vezes, suas visões, francesas e ocidentais, ao resto do mundo. Sem nenhuma dúvida, eles influenciaram a formação das ideias e dos conceitos geográficos com respeito à superfície da Terra e às outras civilizações. E contribuíram para propagar no público francês estas concepções de base, assim como a noção da missão e do objetivo da disciplina geográfica: estiveram, igualmente e em grande parte, na origem da implantação da nomenclatura geográfica.

### Os Especialistas da Geografia Histórica

Embora este círculo contasse com vários membros pertencentes à Société de Géographie de Paris, ele representava uma perspectiva e uma abordagem claramente diferentes. Por seus objetivos, aproximava-se ao dos historiadores e incluía vários deles. Um dos membros mais renomados desse círculo de afinidade foi Auguste Himly, que, na prática, desempenhou um papel de líder. Esta situação vinha do fato de que Himly ocupava uma cadeira de geografia, que foi a única na França, até os anos 1870, e a única na Sorbonne. A importância dessa posição em um sistema universitário centralizado não precisa ser enfatizada. Himly, protestante liberal e respeitado, conseguia, por meio de seu controle dos temas de tese e graças à sua autoridade como decano da Faculté des Lettres de Paris (1881-1898), manter sobre as outras correntes de pesquisa a predominância da geografia histórica clássica e da história da geografia, que constituíam o modelo dos estudos geográficos universitários até os anos 1890.

A ênfase era posta na utilização dos métodos críticos da erudição. Isso correspondia a uma transposição para a geografia das normas que existiam na pesquisa histórica e que tinham sido implantadas pela École des Chartes e por historiadores franceses, como Guizot, Rambaud, Hanotaux, Monod e Lavisse – tradição metodológica que remontava a Ranke e seus discípulos (Waitz, Sybel). No contexto francês, essa tendência se distinguia da escola romântica (Thierry, Michelet) que constituía, de fato, uma corrente menos importante. Na medida em que, em função da natureza das fontes utilizadas, essa história crítica se inclinava essencialmente para os fatos políticos (limites territoriais), ela tinha a aridez e a falta de envergadura contra as quais os historiadores Henri Berr, Lucien Febvre e Marc Bloch reagiriam, na virada do século XIX. Se, então, estava-se longe da geografia histórica moderna que mobiliza todas as competências científicas do geógrafo, a perspectiva ilustrada por Himly associava, intimamente, a geografia histórica à história da geografia. Com efeito, segundo a abordagem em vigor, o especialista de geografia histórica devia (quase somente) voltar-se para os textos deixados pelos autores antigos e extrair daí uma informação segura graças a uma crítica erudita bem severa. Eis por que, fazendo isso, o geógrafo tornava-se um historiador da geografia[22].

---

22 Sobre as fontes humanistas dessa abordagem da história da geografia, ver P. Claval, *La Pensée géographique: Introduction à son histoire*, Paris: Société d'Edition d'Enseignement Supérieur, 1972. Um primeiro esboço dessa corrente de pensamento foi fornecido por N. Broc, Histoire de la géographie et nationalisme en France sous la IIIᵉ République (1871-1914), *L'Information historique*, 1970, v. 32, n. 1, p. 21-26.

Esse círculo compreendia numerosos amadores que se interessavam pela geografia passada de sua região ou de sua cidade. Eles se encontravam, geralmente, em sociedades eruditas e trocavam boa quantidade de informações (de um modo semelhante àquelas do círculo precedente mencionado). Entre os mais notáveis, observavam-se as pessoas encarregadas, na universidade, do ensino da geografia (muitas vezes associado ao ensino da história) em cadeiras especializadas. Era, por exemplo, o caso de Desdevises du Dézert. Este detinha uma cadeira de história na Faculté des Lettres de Clermont e queria colocar em prática o desejo do Ministério da Instrução Pública de propagar o ensino geográfico, dando um curso complementar de geografia, em 1872-1873. Em seguida, a cadeira de geografia da Université de Caen era ocupada por ele, desde o momento de sua fundação em 1873 (graças aos fundos liberados pela Université de Strasbourg) até 1890. Ele declararia, sem rodeios, que preferia a história à geografia e que seus interesses continuavam muito históricos, mesmo em seus cursos de geografia (exemplo de um título de curso: "Géographie Historique de la Gaule")[23]. Gaffarel, em Dijon, Gébelin, em Bordeaux e Berlioux, em Lyon havia outros acadêmicos pertencentes a esse círculo de afinidade. Apesar de guardarem suas distâncias, Longnon se ligava a ele graças aos seus trabalhos sobre a geografia histórica da França, que lhe valeriam uma cadeira no Collège de France. Na École Normale, o predecessor de Vidal, Ernest Desjardins, ensinava a geografia do passado. De fato, vários dos membros mais conhecidos desse círculo eram nomeados pelo Ministério da Instrução Pública para a Comissão de Geografia Histórica e Descritiva do Comité des Travaux Historiques et Scientifiques. Os relatos de suas seções eram publicados no *Bulletin de géographie historique et descriptive*. Este periódico, mais que nenhum outro, veiculava o pensamento geográfico do grupo e expressava suas preocupações com a geografia (inclusive a cartografia) histórica. Os representantes mais característicos do círculo presentes na comissão eram Himly, Joseph Deniker, Gabriel Marcel, Charles de la Roncière, Bouquet de la Grye, Cordier e Hamy. Este

23 Dossier Desdevises de Dézert, Archives Nationales, Paris, F17.20589.

último foi conservador do Musée d'Ethnographie, professor de antropologia no Muséum d'Histoire Naturelle, e consagrado, igualmente, no estudo da geografia histórica e na história da geografia. De fato, no prefácio de uma coletânea de seus trabalhos geográficos que dedicou a Himly, ele agradeceu a este por ter-lhe despertado seu interesse pelo tema e transmitido "um método" que consistia "em aplicar às questões geográficas os métodos rigorosos exigidos dos historiadores modernos". Por isso, ele quis dar em seus trabalhos "o lugar mais amplo ao estudo minucioso dos documentos originais"[24].

Em 1891, cerca de dois terços dos artigos publicados no *bulletin* estavam localizados na antiga tradição da geografia histórica, o resto sendo simplesmente relatos de explorações com um objetivo científico (como as descrições etnográficas). Em 1913, mais da metade dos artigos tratavam da geografia histórica, mas o restante se repartia igualmente entre os relatos de explorações, a geografia física e os estudos regionais. Esta mudança talvez estivesse ligada ao fato de que, em 1913, uma proporção maior dos membros se interessava mais pelas novas ideias geográficas do que os membros ativos de 1891 (tais como Himly e Hamy). Tratava-se de Gallois, Raveneau, Schrader, com Vidal como presidente e De Margerie como vice-presidente.

É importante identificar tal círculo de afinidade porque, embora não tenha se oposto a outros tipos de pesquisas, transformou a geografia histórica clássica e a história da geografia em um campo nobre nos estudos universitários. O próprio Vidal se dedicou a esse tipo de pesquisa. Ainda que ele tenha encontrado aí certo interesse, é preciso pensar que isso lhe valeu, certamente, a consideração de seus pares[25]. Essa corrente, que dominou longamente a geografia universitária, foi eliminada quando seus defensores aos poucos foram substituídos pelos vidalianos. A mudança foi tão completa que a geografia histórica desapareceu quase por inteiro dos cursos e das pesquisas dos geógrafos franceses universitários, sendo tratada praticamente

---

24  E.T. Hamy, *Études historiques et géographiques*, Paris: E. Leroux, 1896, p. v.

25  Cf. P. Vidal de la Blache, *Marco Polo, son temps et ses voyages*, Paris: Hachette, 1880; idem, La Baya: Note sur un port d'autrefois, *Revue de géographie*, n. 8, 1885, p. 343-347; idem, Les Voies du commerce dans la géographie de Ptolémée, *Comptes rendus: Académie des inscriptions et belles-lettres*, 3ᵉ série, n. 24, 1896, p. 456-483.

apenas pelos historiadores. Sem nenhuma dúvida, dois fatores importantes desempenharam certo papel: primeiro, a reação dos vidalianos contra a importância excessiva atribuída por Himly à geografia histórica e, em segundo lugar, como sugerido acima, a transformação profunda que afetou os estudos históricos franceses, na virada do século XIX e, mais particularmente, após a Primeira Guerra Mundial.

## O Círculo de Afinidade de Drapeyron

Mesmo que a geografia histórica ocupasse um lugar importante neste círculo, ele se distinguia dos dois mencionados anteriormente por seus objetivos mais práticos e mais modernos, como a colonização e a política. Por outro lado, era bem mais aberto às ciências naturais e considerava a topografia parte da geografia.

O interesse de Drapeyron pela topografia pode certamente ser ligado ao desejo manifestado pelos franceses, no decorrer dos anos 1870, de melhor conhecer seu país, tanto quanto o resto do mundo. Em 1876, Drapeyron fundava a Société de Topographie (que publicava um pequeno *bulletin*), que tinha por objetivo difundir o conhecimento da topografia da França. Esta instituição organizava em Paris, e nas grandes cidades de província, cursos gratuitos nos quais se ensinavam a leitura e a interpretação de mapas do Estado-Maior (em escala 1:80 mil), além da estrutura da superfície terrestre. Na verdade, Drapeyron e a Société tinham uma concepção bem ampliada do que era a topografia. Incluía-se aí a análise explicativa do relevo e da geologia. Isto sobressaía claramente nos artigos publicados na *Revue de géographie*, fundada e dirigida por Drapeyron, e que constituía a tribuna deste círculo de afinidade. O objetivo declarado desse periódico era mostrar a importância da geografia para se compreender a história e, desse modo, encontrar as bases das decisões políticas. Ele percebia a geografia como uma ciência que centralizava vastas áreas do saber em proveito das ciências políticas. Assim, malgrado a hostilidade francesa em relação a Bismark, Drapeyron o felicitaria por ter sido um "amigo da geografia" (por exemplo, por sua atenção "assídua" ao *Petermanns Mitteilungen*) e por ter baseado sua política nesse conhecimento apropriado[26]. Logo, Drapeyron se inclinaria essencialmente para questões de ordem histórica que, de acordo com ele, só podiam ser explicadas pela geografia. Esta posição seria criticada por membros pertencentes a outros círculos, principalmente Vidal de la Blache: "Na perseverante campanha que nosso colega, sr. Ludovic Drapeyron, empreende em favor do ensino da geografia, seu erro foi partir de uma noção insuficiente da ciência que ele defendia, de hipnotizá-la, de certa maneira, com uma preocupação muito exclusiva da história."[27]

O fato não impediria, entretanto, Vidal (ao menos até a criação da *Annales de géographie*, 1891) e tantos outros geógrafos de escrever artigos para a *Revue de géographie* que, como já dito, jamais se tornaria o centro de pesquisa esperado por seu fundador. Levasseur e Pierre Camena d'Almeida eram dois colaboradores regulares. Este último publicaria na revista, até o fim dos anos 1890, quatro artigos e vários relatórios. Levasseur fazia parte do conselho da *Revue* junto com Drapeyron, o editor Delagrave, um alto funcionário e um deputado do "Parti Colonial" (Félix Faure).

A composição do conselho, bem como os apoios políticos obtidos por Agénor Bardoux para tentar criar uma escola superior de geografia projetada por Drapeyron são algumas indicações quanto às tendências ideológicas deste círculo de afinidade. A esse respeito, é importante notar os laços existentes entre Drapeyron e Victor Duruy, liberal e Ministro da Instrução Pública ao fim do Segundo Império. Drapeyron era estudante de Duruy quando ele ensinava a antiguidade grega e romana na École Normale Supérieure, no fim de 1861. Eles trocavam pontos de vista desde essa época e, posteriormente, em outras ocasiões, em especial no Congresso das Sociedades Acadêmicas, em 1868, no qual Drapeyron proferiu uma conferência sobre

---

26  L. Drapeyron, L'Œuvre géographique du prince de Bismarck (1862-1890), *Revue de géographie*, n. 26, 1890, p. 321-330; idem, De la transformation de la méthode des sciences politiques par les études géographiques et l'application des réformes du Congrès géographique de Paris, *Revue de géographie*, n. 1, 1877, p. 1-43; idem, La Géographie et la politique: applications de la géographie à l'histoire, *Revue de géographie*, n. 7, 1880, p. 5-20; e idem, La Géographie et la topographie au service du feld-maréchal de Moltke, *Revue de géographie*, n. 28, 1891, p. 421-423.

27  P. Vidal de la Blache, *La Conception actuelle de l'enseignement de la géographie*, Paris: Imprimerie Nationale, 1905, p. 9. (Conférences du Musée Pédagogique.)

OS CÍRCULOS DE AFINIDADE: FORMAÇÃO E ALCANCE          157

a história medieval da Alemanha. As considerações geográficas desenvolvidas por Drapeyron agradavam a Duruy, então ministro, que em seu ensinamento e seus trabalhos defendia as mesmas ideias. Como o jovem professor, que ensinava, então, no liceu de Besançon, tinha-lhe informado seu desejo de ser transferido para Paris, ou de obter uma cadeira na província, Duruy arranjaria uma maneira para que ele fosse nomeado em Paris. Ele o escolheria, pouco depois, para escrever uma *Histoire de l'Espagne* (aliás, não concluída)[28]. Drapeyron então se beneficiava – ao menos no começo de sua carreira – dos favores de Duruy. Os dois homens concordavam em considerar a geografia "a metade da história" – mas, a "primeira metade", segundo Drapeyron. É, aliás, útil ver que o interesse de Duruy pela geografia era tão grande que ele não hesitaria em escrever, muito cedo, manuais escolares de geografia, e até pedir para ser suplente da cadeira de geografia na Sorbonne, liberada por Guigniaut, em 1858 (mas que seria obtida por Himly)[29].

A posição ideológica de Drapeyron pode ser colocada igualmente em evidência por sua atitude em ocasião da guerra de 1870 e da Comuna. Durante esse período, ele se ocuparia da política escrevendo no *Electeur libre*, um jornal da esquerda liberal. Ele comporia, anonimamente, uma brochura sobre o Concílio do Vaticano, outra em favor de uma República moderada e escreveria, em colaboração, uma obra comentando os acontecimentos de 1870-1871 que acabavam de agitar a França. Esses escritos o revelariam um membro da esquerda moderada: ele era favorável a uma paz com a Alemanha, em 1870-1871, mostrava uma hostilidade notável em relação a Gambetta, não calava elogios a Thiers ("o homem político incontestavelmente mais capaz da França") e tinha pontos de vista antirromanos,

---

28  L. Drapeyron, M. Ferdinand de Lesseps (1805-1894) et M. Victor Duruy (1811-1894), *Revue de Géographie*, n. 36, 1895, p. 69-73. Sobre as demandas de Drapeyron a Duruy, cf. Dossier Ludovic Drapeyron, Archives Nationales, Paris, F17.20628.

29  Cf. L. Drapeyron, Professeurs d'histoire et professeurs de géographie, *Revue de Géographie*, n. 17, 1885, p. 401-412; Victor Duruy, *Géographie physique, servant d'introduction au cours de géographie historique universelle*, Paris: Chamerot, 1839; e idem, *Géographie politique contemporaine*, Paris: Chamerot, 1840. Sobre o pedido de Duruy de se tornar suplente, cf. *Candidatures à des chaires de Facultés*, Archives Nationales, Paris, F17.13112.

senão anticlericais (propunha, por exemplo, a eleição dos bispos de preferência à nomeação deles pelo papa)[30].

Sua atitude, em 1870-1871, seus pontos de vista coloniais e suas relações com Duruy, Bardoux, Ferdinand de Lesseps (presidente da Société de Topographie), Levasseur e o editor Delagrave indicavam seu quadro de referência ideológica, que era essencialmente moderado, nos limites de "centro-esquerda" e da ala conservadora dos oportunistas na arena política da época.

Se a *Revue de géographie* não conseguia criar uma escola de pensamento, nenhum apoio nesse sentido vinha do próprio ensino de Drapeyron. Ele não podia, por meio de seu posto no Lycée Charlemagne (de 1871 até sua aposentadoria em 1899), alcançar uma audiência e semear suas ideias. Os comentários do diretor do seu liceu mostravam-no um professor medíocre: "A expressão pesada do Sr. Drapeyron os [os alunos] aborrecia; eles não escutam e se distraem" (relatório de 1874-1875); "não escutam e conversam [...] Nenhum conselho a dar ao professor, cujo orgulho e pretensões ultrapassam tudo o que se pode imaginar" (1876-1877); "Com um valor incontestável, não sabe se fazer respeitar, nem seu ensino, nem sua pessoa em nenhuma aula" (1889-1890). Este ponto fraco, evidenciado pelo poderoso Liard, impediria Drapeyron de obter um posto no ensino superior, como ele desejava? Isto não é certeza, na medida em que vários comentários do vice-reitor, nos anos 1870, e do diretor do liceu, nos anos 1880, apoiaram a ideia da passagem de Drapeyron ao ensino superior[31]. Qualquer que tenha sido a falta de sucesso de seu pensamento geográfico, é possível que seu passado político o tenha desfavorecido, pois, nos anos 1880 e 1890, o antigambettismo não era aceitável!

Contudo, Drapeyron muito contribuiria para o desenvolvimento da geografia por sua ação constante em favor de melhores instituições para essa disciplina. Seus projetos (como a École Nationale de Géographie e uma *agrégation*, especializada em geografia) não obtinham sucesso, mas atraíam a atenção

---

30   L. Drapeyron, *L'Aristocratie romaine et le concile*, Paris: Thorin, 1870; idem, *L'Europe, la France et les Bonaparte*, Paris: Thorin, 1870, p. 25; e L. Drapeyron; M. Seligmann, *Les Deux folies de Paris: juillet 1870- mars 1871*, Paris: Michel Lévy, 1872.

31   Dossier Ludovic Drapeyron, Archives Nationales, Paris, F17.20628.

para a necessidade de melhorar o ensino da geografia. Muito importante também era sua campanha pelo desenvolvimento de instituições que preservassem a unidade entre os aspectos físicos e humanos da geografia[32].

## O Círculo de Afinidade de Levasseur

As contribuições de Levasseur à geografia se situaram, sobretudo, na área do ensino e do estudo de repartição da população. Ele tentou dar um estatuto científico à disciplina, dotando-a de um método novo e definindo seu lugar entre as outras ciências sociais. De fato, Levasseur foi reconhecido no mundo científico, tanto por seus trabalhos com geografia quanto com história, estatística e economia. Ele foi eleito, em 1868, para a Académie des Sciences Morales et Politiques, na seção de economia, estatística e finanças; e começou a ensinar, nesse mesmo ano, no Collège de France, onde obteve uma cadeira de "Géographie, Histoire et Statistique Économique", em 1872. Após 1871, ele deu igualmente cursos em duas outras escolas (Conservatoire National des Arts et Métiers e École Libre des Sciences Politiques) e recebeu um número impressionante de distinções nacionais e estrangeiras. Ele foi membro de várias associações, entre as quais a Société de Géographie de Paris, a Société de Statistique, a Société d'Économie Sociale e a Société d'Économie Politique.

Embora atualmente os escritos geográficos de Levasseur pareçam obra de um espírito original e isolado, este não foi o seu caso, entretanto. Com efeito, por suas diversas atividades e sua participação em numerosas sociedades, Levasseur entrou em contato com vários tipos de pesquisas raramente associados ao sistema universitário propriamente dito. A partir de alguns deles, elaborou uma concepção bastante precisa da geografia. Todavia, o círculo de afinidade de Levasseur não seria homogêneo; ele foi composto de homens que pertenceram a diversas tendências de pesquisa e que não estiveram necessariamente em contato uns com os outros. Serão analisados agora o alcance

---

32 L. Drapeyron, Plan d'une École nationale de géographie, *Revue de géographie*, n. 14, 1884, p. 352-361; idem, Examen du vœu du congrès concernant une agrégation spéciale de géographie, *Revue de géographie*, 1886, p. 343-349.

e o cruzamento das fontes intelectuais de Levasseur. Para isso, podem-se distinguir três grandes categorias de homens de ciência que possuíram algumas afinidades com Levasseur – categorias que não foram, aliás, mutuamente exclusivas.

Em primeiro lugar, Levasseur pertenceu à escola de pensamento econômica dita "liberal". Estes economistas, que detiveram a maioria dos postos de ensino, foram herdeiros de Adam Smith. Eles se distinguiram por sua crença na liberdade do trabalho e na existência de leis econômicas, assim como por sua hostilidade a toda ingerência governamental nas questões econômicas. Léon Say, Wolowski, Michel Chevalier e Yves Guyot figuraram entre esses economistas. Entretanto, a escola liberal francesa, do fim do século XIX, se distinguiu um pouco desses predecessores ortodoxos. A nova versão da economia política foi "menos abstrata, menos dedutiva e mais evolucionista em seu método". Seus representantes, como Levasseur e Paul Leroy-Beaulieu, ficaram conhecidos por seus estudos empíricos e históricos. Eles possuíam um senso maior das realidades históricas e sociais que seus predecessores e colegas ortodoxos. Utilizaram mais as estatísticas e o método monográfico e estudaram com mais cuidado as condições econômicas da classe operária[33].

Tendo em vista que não contestaram as crenças liberais fundamentais, esses economistas guardaram uma orientação diferente daquela da "escola histórica", na qual prevaleceu uma forte influência alemã e onde a permanência das leis econômicas foi colocada em questão. Os representantes dessa escola tentaram manter suas distâncias em relação ao conceito de *homo economicus*, acreditando que a natureza econômica do homem mudou com seu meio. Charles Gide foi o mais conhecido entre eles e simpatizou, aliás, com o movimento solidarista, como mencionado no capítulo precedente. De fato, o solidarismo foi atacado pela escola liberal, que acreditava que o Estado não

---

33 Sobre esse tema, reportar-se a É. Levasseur, Aperçu de l'évolution des doctrines économiques et socialistes en France sous la Troisième République, *Compte-rendu des séances et travaux de l'Académie des sciences morales et politiques*, n. 165, 1906, p. 466. Como trabalhos representativos, idem, *Histoire des classes ouvrières en France depuis la conquête de Jules César jusqu'à la Révolution*, Paris: Guillaumin, 1859, 2 v.; P. Leroy-Beaulieu, *De la colonisation chez les peuples modernes*, Paris: Guilaumin, 1874.

OS CÍRCULOS DE AFINIDADE: FORMAÇÃO E ALCANCE

devia ter nenhum papel coercitivo na repartição do bem-estar de uma sociedade. Ela via nesse dirigismo um passo para o socialismo[34].

Levasseur insistiu na importância dos estudos empíricos, observação e abordagem indutiva e rejeitou o "método matemático", por ser dedutivo, embora aceitasse sua utilidade quando fosse apenas uma parte do procedimento de pesquisa. Para ele, a economia política estava intimamente ligada às outras ciências humanas, por considerar que tanto seu fim quanto seus meios eram o homem, ainda que isso criasse dificuldades metodológicas ou epistemológicas[35].

A segunda categoria de homens de ciência, com os quais Levasseur teve certas afinidades, foi composta de especialistas de ciências sociais que se agruparam mais em razão de objetivos comuns do que para a defesa de uma doutrina particular. Os membros mais significativos do grupo chamaram a si mesmos "estatísticos", quer dizer, especialistas de estatística social. Eles se reuniram na Société de Statistique de Paris (que publicava um *journal*), não formaram uma escola de pensamento muito particular, mas preconizaram essencialmente a utilização das estatísticas para compreender os fenômenos sociais. Como outros grupos pouco organizados, consagraram uma pequena reflexão contínua sobre problemas bem definidos. Eles utilizaram a Société de Statistique como fórum para debater novos métodos e ideias – somente alguns dentre estes últimos tendo, finalmente, aberto seu caminho nas ciências sociais. Levasseur foi um dos membros mais conhecidos dessa sociedade. Os outros foram Jacques Bertillon, Alphonse Coste, René Worms e Alfred de Foville (um dos fundadores e vice-presidentes do Institut International de Statistique). A ligação de Levasseur com este grupo explica em grande parte sua contribuição muito original à geografia: a utilização das estatísticas

---

34  Opinião compartilhada por Levasseur e bem expressada em suas observações sobre a solidariedade em: Eugène d'Eichtal et al., *La Solidarité sociale et ses nouvelles formules*, Paris: Picard, 1903 p. 97-111.

35  É. Levasseur, Du rôle de l'économie politique dans les sciences morales, *Revue politique et littéraire* (*Revue Bleue*), 1868, p. 121-128. Sobre os comentários voltados para os laços entre as ciências humanas, ver P. Claval; J-P. Nardy, *Pour le cinquentenaire de la mort de Paul Vidal de la Blache*, Paris: Les Belles Lettres, 1968, p. 37-89. (Cahiers de géographie de Besançon, 16.)

e a atenção que deu à repetição dos fenômenos de repartição, pressagiando a geografia quantitativa moderna.

Vários destes estatísticos frequentaram outro grupo de especialistas de ciência social, igualmente com uma organização pouco estruturada. Eles pertenceram ao Institut International de Sociologie e sustentaram a *Revue internationale de sociologie*, fundada em 1893 e dirigida por René Worms. Esse periódico foi um fórum de ideias inovadoras provenientes de pesquisadores com horizontes e doutrinas muito variados (em contraste com o grupo durkheimiano), a maioria deles sendo, entretanto, republicana e liberal[36]. É interessante notar que acadêmicos bem conhecidos aderiram às duas sociedades; foi o caso de René Worms, Bertillon e Coste. Os trabalhos deste estão esquecidos atualmente, mas ele trabalhou na linha de Levasseur, interessando-se pela repetição dos fenômenos sociais. Desse meio social emergiram alguns trabalhos originais de geografia urbana, embora o sucesso dos vidalianos nas universidades os mantivesse na sombra até estes últimos tempos. Os mais conhecidos foram escritos pelo estatístico Paul Meuriot e o sociólogo e economista René Maunier. Mas a acolhida a eles reservada pelos acadêmicos presentes foi negativa, como no caso da tese de Meuriot[37].

Os membros da Société d'Économie Sociale, fundada por Le Play, e que publicou *La Réforme sociale* formaram o terceiro grupo com o qual Levasseur compartilhou certas afinidades. Ele aderiu a esta sociedade, em 1884, após a morte de Le Play. E esteve em linha com a maioria dos membros, que não foram

---

36  Ver T.N. Clark, Marginality, eclecticism, and innovation: René Worms and the Revue international de sociologie de 1893 á 1914, *Revue international de sociologie,* 2ᵉ série, n. 3, 1967, p. 3-18.

37  *Rapports des théses de doctorat*, Archives Nationales, Paris, F17.13249. Meuriot só obteve a menção "honorable". O parecer redigido por Himly mostra o ceticismo deste último em relação às estatísticas, e uma carta do inspetor de Academia a Liard é bastante crítica ao trabalho de Meuriot. Levasseur, apresentado como o "mestre do sr. Meuriot", foi, ao contrário, muito elogioso. Como exemplos de pesquisas próximas à geografia, cf. Adolphe Coste, *Les Principes d'une sociologie objective*, Paris: Alcan, 1899; idem, *L'Expérience des peuples et les prévisions qu'elle autorise*, Paris: F. Alcan, 1900; P. Meuriot, *Des agglomérations urbaines dans l'Europe contemporaine*, Paris: Belin, 1897; René Maunier, La Distribution géographique des industries, *Revue internationale de sociologie*, n. 26, 1908, p. 481-514; idem, *L'Origine et la fonction économique des villes (études de morphologie sociale)*, Paris: Giard et Briére, 1910.

OS CÍRCULOS DE AFINIDADE: FORMAÇÃO E ALCANCE 163

discípulos ortodoxos de Le Play e que se interessaram, antes de tudo, por promover as reformas. Do sistema de seu fundador, eles guardaram o método da observação, o interesse pelo meio ambiente das pessoas, a importância atribuída à coesão da família e o encorajamento aos estudos monográficos. Émile Cheysson e Alexis Delaire estiveram entre os membros mais influentes. Levasseur compartilhou várias preocupações deste grupo e isto correspondeu bem à sua preferência pelo método da observação e à sua oposição a qualquer ingerência do Estado na economia. Entretanto, ele não recorreu à monografia familiar, embora um de seus trabalhos tratasse do operário americano, de acordo com uma abordagem que lembrou a de Le Play[38].

É igualmente interessante perceber a superposição que aconteceu entre a Société d'Économie Sociale e os outros grupos de pesquisadores já mencionados. Foi como os economistas se encontraram dentro dessa sociedade. À exceção de Charles Gide, que pertenceu à escola histórica, foram todos partidários do liberalismo econômico: Cheysson, Chevalier, d'Eichthal, os irmãos Leroy-Beaulieu, e Wolowski, bem como Georges Picot e Pierre Claudio-Jannet. Então, não é surpreendente constatar que estes autores tivessem muitos pontos de vista comuns sobre a sociedade e a ciência social. Uma superposição similar existiu entre estes discípulos de Le Play e a Société de Géographie de Paris. Assim, Cheysson deteve responsabilidades importantes nas duas associações, e pessoas bem conhecidas na Société de Géographie, como o barão Hulot, d'Abbadie, Ferdinand de Lesseps e Bouquet de la Grye foram, igualmente, membros da Société d'Économie Sociale. Ademais, esta realizava suas reuniões nos locais da Société de Géographie. Portanto, é bastante provável que concepções ideológicas vizinhas tenham reunido estes dois grupos de homens.

Da mesma forma, é preciso notar que vários membros destes grupos, como Bouquet de la Grye e Henri Hitier, interessaram-se pela agronomia ou foram, eles próprios, agrônomos. Esse ponto tem importância na história das ideias, pois a

---

38 *L'Ouvrier américain: L'ouvrier au travail, l'ouvrier chez lui, les questions ouvrières,* Paris: Larose, 1898, 2 v. Para um histórico e uma crítica do método, cf. Alfred de Foville, *La Méthode monographique et ses variantes,* Paris: Imprimerie de Chaix, 1909.

transmissão de conceitos agronômicos para o campo da geografia rural e agrária é um processo mal conhecido. Decerto, nessas sociedades eruditas existiram laços entre agrônomos, especialistas da economia rural e geógrafos, de modo que esses conceitos se difundiram por intermédio desse pequeno círculo de especialistas e se tornaram conhecimentos geográficos comuns. A título de exemplo, a distinção entre agricultura "intensiva" e "extensiva", que é conhecida inclusive pelo grande público, mas cuja origem se esqueceu, foi formulada por agrônomos alemães (ex.: Carl Göritz). Ela foi introduzida na França, na segunda metade do século XIX, pelos agrônomos franceses Louis Moll e Jules Rieffel, que consagraram os termos "intensivo" e "extensivo". Especialistas da economia rural, como Édouard Lecouteux (diretor do *Journal d'agriculture pratique*) e Léonce Lavergne, empregaram essa distinção, que acabou por se difundir entre aqueles que tratavam da geografia rural da França e do mundo[39].

Parece que os primeiros estudos de geografia agrária foram efetuados por autores que tinham uma formação de economistas, mas que esperavam que esta ciência se associasse à geografia. Entre eles, Jules Duval (1813-1870), o mais conhecido, que simbolizou bem o potencial de inovação criado pelo cruzamento entre os discípulos de Le Play e a Société de Géographie. Ele aderiu à Société d'Économie Sociale e publicou, até 1864, a maior parte dos relatórios de suas reuniões no *Economiste français* (que fundou em 1861). Além disso, como membro muito influente da Société de Géographie de Paris, destacou-se por suas manifestações em favor de uma estreita associação entre

---

39  Cf. É. Lecouteux, *Cours d'économie rurale*, 1879, 2 v.; idem, *Le blé, sa culture intensive et extensive, commerce, prix de revient, tarifs et legislation*, 1883; e idem, *L'Agriculture à grands rendements*, 1892 (todos publicados pela Librairie agricole de la Maison rustique); Léonce de Lavergne, *L'Agriculture et la population en 1855 et 1856*, Paris: Guillaumin, 1857; idem, *Économie rurale de la France depuis 1789*, Paris: Guillaumin, 1860. Entre os trabalhos de seus predecessores, podem-se citar: C. Göritz, *Cours d'économie rurale*, tradução de J. Rieffel, Paris: Vve Bouchard-Huzard, 1850, 2 v.; J. Rieffel, Introduction, em Adolphe Bobierre, *L'Atmosphère, le sol, les engrais*, Paris: Libraire Agricole, 1863; idem, *Puissance des circonstances en agriculture*, Nantes: C. Mellinet, 1846; Louis Moll, *Manuel d'agriculture ou Traité élémentaire de la science agricole pour les écoles rurales du Nord-Est de France*, Nancy: George-Grimblot, 1835; e idem, *Question des engrais*, Paris: Bureau, 1846.

a geografia e a economia[40]. Seus trabalhos revelaram ainda uma concepção original que, sem nenhuma dúvida, inspiraram Levasseur.

Esta seção foi excepcionalmente longa dada a necessidade de sugerir a riqueza intelectual do círculo de afinidade de Levasseur, assim como seu lugar na história das ideias na França, no século XIX. É evidente que Levasseur não foi um pesquisador isolado, que seus trabalhos revelaram algumas semelhanças com os de Duval e que ele seguiu uma linha de pensamento próxima daquelas de Meuriot, Maunier e Coste. Neste círculo se encontrou, certamente, o embrião de uma escola de geografia com alta originalidade, e muito diferente daquela de Vidal, mas que não teve posteridade em razão, sobretudo, de suas frágeis bases institucionais – o Collège de France e os outros estabelecimentos nos quais Levasseur ensinou não favoreciam a formação das escolas de pensamento.

## O Círculo de "La Science Sociale"

Este círculo é apresentado separadamente dos outros discípulos de Le Play, porque estes últimos faziam parte do círculo de afinidade de Levasseur e preocupavam-se mais com a reforma do que com a pesquisa social e geográfica. Ademais, o círculo da ciência social tinha continuado muito fiel às ideias de Le Play e constituía um grupo bastante restrito, gravitando em torno de Demolins, de Tourville e de Rousiers. Apesar de seus contatos com os outros discípulos de Le Play e a Société de Géographie de Paris, que lhe fornecia o local para expor seus pontos de vista, eles permaneciam relativamente à margem, como revelavam, aliás, as contribuições ao seu periódico. Como mencionado, a comunidade científica francesa fingia ignorá-los. Jean Brunhes pertenceu, em sua juventude, a este círculo e teve ocasião de estabelecer contatos pessoais com Tourville. Sua filiação ao catolicismo social de esquerda separou-o provavelmente do grupo. Mais tarde, foi acusado de ter plagiado

---

40  J. Duval, Des rapports entre la géographie et l'économie politique, *Bulletin de la Société de géographie*, n. 6, 1863, p. 169-250, 307-325; idem, *Notre pays*, Paris: Hachette, 1867 (5 ed., 1884); idem, *Notre planête*, Paris: Hachette, 1870.

alguns artigos de *La Science sociale*, em seu livro *La Géographie humaine*[41]. De seus contatos com o grupo, Brunhes conservou uma inclinação pelos aspectos geográficos do trabalho e certo gosto pelas classificações.

De fato, a terminologia detalhada dos fatos sociais estabelecida por Tourville para aperfeiçoar e codificar o método de Le Play era a base da pesquisa efetuada pelos membros do círculo. O método, muitas vezes resumido pela expressão *milieu-travail-famille*, tinha esta particularidade de poder orientar o pesquisador para aquilo que se chama, atualmente, ambiente social, valendo também para a relação existente entre o ambiente e o trabalho. O estudo dessas relações constituía a base original de sua "geografia social".

Esse termo foi atribuído – erradamente, aliás – a Camille Vallaux e, depois, a Élisée Reclus. Na realidade, há menção à expressão no primeiro volume de *La Science sociale* (1886). O fato de que ela se encontra no sumário e faz referência a um artigo, no qual não figura essa expressão, indica que o conceito era bem conhecido do redator do volume. Além disso, De Rousiers utilizava-o em um artigo do mesmo volume, após tê-lo feito, desde 1884, em *La Réforme sociale*[42]. Pode-se deduzir daí que "geografia social" não era uma expressão rara para os colaboradores de *La Science sociale* no momento de sua criação. Deve-se concluir que o conceito é devido a este grupo de discípulos de Le Play? Talvez seja o caso, sobretudo na medida em que a ênfase é colocada nos aspectos geográficos da organização do trabalho. Seja como for, a antiguidade do termo deve ser recuada até o decênio precedente. Com efeito, encontramos seu vestígio em um relatório transmitido a Levasseur por um membro de uma sociedade erudita de província. Sua menção à "economia social" sugere, talvez, ainda uma influência "leplayista"[43].

---

41 Philippe Robert, Le Progrès contemporain en géographie humaine…, *La Science sociale*, n. 100-101, p. 8.

42 Sobre os detalhes bibliográficos e sua discussão, cf. G.S. Dunbar, Some Early Occurrences of the Term Social Geography, *Scottish Geographical Magazine*, n. 93, v. 1, 1977, p. 15-20.

43 H. Gougeon, Essai sur l'enseignement de la géographie, Comission de l'Enseignemente de la géographie (1870-80), Archives Nationales, Paris, F17.2915.

OS CÍRCULOS DE AFINIDADE: FORMAÇÃO E ALCANCE        167

Os colaboradores de *La Science sociale* continuaram a lançar mão do termo para designar algumas de suas preocupações. Demolins, aliás, fez dele o tema central dos cursos que ministrou, em 1897 e 1898 (isto é, sobre a "geografia social e a França"). Estes cursos apareceram em *La Science sociale* e foram reimpressos pouco depois sob a forma de um volume. Seu prefácio sublinhou as reações positivas de algumas personalidades, entre as quais Barrès e Élisée Reclus. O caráter elogioso de alguns comentários, extraídos de uma carta de Reclus a Demolins, merece ser mencionado, considerando-se suas profundas divergências políticas[44]. Porém, exceto certa influência em Jean Brunhes e talvez em Reclus, o círculo de *La Science sociale* não assegurou para si uma posteridade científica, dada sua ausência no seio das instituições universitárias.

## Os Geógrafos em Posição Marginal

Antes de se proceder ao exame dos geógrafos que ocuparam os postos universitários na França, deve-se, igualmente, citar aqueles que, mesmo não tendo sido integrados aos círculos já citados, desenvolveram temas originais. Na verdade, todos estes autores estiveram ligados à editora Hachette e tiveram laços familiares entre si. Trata-se dos irmãos Reclus (Élie, Élisée e, em especial, Onésime), o primo deles, Franz Schrader, e Paul Reclus (filho de Élie). Eles ocuparam funções em instituições marginais. Elie e, principalmente, Élisée e Paul foram mantidos afastados do sistema universitário francês, em razão de seu engajamento político e de suas atividades anarquistas, consideradas subversivas. Élisée e Paul, seriamente envolvidos no estudo da geografia, trabalharam acima de tudo no estrangeiro e terminaram por se fixar em Bruxelas, desde a fundação da Université Nouvelle, em 1894. Schrader que, por princípio, nunca tentou obter um diploma oficial, recebeu a oferta de um posto docente em uma instituição privada, a École d'Anthropologie

---

44    Cf. Edmond Demolins, *Les Français aujourd'hui. 1. Les Types sociaux du Midi et du Centre*, Paris: Firmin-Didot, 1898. Reclus formulou, também, críticas severas em "Compte rendu de E. Demolins: Les Français d'aujourd'hui", publicado em *L'Humanité nouvelle*, n. 3, 1893, p. 628-632.

de Paris. Colocado no comando do escritório cartográfico da casa Hachette, ele concluiu o *Atlas* iniciado por Vivien de Saint--Martin, sendo também um membro muito ativo do Club Alpin Français, onde se reuniam os apaixonados pela montanha e os topógrafos amadores e profissionais. Foi assim que ele ficou conhecido por seus trabalhos topográficos e cartográficos[45].

Entretanto, Schrader elaborou ideias originais para o ensino de geografia e para aquilo que denominou "géographie anthropologique". Para definir muito sumariamente suas concepções geográficas, pode-se dizer que foram influenciadas por Élisée Reclus, de um lado, e pelo ensino e pesquisa que ele realizou na École d'Anthropologie, de outro. Esta instituição, fundada e dirigida por Paul Broca, conservou sua óptica geralmente positivista e evolucionista, representada por Charles Letourneau, um de seus professores. A geografia de Schrader foi original em razão de sua aproximação com a antropologia[46]. Todavia, ela apresentou algumas interpretações dominadas pelo determinismo ambiental. Essas inclinações deterministas podem ter contribuído para isolá-lo ainda mais em suas pesquisas, em um período (após os anos 1890) no qual o movimento geral das teorias sociais se afastou de um evolucionismo muito estreito.

Os talentos de Élisée Reclus como divulgador de geografia e autor prolífico – a esse respeito, ele pertenceu à primeira metade do século XIX – rejeitaram para a sombra a originalidade de sua contribuição. Em razão de sua inspiração ritteriana e de sua abordagem regional, ele foi comumente considerado um dos pais da geografia "moderna", até mesmo a vidaliana. Seus trabalhos, *La Terre* (1867-1869, 2 v.) e os primeiros volumes da *Nouvelle géographie universelle,* não somente suscitaram o apoio do público à geografia como forneceram a todos os geógrafos as sínteses de numerosos dados. Suas tendências anarquistas, assim como sua fé na ciência, levaram-no a considerar as obras científicas como bens coletivos; em consequência, se raramente ele mencionou suas fontes, não se importou em ver outros autores

---

45 Sobre esse ponto, cf. N. Broc, Pour le cinquantenaire de la mort de Franz Schrader (1844-1924), *Revue des Pyrénées et du Sud-Ouest,* n. 45, n. 1, 1974, p. 5-16.

46 Franz Schrader, *Quelques mots sur l'enseignement de la géographie,* Paris: Hachette, 1892; idem, *Le Facteur planétaire de l'évolution humaine,* Paris: V.Giard et E. Brière, 1902 (extraído de *La Revue internationale de sociologie*).

OS CÍRCULOS DE AFINIDADE: FORMAÇÃO E ALCANCE 169

utilizarem seus trabalhos sem citar seu nome – procedimento do qual alguns não se privaram[47].

Toda a obra de Reclus refletia suas convicções anarquistas. Assim, "a *Nouvelle géographie universelle*, do mesmo modo que suas obras polêmicas, era, no pensamento de Reclus, um instrumento de propaganda, uma ferramenta de conversão"[48]. Ele acreditava, firmemente, no desenvolvimento natural da liberdade, da fraternidade e da cooperação pela intermediação do progresso humano e, mais particularmente, do progresso da verdade científica. Eis por que não hesitava em denunciar as desigualdades sociais e econômicas nas diversas partes do mundo. Somente uma sociedade anarquista poderia assegurar harmonia e paz na Terra[49]. Paradoxalmente, essa convicção tinha grandes semelhanças com a dos defensores ortodoxos do liberalismo econômico, segundo os quais os mecanismos do mercado obedeciam a leis "naturais" que asseguravam o interesse geral. Logo, é fácil compreender por que as ideias de harmonia terrestre de Ritter se casavam bem com as concepções sociais de Reclus, a despeito de suas diferenças ideológicas.

Portanto, encontram-se neste grupo de geógrafos orientações muito diferentes daquelas dos outros círculos, inclusive dos vidalianos. Sua ausência de integração ao sistema universitário manteve os geógrafos do século xx afastados de certos temas originais. Entre estes, é preciso citar o da proteção das paisagens – tema pelo qual se interessaram vivamente Élisée Reclus e Schrader[50].

---

47 Cf. J. Brunhes; P. Girardin, Conceptions sociales et vues géographiques: La Vie et l'œuvre d'Élisée Reclus (1830-1905), *Revue de Fribourg*, 1905, p. 286-287.

48 Ibidem, p. 286.

49 Cf. É. Reclus, *L'Homme et la terre*, Paris: Librairie Universelle, 1905-1908, 6 v.; idem, *L'Évolution, la révolution et l'idéal anarchique*, Paris: P.V. Stock, 1898. Cf. Max Nettlau, *Élisée Reclus: Anarchist und Gelehrter*, Berlin: Beiträge zur Geschichte der Sozialismus, Syndikalismus, Anarchismus, iv, 1928; Béatrice Giblin, *Élisée Reclus: Pour une géographie*, tese de doutorado de 3º ciclo não publicada, Universidade de Paris viii, 1971; Gary S. Dunbar, *Élisée Reclus: Historian of nature*, Hamden: Archon Books, 1978. Cf. P. Kropotkine, Nécrologie: É. Reclus, *Geographical Journal*, n. 26, 1905, p. 337-343; e P. Geddes, Nécrologie: É. Reclus, *Scottish Geographical Magazine*, n. 21, 1905, p.490-496.

50 Cf. É. Reclus, De l'action humaine sur la géographie physique: L'homme et la nature (resenha de G.P. Marsh, *Man and Nature*), *Revue des deux mondes*, 1864, p. 762-771; e ver os comentários de G.S. Dunbar, *Élisée Reclus*, p. 42-45. Para situar Schrader nessa corrente de pensamento, reportar-se a A. Mellerio, ▶

## Os Morfólogos Sociais

A ideologia de esquerda dos especialistas de morfologia social já foi mostrada. Eles formaram um grupo que esteve fortemente ancorado em Durkheim e em *L'Année sociologique*. De um modo geral, dedicaram-se também a outros ramos da sociologia. Ainda estudantes, foram atraídos por Durkheim. Originários de meios geralmente israelitas e urbanos, formados na École Normale Supérieure e bem habituados aos debates filosóficos, eles foram mais representativos que os outros especialistas de ciências humanas da nova geração intelectual e dos debates que ela suscitou na Paris universitária de 1900.

Eles não puderam, entretanto, assegurar uma institucionalização importante de sua disciplina[51]. Este problema avivou, provavelmente, as relações tensas que eles tenderam a manter com as outras ciências humanas e, muito particularmente, com a história e a geografia. A morfologia social foi, de fato, concebida como um campo de pesquisa que atendeu às necessidades próprias à sociologia, considerada no topo de todas as outras – sintetizando os resultados delas. Daí resultou certo "imperialismo", que incomodou os não durkheimianos.

A morfologia esteve destinada a estudar os aspectos terrestres e materiais (o "substrato") da vida social. Embora a ênfase fosse colocada no impacto dos primeiros sobre esta última, a relação inversa também foi estudada. Mas Durkheim e seus discípulos hesitaram e se mantiveram ambíguos quanto ao lugar atribuído à morfologia social na explicação da estrutura social e do comportamento[52]. Seja como for, esse ramo da sociologia cobriu quase todo o campo tratado pela geografia humana. Seguiu-se um conflito entre as duas disciplinas cujo alcance epistemológico será examinado no capítulo seguinte. As relações entre durkheimianos e vidalianos foram prejudicadas, na medida em que houve poucos intercâmbios frutíferos entre

> ▷ La Société pour la protection des paysages de France, *La Réforme sociale*, n. 48, 1904, p. 427-438.

51 Victor Karady, Durkheim, les sciences sociales et l'Université: Bilan d'un semi-échec, *Revue française de sociologie*, n. 17, 1976, p. 267-311.

52 Cf. Maurice Halbwachs, *Morphologie sociale*, Paris: A. Colin, 1938; Leo F. Schnore, Social Morphology and Human Ecology, *American Journal of Sociology*, n. 63, 1958, p. 620-634.

eles. Houve, todavia, algumas exceções, entre as quais podemos citar: A. Vacher e A. Demangeon, que colaboraram no *L'Année sociologique*, bem como as reflexões de Max Sorre sobre a relação entre as duas disciplinas. Vacher, socialista convicto, morreu de modo prematuro. Mas, decerto, os contatos pessoais de Demangeon com os durkheimianos trouxeram-lhe perspectivas úteis em geografia humana, donde adviram, provavelmente, sua insistência em tratar de grupos sociais (e não de comportamentos individuais) e sua abordagem funcionalista dos fenômenos geográficos.

A morfologia social permaneceu um ramo relativamente negligenciado. Porém, a qualidade de alguns trabalhos de Marcel Mauss e Maurice Halbwachs mostrou que o conhecimento geográfico teria tido muito a ganhar com pesquisas mais avançadas e mais numerosas pelos morfólogos sociais. Por exemplo, os tipos zonal, setorial e multinuclear de crescimento urbano que Halbwachs observou foram desenvolvidos pelos sociólogos da escola de Chicago, especialistas da "ecologia humana" e por geógrafos, mas somente após a Segunda Guerra Mundial[53].

## Os Vidalianos

Os capítulos anteriores mostraram que os vidalianos foram os que melhor representaram as correntes de ideias desenvolvidas pela geografia alemã, assim como a ideologia que inspirou a ascensão da Terceira República. Eles parecem ter sido levados pela onda oportunista do fim do século XIX, da qual Gambetta e Ferry foram os condutores políticos. Ao mesmo tempo, esses geógrafos contribuíram grandemente para o desenvolvimento desse movimento ideológico.

---

53 O.D. Duncan, Translators preface, em H.W. Pfautz, *Population and society*, Glencoe: Free Press, 1960, p. 20-21 (tradução de H. Halbwachs, op. cit.). Sobre a abordagem de Demangeon, que está em claro contraste com aquela de Brunhes no tema da habitação rural, ver: Albert Demangeon, L'Habitation rurale en France, *Annales de géographie*, n. 29, 1920, p. 352-376; Gabriel Hanotaux, *Histoire de la nation française, t. 1: Introduction générale. Géographie humaine de la France / par Jean Brunhes*, Paris: Plon-Nourrit, 1920; e Camille Vallaux, Rivières, pays et maisons de France, d'après Jean Brunhes, *La Géographie*, n. 35, 1921, p. 121-126.

172 A ESCOLA FRANCESA DE GEOGRAFIA

O grupo de Vidal se beneficiou das posições que ele ocupava na École Normale e na Sorbonne, as duas instituições-chave na reforma republicana do ensino superior. Ensinando na École, de 1877 a 1898, e nela exercendo as funções de subdiretor, a partir de 1881, Vidal teve a possibilidade de realizar contatos preciosos com seus colegas, de fazer passar de um (em 1877) para três anos o estudo de geografia nos programas da instituição e de estabelecer ligação com o melhor grupo de estudantes literários da França. Ele teve plena consciência das vantagens oferecidas por esta escola "elitista" que comparou, aliás, a um colégio militar de alto nível: "pois, se o corpo docente, como o Exército, tem necessidade do número, ele não teria como dispensar a elite"[54].

De outro lado, a obtenção de uma cadeira na Sorbonne permitiu-lhe orientar teses em perfeita harmonia com sua linha de pensamento. Essa integração da escola vidaliana nos meios intelectuais "estabelecidos" constituiu um fator importante de seu reconhecimento e de sua institucionalização. Desse modo, os vidalianos puderam manter boas "relações públicas", apesar de seu papel relativamente modesto entre as elites parisienses. Tais relações eram importantes, pois delas dependia a ajuda fornecida às novas escolas de pensamento por meio de doações privadas. Uma das mais importantes foi concedida, em 1912, pela marquesa Arconati-Visconti, filha do deputado gambettista Alphonse Peyrat, para a construção de um novo instituto de geografia, dentro da Université de Paris. As municipalidades ofereceram, com frequência, fundos para a criação de cadeiras. Em 1898, o banqueiro Albert Kahn criou várias bolsas para viagens em torno do mundo, e, em 1912, fundou a cadeira de geografia humana no Collège de France, especialmente para Jean Brunhes, a despeito de certa reticência de seus membros[55]. Mais pessoas (como Armand Colin) e associações (como a Société des Amis de l'Université) criaram, igualmente, bolsas de viagem.

O círculo de Vidal dispôs, por outro lado, da *Annales de géographie* para desenvolver a pesquisa e assegurar a difusão

---

54 P. Vidal de la Blache, L'École normale, *Revue internationale de l'enseignement*, v. 8, 1884, p. 534.

55 *Chaire de géographie humaine*, Archives Nationales, Paris, F17.13556,29; e P. Vidal de la Blache, Les Bourses de voyage autour du monde, *Congrès international d'expansion économique mondiale*, Mons, Mars 1905, Section I – Enseignement.

OS CÍRCULOS DE AFINIDADE: FORMAÇÃO E ALCANCE       173

de suas doutrinas. Esse periódico nasceu graças ao suporte financeiro do editor Armand Colin. A associação deste com os oportunistas foi tal que ele recusou todo o lucro proveniente de uma brochura apoiando a política de Jules Ferry[56].

É notável que Himly, Levasseur, Reclus e os membros do periódico *La Science sociale* jamais publicassem na *Annales*. Mesmo que, no começo, essa publicação tenha parecido mais aberta aos especialistas de outras disciplinas além da geografia, a escolha destes foi, provavelmente, bastante orientada (Flahaut e Bonnier, em botânica; De Margerie, em geologia; o general de la Noé, em topografia; Angot, em climatologia; Hitier, em geografia rural). O esforço dos vidalianos no sentido de se aproximar das ciências físicas e biológicas foi claramente indicado pelo fato de que, até 1905, houve duas vezes mais artigos concernentes à geografia física do que à geografia humana. Esta, sobretudo por intermédio dos estudos regionais, assumiu importância em detrimento da antiga geografia histórica que, fracamente representada nas primeiras edições, em seguida desapareceu quase por inteiro.

A quase totalidade dos colaboradores da *Annales* foi composta de professores. Mas, embora conservando sua imagem universitária (eles publicaram, muito raramente, relatórios de suas viagens, embora fosse uma forma literária popular à época), os vidalianos fizeram questão de manter boas "relações públicas". Por isso, eles permaneceram em contato com as sociedades de geografia, apesar de não as dirigirem. O principal elemento de ligação foi de Margerie, ao mesmo tempo um dos diretores da *Annales* e um dos animadores do *Bulletin de la Société de Géographie de Paris*. A presença de vidalianos na Comissão de Geografia Histórica e Descritiva já foi mencionada. Engajados no movimento colonial e regionalista, consultados por ocasião das negociações de paz ao fim da Primeira Guerra Mundial, eles participaram largamente dos debates que animavam a sociedade da época. Igualmente, sua penetração no ensino, em todos os níveis (inclusive na formação das elites na École Normale e na École Libre des Sciences Politiques, assegurou-lhes um lugar privilegiado na cultura francesa. Com a eleição de Vidal

56   Essa brochura foi escrita por Rambaud sobre o Tonkin. Nécrologie: A. Colin, *Annales de géographie*, n. 9, 1900, p. 289.

à Académie des Sciences Morales et Politiques, em 1906, sua concepção da geografia foi reconhecida e respeitada em uma das maiores instituições culturais da França.

As relações entre os vidalianos e os outros círculos foram bem restritas, na virada do século XIX. Sobretudo obra de alguns dos membros mais antigos, que se consagraram principalmente à geografia histórica no estilo antigo, e de alguns jovens (Albert Demangeon, Antoine Vacher), que contribuíram um pouco para o esforço dos morfólogos sociais.

Na realidade, parece que a grande maioria das "relações públicas" foi conduzida pelo próprio Vidal de la Blache. Como mencionado, ele teve o cuidado de afirmar sua competência no campo da geografia histórica no estilo antigo. E fez uma confêrencia na Société d'Économie Sociale (embora não sendo membro) e duas na École des Hautes Études Sociales. É interessante notar que ele participou da Union pour la Vérité, associação fundada no começo dos anos 1900 e que teve por alvo debater questões de atualidade, de um ponto de vista puramente objetivo, sem nenhum espírito partidário (estes debates foram publicados em *Libres entretiens\**). Aí ele pôde discutir com personalidades bem conhecidas, tais como Durkheim, Lucien Lévy-Bruhl, Félix Pécaut, Ferdinand Buisson e Léon Brunschvicg, e apresentar suas ideias geográficas.

Vidal foi o chefe incontestável de sua escola. Assim, quando decidiu executar o famoso trabalho coletivo *Géographie universelle*, ele distribuiu tarefas aos seus discípulos, sem se preocupar com as preferências deles: "Vidal, tal como Deus Pai, tinha dividido o mundo entre seus discípulos, servindo inicialmente os mais antigos."[57]

Aqui é interessante distinguir duas "gerações" de vidalianos, a diferença de idade coincidindo com o caráter e o objeto dos trabalhos empreendidos. Na primeira, isto é, aquela dos mais antigos estudantes de Vidal, Dubois (1856-1916), Gallois (1857-1941), Camena d'Almeida (1865-1943) e Raveneau (1865-1937) são os mais conhecidos; Gallois, com o qual Vidal contou desde o começo, foi o sucessor de seu mestre na École Normale e, em

---

\*  Publicação cujo título pode ser traduzido por *Conversações Livres*. (N. da T.)

57  R. Blanchard, *Je découvre l'université*, Paris: A. Fayard, 1963, p.152-155. Blanchard fez a parte ocidental da Ásia, um pouco a contragosto.

OS CÍRCULOS DE AFINIDADE: FORMAÇÃO E ALCANCE

seguida, à frente da escola vidaliana de geografia. De maneira geral, esses primeiros discípulos foram testemunhas da evolução dos estudos históricos em estilo antigo para os estudos físicos, humanos e regionais. Não obstante, suas teses (orientadas por Himly) provieram da geografia histórica ou da história da geografia e parece que, como Vidal, continuaram a se interessar pelo tema durante toda a sua vida.

Pode-se, então, distingui-los da segunda geração de estudantes, os quais fizeram suas teses sob a orientação de Vidal. Usualmente, eles se qualificavam fazendo as monografias regionais – às quais deviam sua fama. São estes vidalianos que se tornaram, por consequência, os mais conhecidos, tanto na França como no estrangeiro: Brunhes (1869-1930), Vallaux (1870-1945), Demangeon (1872-1940), De Martonne (1873-1955), Vacher (1873-1921), Blanchard (1877-1965), Sion (1879-1940) e Sorre (1880-1962). Essa geração ocupou a maioria dos postos universitários – seja em cadeiras criadas recentemente, seja em substituição aos membros do círculo de afinidade da geografia histórica que se aposentaram. Pode-se supor – e esta hipótese será em parte verificada nas páginas seguintes – que a primeira geração teve uma tendência filosófica proveniente da república oportunista e do neokantismo de Lachelier ou Boutroux. Quanto à segunda geração, nascida na época da guerra de 1870-1871, ela tomou, igualmente, parte no movimento de pensamento lançado por Vidal, mas foi, o que é provável, sensível aos novos desenvolvimentos filosóficos (como os de Bergson) que começou a assimilar.

A homogeneidade aparente do grupo de Vidal, em comparação com outros círculos de afinidade, não deve ser aceita sem reservas: houve, de fato, duas tendências que não estiveram em perfeita harmonia com a corrente vidaliana principal.

A primeira gravitou em torno de Dubois, que só seguiu um curso de Vidal quando este foi nomeado professor na École Normale (1877), e que continuou em contato com seu mestre, colaborando na fundação da *Annales de géographie*. Graças à sua importante posição na Sorbonne, na qual deu cursos sob a forma de seminários (o que Himly não quis fazer) e onde fundou a "seção de geografia", e por causa também de seus numerosos contatos com os estudantes, ele conseguiu ter uma influência pessoal na orientação dos estudos geográficos. Em sua esteira, o melhor exemplo foi aquele de Henri Schirmer, que fez parte dessa primeira geração de estudantes, formada nos anos 1880. Ele foi um dos raros pesquisadores formados exclusivamente na instituição e que conseguiu uma carreira universitária brilhante. Como nunca estudou na École Normale, não seguiu nenhum curso de Vidal. Logo, pode-se considerar que Dubois foi seu único mestre. Como este, ele se interessou de maneira muito particular pelos territórios coloniais e de ultramar. Schirmer escreveu a primeira tese de doutorado sobre a geografia moderna de uma região[58] e obteve um posto na Université de Lyon, antes de ir para a Sorbonne, em 1899, onde ensinou principalmente a geografia da África. Dubois teve ainda como estudantes Robert Perret e Augustin Bernard (embora este também tenha recebido o ensinamento de Vidal), mas, no total, poucos de seus estudantes fizeram carreiras universitárias brilhantes. Seja como for, Dubois e seus alunos formaram um grupo autônomo no interior do círculo de afinidade dirigido por Vidal. Como mencionado no primeiro capítulo, os discípulos de Vidal atribuíram aos colegas que estudaram com Dubois, nos anos 1910, a reputação de não serem suficientemente competentes em geografia física. De fato, a alta posição atribuída ao estudo da geografia física e, de modo mais particular, à geomorfologia deveu-se a Vidal e seus discípulos. Dubois e os estudantes que sofreram sua influência concordaram em dizer que a geografia física foi um importante elemento de explicação[59]. Entretanto, eles se recusaram a dar a ela importância excessiva, como foi, por exemplo, o caso de certos geomorfólogos que voltaram muito longe nos tempos geológicos. Gallois criticou essa atitude de Dubois e, na mesma ocasião, rejeitou a ideia emitida por De Lapparent de que os professores de geografia do secundário deveriam ser formados em faculdades de ciências e não de letras[60]. A razão pela qual nenhum círculo

---

58  Cf. H. Schirmer, *Le Sahara*, Paris: Hachette, 1893.

59  Cf. C. Depéret; H. Schirmer, L'Enseignement de la géographie en France et les examens, *Revue internationale de l'enseignement*, v. 35, 1898, p. 244-250.

60  Os principais elementos dessa polêmica pouco conhecida mas tão reveladora são: M. Dubois, La Géographie et l'éducation moderne, *Revue internationale de l'enseignement*, v. 35, 1898, p. 233-243; A. de Lapparent, La Reforme de l'enseignement géographique, *L'Enseignement secondaire*, n. 19, 1898, p. 29-31; e L. Gallois, La Géographie et les sciences naturelles, *Revue universitaire*, 8ᵉ année, n. 1, 1899, p. 38-47.

de afinidade durável e coerente desenvolveu-se em torno de Dubois pode ser atribuída, em parte, ao fato de que ele cessou, progressivamente, de fazer pesquisa avançada: após 1900, precisou diminuir suas atividades por razões de saúde, morrendo em 1916. Além disso, a visão de Schirmer piorou consideravelmente após 1905, a ponto de também abandonar a pesquisa e o ensino, a partir de 1913. Portanto, a tendência geográfica desenvolvida por Dubois desapareceu no momento da Primeira Guerra Mundial, deixando a via aberta à dominação da ortodoxia vidaliana, defendida por Gallois, Demangeon e De Martonne.

Brunhes esteve na origem da segunda tendência que adquiriu certa originalidade em relação à corrente vidaliana principal. O fato de que fosse o único militante católico no círculo de Vidal já foi mencionado. Ademais, ele conheceu uma carreira universitária bastante particular. Brunhes permaneceu, de maneira deliberada, quatorze anos na Université de Fribourg (Suíça) antes de ocupar a cadeira de geografia humana, criada pouco tempo antes no Collège de France. A posição e a natureza destas duas instituições não permitiram a Brunhes ter sua própria escola de discípulos. Mesmo estando em bons termos com Vidal e os outros membros do grupo (como Martonne), ele teve muitas afinidades com não geógrafos. Ideologicamente, foi engajado no catolicismo social e atraído por sábios e filósofos espiritualistas, como Maurice Blondel, Bergson e o abade Breuil (pré-historiador)[61]. É preciso assinalar, igualmente, os contatos que manteve com antropólogos, como Marcelin Boule (do Muséum d'Histoire Naturelle, e que teve Teilhard de Chardin como estudante). Entre os vidalianos, Brunhes foi aquele com maior interesse pela antropologia, e sua geografia humana se distinguiu pelo fato desta se inspirar, com frequência, naquela disciplina. Ele foi igualmente muito competente em geomorfologia e impressionou pela extensão de seus conhecimentos e de suas atividades. Sua interpretação da geografia humana diferiu razoavelmente da de Demangeon que, na realidade, só manteve relações frias e formais com Brunhes, acima de tudo após a Primeira Guerra Mundial. Ora, Demangeon é que

---

61  O interesse que Brunhes tinha pelos trabalhos de M. Blondel foi-nos assinalado por sua filha, sra. Mariel Jean-Brunhes Delamare.

deveria, em seguida, dominar a geografia universitária francesa e imprimir-lhe sua marca.

A geografia na França caminhou rapidamente para assumir um caráter monolítico, desde o fim da Primeira Guerra Mundial. Logo, o círculo dos vidalianos veio se confundir justamente com a "escola francesa de geografia". É, então, sobre a epistemologia vidaliana que trata o último capítulo.

# 6. A Epistemologia Vidaliana

Um consenso geral parece se destacar dos trabalhos dos vidalianos no sentido de se considerar a geografia uma ciência. Esse ponto prévio merece ser sublinhado, pois as discussões recentes colocando em questão a natureza científica da disciplina são, às vezes, baseadas na crença errônea de que Vidal de la Blache não considerava a geografia uma ciência. É verdade, todavia, que certos vidalianos preferiam evitar a utilização da palavra "ciência", conscientes do fato de que sua disciplina ainda estava em seus primórdios. Jean Brunhes também dava provas de alguma hesitação ao dizer, sabiamente, que a resposta dependia de como a própria ciência era definida: de uma maneira restritiva ou de um modo mais amplo[1]. Fosse como fosse, todos os vidalianos se entendiam, reconhecendo que a geografia se esforçava para ser explicativa. A questão torna-se essa, então: qual era a concepção da ciência da escola francesa? A discussão seguinte se apoia principalmente na obra de Vidal de la Blache, fundador da escola, mas também na obra de alguns de seus principais discípulos.

Para compreender os fundamentos epistemológicos da geografia vidaliana, esbarramos numa dificuldade importante:

---

1  J. Brunhes, *La Géographie humaine*, 2. ed., Paris: Alcan, 1912, p. XIII-XIV.

a quase ausência de referências a filósofos ou outros pensadores da problemática da pesquisa científica. A dificuldade é superada tirando-se pleno partido da abordagem contextual seguida até agora. O método empregado é – após ter definido a filiação ideológica dos vidalianos (em relação àquelas dos outros geógrafos) e deduzido suas fontes de inspiração filosófica e científica – verificar tais deduções, comparando a perspectiva desses autores com aquelas dos pensadores ou sábios correspondentes. O contexto ideológico serve, portanto, não somente para sugerir as concordâncias entre as diferentes áreas do pensamento, mas também para corroborar e matizá-las, evitando o perigo de se fixar em semelhanças puramente formais, às quais uma simples associação de textos pode, muitas vezes, chegar.

Os capítulos precedentes mostraram a significação ideológica do crescimento de uma abordagem neokantiana das questões filosóficas na França, do fim do século XIX e do início do século XX. Foi demonstrado que os defensores do retorno a Kant se situaram, no geral, na corrente ideológica que patrocinou a ascensão dos vidalianos na universidade. A hipótese, já enunciada, da existência de uma afinidade intelectual entre esses dois grupos é lógica, e o exame da concordância entre a epistemologia vidaliana e a filosofia neokantiana constitui, então, o objetivo deste capítulo.

Desse modo, nas páginas seguintes, a originalidade dos trabalhos dos vidalianos é, primeiramente, evidenciada em suas grandes linhas. Trata-se não de fazer um resumo exaustivo – se isso fosse mesmo possível – das contribuições científicas dos vidalianos, mas, sim, de destacar as características essenciais do que eles chamavam "espírito geográfico" que dirigia suas pesquisas. Este aparece como típico do ponto de vista requerido por uma epistemologia neokantiana – o que é mostrado sob o ângulo da filosofia das ciências (o convencionalismo) e, em seguida, sob aquele da metodologia (a concepção da contingência). Enfim, é demonstrado como a visão deles sobre as relações homem-natureza, ou o possibilismo, assume precedentes, uma profundidade e uma envergadura bem diferente das avaliações que delas se fizeram até o presente, à luz dos desdobramentos.

## O ESPÍRITO GEOGRÁFICO

"Ponto de vista", "ângulo", "método geográfico" foram os termos que os vidalianos empregaram para designar sua maneira de abordar as questões que quiseram tratar. Todas essas expressões, no entanto, acabariam superadas pela expressão "espírito geográfico". Seria vão, todavia, definir este último em uma fórmula simples. Entretanto, certas ideias permitem caracterizá-lo.

Em primeiro lugar, era fundamental "a ideia da unidade terrestre", segundo os termos de Vidal (ou "princípio da conexão", em Brunhes). Era ela que, uma vez difundida, constituía a fonte do espírito geográfico e, em particular, "daquilo que Platão chama de espírito sinótico", do qual Vidal desejava que os geógrafos permanecessem embuídos. Por exemplo, quando um fenômeno ou uma área eram estudados, deveriam sê-lo em função de sua "posição" relativa (a *Weltstellung*, de Ritter) e de sua comparação com fenômenos e áreas semelhantes no mundo[2]. Inspirando-se nesta ideia de unidade terrestre, a geografia vidaliana se esforçava no sentido de revelar as combinações dos fenômenos. A perspectiva holista, as pesquisas dos conjuntos e dos fenômenos correlatos eram fundamentais no pensamento vidaliano. Elas se manifestavam melhor nos estudos regionais, mas estavam longe de se limitar a eles.

Para Vidal, o "trabalho de análise" devia concentrar-se na localização, mas à luz do que acabava de ser definido. Os estudos de repartição, que ele julgava primordiais em sua abordagem da geografia regional e, sobretudo, da geografia humana, não se limitavam a um preliminar apresentado de maneira mecânica, mas constituíam o reflexo de um ponto de vista infinitamente mais vasto[3]. As múltiplas facetas desse "espírito geográfico" eram mais bem captadas em suas consequências, isto é, através dos

---

2    P. Vidal de la Blache, La Géographie humaine, ses rapports avec la géographie de la vie, *Revue de synthèse historique*, n. 7, 1903, p. 233. A ideia de unidade terrestre é melhor exposta em: idem, Le Principe de la géographie générale, *Annales de géographie*, n. 5, 1896, p. 129-141; e J. Brunhes, *La Géographie humaine*, 2. ed., p. 17-33.

3    Essa abordagem é característica de Vidal, desde seus primeiros trabalhos (Remarques sur la population de l'Inde anglaise, *Bulletin de la Société de Géographie de Paris*, 6ᵉ série, n. 13, 1877, p. 5-34) até os últimos (La Répartition de hommes sur le globe, *Principes de géographie humaine*, manuscritos reunidos por E. de Martonne, Paris: Colin, 1922, p. 19-100). Sobre o alcance dessa ►

temas tratados e defendidos em relação às ciências conexas, dos quais os vidalianos tinham que se diferenciar.

A área alcançada por seus trabalhos tinha, de fato, a tendência a ser bastante vasta. Tal como sugere a etimologia da palavra geografia, esse alcance abrangia a superfície terrestre. Ele estava definido como a combinação dos fenômenos que se produziam na zona de contato dos três estados da matéria (gás, líquido e sólido). Esta ideia não tinha, aliás, nada de original: Richthofen já a havia expressado em termos semelhantes[4]. Fato interessante, a palavra "paisagem" não era habitualmente citada como elemento-chave de definição da disciplina. Por outro lado, o estudo dos diferentes meios físicos intervinha sempre. Todavia, a ação humana, que incomodava ou tentava restabelecer os equilíbrios, entrava logicamente nos propósitos dos geógrafos. Era, então, com uma concepção muito vasta de sua disciplina que os vidalianos tentavam ocupar um lugar no seio das ciências humanas, sendo encorajados a desenvolver certos temas mais que outros e a abordá-los de uma maneira distinta face às ciências conexas.

## Frente às Ciências Humanas

Nesta discussão, não se pode escapar à necessidade de se levar em conta o peso das instituições nas orientações assumidas pelos geógrafos e nos temas nos quais insistiam.

A observação se aplica de forma muito particular à história, disciplina com a qual – provavelmente sob a ação de Volney – a geografia estava associada no ensino, desde o começo do século XIX[5]. O problema das relações entre elas, em particular no plano de suas finalidades respectivas, provocava debates importantes durante toda a segunda metade do século XIX, enquanto se constituía a ciência geográfica. Até que ponto esta

---

▷ abordagem, cf. David Hooson, The Distribution of Population as the Essential Geographical Expression, *Le Géographe canadien*, n. 17, 1960, p. 10-20.

4   Ferdinand von Richthofen, *Aufgaben und Methoden der heutigen Geographie*: *Akademische Antrittsrede*, Leipzig: Veit, 1883; P. Vidal de la Blache, Des caractères distinctifs de la géographie, *Annales de géographie*, n. 22, 1913, p. 293; Camille Vallaux, *Les Sciences géographiques*, Paris: Alcan, 1925, p. 405.

5   Cf. Jean Poirier, *Histoire de l'ethnologie*, Paris: PUF, 1969, p. 22.

A EPISTEMOLOGIA VIDALIANA

devia continuar sendo a auxiliar da história? E em que medida a história devia servir de método para a geografia?

Os capítulos anteriores forneceram os elementos de resposta: a originalidade do círculo de afinidade de Vidal em relação aos outros (em especial aqueles de Himly e de Drapeyron) repousou precisamente em sua recusa, muito clara, de colocar a geografia a serviço exclusivo da história. Todavia, a diferenciação institucional não se tornou jamais completa. Várias cadeiras permaneceram especializadas em história e geografia, ao mesmo tempo. Mais importante ainda, as duas disciplinas continuaram associadas nos programas de ensino, nos níveis do secundário e da universidade. A primazia institucional da história redundou – respeitada por numerosos geógrafos, tais como aqueles do círculo de afinidade de Himly – na combinação paradoxal de uma relativa hostilidade dos vidalianos com a história e de uma infiltração pela história da abordagem geográfica.

Essa situação pode explicar em grande parte o fato – igualmente paradoxal – de que os jovens discípulos de Vidal se afastaram da geografia histórica. De acordo com eles, o estudo do passado só seria válido na medida em que ele servisse para explicar o presente. As considerações próprias à geografia histórica foram reduzidas à parte introdutória e retrospectiva das célebres monografias regionais e não se constituíram jamais em um ramo particular da disciplina, com seus métodos e seus princípios[6]. As relações entre os praticantes das duas disciplinas melhoraram, no início do século XX, quando a geografia vidaliana começou a influenciar a evolução da historiografia e uma ajuda recíproca tornou-se possível. O interesse de Vidal pelo gênero de vida passado por populações situadas em meios diferentes contribuiu para promover a passagem de uma histórica política erudita a uma concepção muito mais ampla da disciplina. Henri Berr e Lucien Febvre, que estiveram entre os responsáveis mais notáveis dessa mudança, ficaram familiarizados com a obra de Vidal e sua escola e reconheceram

---

6   Assim, as obras de C. Vallaux (*Les Sciences géographiques*) e de Albert Demangeon, (*Problèmes de géographie humaine*, Paris: Colin, 1942) apresentam a geografia histórica como uma disciplina auxiliar da história. Ver também as opiniões de Xavier de Planhol, Historical Geography in France, em Alan Baker (org.), *Progress in Historical Geography*, Newton Abbot: David and Charles, 1972, p. 29-44.

a inspiração que dela tiraram. Inversamente, o próprio Vidal deveu muito a Michelet por seu interesse pela vida dos povos do passado. Além disso, Vidal reconheceu sua dívida com a história local, muito negligenciada, a seu ver, na maior parte da França, salvo em Strasbourg e na Normandia. Este tipo de estudo (conduzido por eruditos como Caumont, Gerville e Le Prévost) forneceu a Vidal as monografias mais úteis. Os métodos críticos da erudição foram também utilizados pela escola francesa para elucidar os fundamentos históricos das paisagens contemporâneas[7].

A falta de interesse dos jovens vidalianos pela geografia histórica como campo autônomo de pesquisa foi ainda mais chocante pelo fato de que o próprio Vidal esteve muito interessado por ela. Mas não resta dúvida de que "o espírito geográfico" esteve todo penetrado pela história – situação à qual ele se acomodou muito bem, dado o caráter holístico da perspectiva histórica. Todavia, a consequência mais importante dessa realidade se situou provavelmente algures. A frequentação institucionalizada e privilegiada da história teve por efeito favorecer, na abordagem dos fenômenos humanos, as considerações históricas em detrimento daquelas que as outras ciências humanas poderiam trazer. Assim é que questões de interesse foram levantadas por ocasião da formação da escola vidaliana para serem relativamente abandonadas depois.

Por exemplo, quando olhamos agora o conteúdo das publicações geográficas anteriores à Primeira Guerra Mundial, ficamos impressionados pela atenção considerável que os geógrafos deram às questões relacionadas à tradição histórico-cultural na antropologia. Fatores institucionais agiram em favor dessa situação. Durante o século XIX, a antropologia, tal como a geografia, era dependente da informação coletada pelos exploradores. A exploração da superfície terrestre era importante para ambas as disciplinas. A curiosidade antropológica sobre as pessoas que habitavam as terras mal conhecidas beneficiava o movimento geográfico. Logo, geografia e antropologia estavam estreitamente associadas nas sociedades de geografia.

---

7  A. Demangeon, *Les Sources de la géographie de la France aux Archives nationales*, Paris: Bellais, 1905. Vidal faz o elogio da história local em: La Rénovation de la vie régionale, *Foi et vie*, Cahier B, n. 9, 1º mai 1917, p. 103.

Por exemplo, entre as personagens mais eminentes da Société de Géographie de Paris, observavam-se alguns antropólogos profissionais conhecidos, como Armand de Quatrefages de Bréau e Ernest Hamy.

As instituições nas quais repousavam as duas disciplinas eram muito diferentes. De um lado, a geografia era praticada por vários círculos de afinidade, encontrava espaço em numerosas sociedades e revistas e estava bem implantada nas escolas primárias e secundárias, bem como na maior parte das instituições superiores[8]. De outro lado, a antropologia só era sustentada por algumas associações e revistas e tinha pouco espaço no ensino superior. Os poucos antropólogos profissionais se encontravam em instituições especializadas (por exemplo, o Muséum d'Histoire Naturelle de Paris, o Musée d'Antropologie de Paris). Além disso, enquanto a geografia insistia nas questões históricas e sociais, os antropólogos profissionais se interessavam, antes de tudo, pelo lado físico de sua ciência. A maior parte deles tinha uma formação em medicina e só gradualmente foi abandonada a primazia atribuída aos fatores físicos na explicação das predisposições culturais do homem – ou seja, uma divisão mais equitativa do trabalho efetuando-se entre especialistas de antropologia física e especialistas de antropologia cultural. De fato, embora as palavras "antropologia", "etnologia" e "etnografia" tivessem sido utilizadas de diferentes maneiras, "antropologia" tendia a designar a antropologia física, e "etnologia" ou "etnografia", a antropologia cultural (esta adotando com frequência uma abordagem mais descritiva que aquela). Em certa medida, essa divisão lembrava a que existia para alguns entre geografia física e geografia humana.

Seja como for, os que trabalharam simultaneamente em antropologia e em geografia foram numerosos, no século XIX. Outros se inspiraram em uma dessas disciplinas para melhor trabalhar na outra. Este foi bem o caso da França onde, por exemplo, o geógrafo Vivien de Saint-Martin escreveu sobre questões antropológicas, e Hamy e Deniker, sobre temas situados nos confins da geografia. O próprio Vidal, segundo se informa, foi

---

8   Questões de etnografia faziam parte do programa de geografia para o exame de *agrégation* até cerca de 1900, após o que elas foram totalmente substituídas por questões de geografia humana propriamente dita.

um ouvinte atento das conferências de Hamy. Na Alemanha, esta tendência foi ainda mais forte, tanto mais que a perspectiva histórico-cultural, aí muito difundida, pôde facilmente constituir um elo entre as duas ciências. Os exemplos mais característicos foram aqueles de Peschel, Ratzel e mesmo de Richthofen[9]. A tendência foi duradoura, como ilustrou o amálgama dos *Petermanns Mitteilungen* com a revista de antropologia *Globus*, no início do século xx. A geografia vidaliana foi exposta a estas ideias por meio de sua familiaridade com a ciência alemã.

O pouco desenvolvimento das instituições que ensinavam e propagavam os conhecimentos de antropologia cultural e social na França só podia favorecer o entusiasmo pela geografia humana. Com isso, os trabalhos de certos geógrafos franceses estavam em condições de responder, em parte, a esse gênero de curiosidade. Era Jean Brunhes aquele que podia ser considerado o membro da escola francesa que mais se aproximava da antropologia. Tanto quanto sua obra, suas opiniões refletiam grande conhecimento do tema. Ele fazia parte do conselho de redação de *L'Ethnographie*, revista publicada pela Société d'Ethnographie de Paris. À parte Brunhes, deve-se também citar o bibliotecário G.-A. Hückel, mas este não lecionava e sua morte prematura poria um fim precoce em sua elaboração geográfica de questões etnográficas. O próprio Vidal se interessava muito pela antropologia. Era, portanto, essencialmente em Vidal e Brunhes que se devia buscar, antes de 1914, os conceitos, enfoques e temas geográficos nascidos de uma troca intelectual continuada com a antropologia. Entretanto, essa corrente não produziria uma linhagem na escola francesa de geografia. Dessa vez, o quadro institucional atuaria contra a troca de ideias entre as duas disciplinas. Com a antropologia pouco institucionalizada, e até mesmo ausente – salvo exceção – das faculdades, o estudante em

---

9   Cf. Louis Vivien de Saint-Martin, *Recherches sur l'histoire de l'anthropologie*, Paris: Dondey-Dupré, 1845; E.T. Hamy, La Terre et l'homme, *Revue de géographie*, n. 18, 1866, p. 15-26, 81-98. Oscar Peschel, *Neue Probleme der vergleichenden Erdkunde*, Leipzig: Duncker und Humblot, 1870; idem, *Völkerkunde*, Leipzig: Duncker und Humblot, 1877; Friedrich Ratzel, *Anthropogeographie*, Stuttgart: Engelhorn, 1882-1891, 2 v.; idem, *Völkerkunde*, Leipzig/Viena: Bibliographisches Institut, 1894-1895, 2 v.; Ferdinand von Richthofen, *Vorlesungen über allgemeine Siedlungs- und Verkehrsgeographie*, Berlin: Dietrich Reimer (E. Vohsen), 1908.

A EPISTEMOLOGIA VIDALIANA 187

geografia não estava normalmente em contato direto com ela. De forma gradual, os durkheimianos ampliavam seu interesse pela antropologia, mas este movimento só assumiria alguma importância após a Primeira Guerra Mundial – período no qual as relações entre ela e os vidalianos não estavam, justamente, muito boas. Após a morte de Vidal, Brunhes e seu discípulo, Jean Deffontaines, detinham postos de trabalho que não lhes permitiam orientar, de maneira significativa, os estudos de geografia. Há muito tempo, Max Sorre desenvolvia funções administrativas e, por esse fato, tinha poucos estudantes – estes tendendo muito mais a se agrupar em torno de Gallois, de Martonne, Demangeon e Blanchard. Após a Primeira Guerra Mundial, a geografia humana geral não se desenvolvia muito, na França, talvez em parte por causa do desconhecimento da antropologia. Aliás, com essa preocupação na cabeça, em 1937, Jules Sion se faria advogado de um esforço visando preencher o fosso que separava as duas disciplinas[10].

Alguns temas foram, assim, abandonados progressivamente pela escola francesa de geografia, mas devem ser sublinhados, pois são os que melhor permitem compreender o pensamento vidaliano em seus primórdios. Bastante esquecido hoje, um desses temas essenciais foi o da "civilização"[11]. Além do fato de que Vidal tentou lhe dar uma significação geográfica, sobretudo por intermédio do conceito de "gênero de vida", a maneira pela qual o tema foi tratado reproduziu a abordagem histórico-cultural largamente desenvolvida pelos antropólogos e antropogeógrafos alemães. Os *Principes de géographie humaine* denotaram esse interesse profundo pelas origens e evoluções das civilizações. Nesta obra, com frequência, levantou-se o problema das condições geográficas do progresso das civilizações ou de sua estagnação – Vidal falou de "civilizações estereotipadas". Ele se interessou também pela formação das "áreas de civilizações".

---

10  J. Sion, Géographie et ethnologie, *Annales de géographie*, n. 46, 1937, p. 446-464.

11  Esse tema foi recentemente lembrado por Philippe Pinchemel ("Paul Vidal de la Blache", *Geographisches Taschenbuch*, 1970-1972, p. 266-279) e comentado por Anne Buttimer em *Society and Milieu in the French Geographic Tradition*, Chicago: Rand McNally, 1971 (Association of American Geographers, Monograph Series, 6), embora ela enfatize mais o aspecto social que o histórico-cultural da "géographie de la civilisation" em Vidal. Esta é bem apresentada na segunda parte dos *Principes de géographie humaine*.

Esse tema deveria, aliás, ser desenvolvido principalmente por antropólogos sob a rubrica "áreas culturais"; porém, eles o fizeram de um modo que decerto diferiu daquele visualizado por Vidal[12]. O tema vidaliano da "circulação" deve ser compreendido relacionado com a evolução das civilizações. Vidal insistiu no comércio, em particular, pois ele o considerou um meio de propagar o progresso das civilizações. O tema da circulação foi essencial em Vidal e se reencontrou em todos os níveis de sua abordagem, inclusive em suas pesquisas regionais[13].

O interesse pela difusão das invenções, das características culturais, dos materiais de construção, dos modos de transporte e dos hábitos alimentares sempre esteve presente nas obras de Vidal e de Brunhes. O tema da "difusão" foi explicitamente tratado por Vidal nos *Principes de géographie humaine*. Este tema foi, também, bem conhecido por Brunhes, admirador dos mapas de repartição e constantemente informado sobre os trabalhos de Schmidt e Frobenius. Entretanto, ele achou estas questões muito afastadas dos fatores geográficos para orientar em demasia suas pesquisas na direção delas[14].

Um último tema, aquele da "raça", que Brunhes apenas aflorou, parece ter interessado bastante a Vidal. Em seus trabalhos, o tema interveio por intermédio da discussão dos fatores geográficos por detrás da origem, da difusão e da persistência das raças. Se ele revelou uma prudência bem acadêmica sobre a questão das origens, avançou hipóteses mais audaciosas sobre as relações existentes entre a formação de uma raça e os fatores geográficos (que compreendem – não se pode esquecer – os "gêneros de vida"). Parece, então, que Vidal se interessou pelas descobertas fisiológicas e médicas sobre a ecologia do homem, no mais alto grau, por fornecerem um elemento de compreensão do "mais delicado capítulo da geografia humana: o estudo das influências que o meio ambiente

---

12  P. Vidal de la Blanche, *Principes de géographie humaine*, p. 288-290.
13  Ver ibidem, sobretudo a 3ª parte e, do mesmo autor, *Tableau de la géographie de la France*, Paris: Hachette, 1903 (v. I de E. Lavisse, *Histoire de France*); La Rénovation de la vie régionale, op. cit.; *Les Voies de commerce dans la géographie de Ptolémée*, Comptes rendus de l'Académie des inscriptions et belles-lettres, 3ᵉ série, n. 24, 1896, p. 456-483; idem, *Note sur l'origine du commerce de la soie par voie de mer*, Comptes rendus de l'Académie des inscriptions et belles-lettres, 1897.
14  J. Brunhes, *La Géographie humaine*, 2. ed., p. 560-563.

A EPISTEMOLOGIA VIDALIANA

exerce sobre o homem, no físico e no moral"[15]. Vidal contemplou, também, o estudo geográfico das doenças – tarefa, mais tarde, retomada por Maximilien Sorre.

Vê-se, através desses temas, que "o espírito geográfico" reivindicado por Vidal e seus discípulos não reconheceu muitos limites do lado das questões antropológicas. Isso transpareceu claramente por ocasião de um debate que se realizou entre Brunhes e Van Gennep. Este expressou a opinião de vários de seus colegas antropólogos que atacaram vivamente *La Géographie humaine* no momento de sua publicação, em 1910. O fato de que Brunhes fosse católico e que definisse a etnologia referindo-se a Wilhelm Schmidt, padre e antropólogo católico, muito provavelmente agravou a atitude de Van Gennep em relação ao livro. Um ano antes, aliás, este criticou Schmidt e outros antropólogos católicos que se esforçaram, escreveu, no sentido de demolir as aquisições dos pesquisadores que eram livres-pensadores. O objetivo deles, segundo Van Gennep, foi "fabricar uma etnografia ortodoxa, sobre a qual, em seguida, poder-se-ia reconstruir todo um esquema no topo do qual o catolicismo se colocará de pleno direito".

Mas o que Van Gennep censurou, fundamentalmente, em Brunhes foi que este procurou atribuir-se um campo que pertencia à antropologia (o estudo das casas e aldeias) e à economia política. Van Gennep acrescentou, aliás, que o estudo das vias de comunicação pertencia à geografia humana – campo sobre o qual Brunhes não se inclinou o suficiente. Além disso, Van Gennep expressou dúvidas sérias quanto ao futuro da disciplina, temendo que Brunhes "só tenha conseguido prolongar por alguns anos a vida do híbrido monstruoso, que mesmo a potência e a engenhosidade de um Ratzel não conseguiram fazer aceitar como um produto normal"[16].

Na segunda edição revisada da obra, Brunhes eliminou as ambiguidades da primeira. Nela, ele precisou que nem a geografia humana, nem a antropologia deviam estar a serviço uma da

15  P. Vidal de la Blache, La Géographie humaine, ses rapports avec la géographie de la vie, *Revue de synthèse historique*, n. 7, p. 235.

16  Citações de A. Van Gennep em resenhas de Louis-Henry Jordan; Baldassare Labanca, The Study of Religion in the Italian Universities, *Mercure de France*, n. 85, 1910, p. 124; idem, J. Brunhes: La Géographie humaine, *Mercure de France*, n. 90, 1911, p. 616. (Resenhas)

outra. Na resenha dessa segunda edição, Van Gennep mostrou que o conflito desaparecera: "Agora que não temo mais que ele queira invadir minha horta, sinto simpatia por este sábio que cultiva a sua com ardor e utiliza, ao mesmo tempo, vários adubos diferentes." Van Gennep continuou, explicando que seus ataques anteriores foram motivados pelo temor de que os especialistas de geografia humana tentassem subordinar a antropologia à sua disciplina "como tinha sido o caso até o fim do último século"[17].

A posição de Brunhes foi a de que as ciências sociais tinham campos que se recortavam bastante – mais particularmente a geografia humana e a etnografia. Isso estabelecido, Brunhes deduziu que aquilo que de verdade separava as duas disciplinas era seus diferentes pontos de vista. E insistiu, por sinal, que "o real é um, mas nós o consideramos alternativamente sob rubricas diferentes". A tarefa do geógrafo consistiria, então, em esclarecer, com uma precisão maior que as outras ciências, "o que nós poderíamos chamar a 'interação', ou a sequência de ações recíprocas do meio natural e dos homens" – indicando, em uma referência, compreender a palavra "interação" no sentido dado pela psicologia moderna[18].

Ele teve convicção de que a geografia poderia dar a sua mais válida contribuição ao extrair resultados claros desta interação, os quais classificara em *La Géographie humaine*. Todavia, reconheceu que os geógrafos poderiam legitimamente afastar-se do estudo dos "fatos de geografia humana" que ele identificara e inclinar-se sobre outros fenômenos, tais como a vestimenta, os utensílios agrícolas e os ritos funerários[19]. "É preciso afirmar", escreveu ele, "que nenhum dos fatos humanos que pertencem à geografia humana deixaria indiferentes os etnógrafos ou etnólogos" (e vice-versa). Assim, não poderia existir fronteira claramente delimitada entre as duas disciplinas. Haveria importantes "zonas de fatos de transição nas quais o interesse geográfico vai crescendo e a importância etnológica decrescendo, ou inversamente". Brunhes concluiu que se deveria trabalhar menos para

---

17 Idem, J. Brunhes: La Géographie humaine, *Mercure de France*, n. 101, p. 151. (Resenha)

18 J. Brunhes, Ethnographie et géographie humaine, *L'Ethnographie*, nouvelle série, n. I, 1913, p. 32.

19 Idem, *La Géographie humaine*, 2. ed., p. 555-571.

separar as duas disciplinas que para aproximá-las, e deplorou certos temas não serem, de modo algum, tratados pelas duas disciplinas, cada um a partir do próprio ponto de vista[20].

Se ela teve poucas fricções com a antropologia, a geografia vidaliana, como se sabe, entrou em conflito aberto com a sociologia durkheimiana. Como sugerido no capítulo anterior, ideologias e estratégias universitárias puderam desempenhar um papel para avivar um conflito que assumiu, frequentemente, um caráter exacerbado. Por exemplo, a origem social e a ideologia respectiva dos membros dos dois círculos de afinidade diferiram claramente. Além disso, o progresso dos geógrafos vidalianos na institucionalização de sua disciplina no âmbito da universidade pôde muito bem ter suscitado rivalidades da parte de um grupo concorrente. Tratou-se, à primeira vista, de um problema de limites entre a geografia humana e a morfologia social, ramo da sociologia durkheimiana que objetivou estudar os aspectos materiais e espaciais da vida dos grupos. Os protagonistas deste conflito se acusaram mutuamente de invasão de suas respectivas áreas. Mas foram os sociólogos, entretanto, os mais inclinados a atacar para preservação do que consideraram sua área. A argumentação utilizada foi relativamente obscura, uma vez que diversas vezes contraditória. Acima de tudo, cada grupo pareceu (de propósito?) basear suas críticas em uma ideia da ciência do outro, que seria diferente daquilo que pensaram aqueles que a praticaram. Por exemplo, quando os vidalianos se esforçaram no sentido de destacar o homem como agente geográfico (transformador da natureza), os durkheimianos os criticaram por não estudar adequadamente a influência causal do meio na organização social[21]. Tal diálogo de surdos foi, dessa forma, decorrente menos de um problema "territorial" entre as duas disciplinas do que de uma maneira de conceber seus

---

20  Idem, Ethnographie et géographie humaine, *L'Ethnographie*, nouvelle série, n. I, p. 36-37.

21  Cf. as resenhas sobre F. Simiand de A. Demangeon, *La Picardie...*; R. Blanchard, *La Flandre*; C. Vallaux, *La Basse-Bretagne*; A. Vacher, *Le Berry*; J. Sion, Les Paysans de la Normandie orientale, *L'Année sociologique*, n. 11, 1906-1909, p. 723-732. Nós retomamos neste capítulo algumas análises que foram publicadas fora: V. Berdoulay, The Vidal-Durkheim Debate, em David Ley; Marwyn Samuels (orgs.), *Humanistic Geography: Prospects and Problems*, Chicago: Maaroufa, 1978, p. 77-90.

192 A ESCOLA FRANCESA DE GEOGRAFIA

objetivos e abordagens. O que, de fato, os durkheimianos não aceitaram foi "o espírito geográfico" que justificou a presença dos vidalianos nas áreas que eles gostariam de ter reservado para si. O restante deste capítulo permitirá melhor captar todo o alcance epistemológico desse conflito.

As relações com as outras ciências conexas (economia política, estatística) não foram objeto de debates tão passionais. Pode-se invocar como fonte de explicação o fato de essas disciplinas serem, diferentemente da sociologia, mais antigas, mais bem estabelecidas e situadas em instituições separadas (faculdades de direito, escolas especializadas de ensino superior e organismos públicos). Seja como for, os vidalianos procuraram se desmarcar dessas disciplinas, insistindo em três temas. O primeiro girou em torno da importância das ligações entre os fatos econômicos e o meio natural. Marcel Dubois, que se interessou pela geografia econômica, o definiu bem da seguinte maneira: "O economista visou aos modos de atividade humana, o geógrafo se voltou para os fatos físicos; um se liga ao fato social, o outro ao fenômeno ou à serie de fenômenos naturais, para estabelecer as causas e estabelecer as leis."[22]

Um segundo tema correspondeu à preocupação de combater as abstrações exageradas, e assumiu várias formas. Assim, a escola francesa desconfiou das generalizações apressadas, baseadas nas estatísticas. Brunhes expressou explicitamente essa desconfiança. Ele insistiu na necessidade de estabelecer comparações e de fornecer quadros comparativos de dados, quando cifras fossem citadas para caracterizar uma situação. E demonstrou o perigo de refletir sobre médias que pudessem mascarar variações significativas, destacando a necessidade para a geografia econômica de classificar os fatos antes de contá-los ou de avaliá-los numericamente[23]. Brunhes aconselhou com

---

22  M. Dubois, Leçon d'ouverture du cours de géographie coloniale, *Annales de géographie*, n. 3, 1893-1894, p. 132.

23  J. Brunhes, Différences psychologiques et pédagogiques entre la conception statistique et la conception géographique de la géographie économique. Représentations statistiques et représentations géographiques, *Mémoires de la Société Fribourgeoise des sciences naturelles. Géologie et géographie*, v. I, n. 4, 1900, p. 65; esse artigo revela a influência de três obras escritas por autores preocupados em fazer um uso empírico dos dados estatísticos: É. Levasseur, *La Population française*, Paris: Rousseau, 1889-1892, 3 v. (Introduction aux statistiques dans le v. I); F. Ratzel, *Anthropogeographie*, v. II, segunda parte ▶

A EPISTEMOLOGIA VIDALIANA

vivacidade a utilização de diagramas e cartogramas, em que as unidades espaciais consideradas fossem de natureza geográfica e não puramente administrativa. Aqui, como em todos os trabalhos dos vidalianos, a supremacia do homem constituiu uma preocupação maior, não como abstração, mas como ser social e cultural disperso de maneira desigual na superfície da Terra. Essa atitude deve ser compreendida à luz do antiutilitarismo então prevalente na França e do interesse de Vidal pela abordagem histórico-cultural do homem. Brunhes enfatizou também o "fator psicológico", que interveio nas relações do homem com seu meio – querendo mostrar por este intermédio como os meios de satisfazer as necessidades, mesmo as mais fundamentais (alimentação, vestimenta), estiveram sujeitos à variedade cultural dos gostos. Um dos conceitos fundamentais da geografia, segundo Vidal – os gêneros de vida –, assumiu todo seu valor à luz desta visão da organização da vida econômica. A classificação dos gêneros de vida fornecida por Lucien Febvre em *La Terre et l'évolution humaine* constituiu um claro enunciado do esforço dos geógrafos para eliminar as hierarquias e esquemas evolutivos dos gêneros de vida, tais como supostos pelos economistas, por estarem muitos marcados por suas ideias preconcebidas[24].

Um terceiro tema consistiu em precisar o lugar dos fatores econômicos na geografia, e conduziu ao questionamento da validade da geografia econômica como ramo autônomo. Deveria ela fazer parte da geografia humana ou separar-se desta? Vidal atribuiu uma grande atenção aos fatores econômicos, mesmo que não tenha encorajado a formação de um ramo separado da geografia para estudá-los. Suas reflexões sobre a significação econômica da região e sobre as ideias solidaristas levaram-no a

▷ (sobretudo capítulos 6 e 7); e Georg von Mayr, *Gutachten über die Anwendung der graphischen und geographischen Methode in der Statistik*, Munich, Gotteswinter, 1874. Ver também as observações de Vidal sobre a utilização das estatísticas e da cartografia em: La Géographie humaine, ses rapports avec la géographie de la vie, *Revue de synthèse historique*, n. 7, p. 232-234.

24  L. Febvre, *La Terre et l'évolution humaine (en collaboration avec L. Bataillon)*, Paris: La Renaissance du Livre, 1922. Ver J. Brunhes, *La Géographie humaine*, p. 679-682, 724-742 sobre o "fator psicológico". Brunhes faz aí o elogio da tentativa de Woeikof de fazer um estudo geográfico da alimentação, no qual se vê que os fatores culturais alteram as interpretações econômicas clássicas. Cf. A. Woeikof, La Géographie de l'alimentation humaine, *La Géographie*, n. 20, 1909, p. 225-246, 271-296.

identificar formações territoriais, tais como a região econômica ou a região nodal. O interesse de Vidal pelos fatores econômicos se encontrou, também, em sua discussão, pouco conhecida, do conceito de nação: ao contrário de Durkheim, que, em sua definição de nação, levou os fatos econômicos para o interior da ideia de civilização, Vidal dissociou aqueles desta, mostrando que, sobretudo em tempos recentes, os mecanismos econômicos foram essenciais para a formação das nações[25]. Esta foi a ideia central de *La France de l'Est*, em que ele afirmou que a Alsácia e a Lorena formariam uma unidade baseada em tendências econômicas irreversíveis.

A hesitação de Vidal em dissociar a geografia econômica da geografia humana revelou que, enfim, ele encarou os fundamentos da disciplina como socioculturais e fundamentalmente holistas[26]. O enfeudamento da geografia econômica aos objetivos e à abordagem da geografia humana não ajudou, certamente, os vidalianos a compreender o alcance dos trabalhos realizados pelo círculo de afinidade de Levasseur. Seja como for, "o espírito geográfico" contribuiu para individualizar a geografia não somente em relação às ciências humanas, mas, também, às ciências físicas conexas. Entre estas, constataram-se ligações estreitas com a geologia, o que conduz à questão seguinte.

## A Intromissão da Geomorfologia

Os capítulos precedentes mostraram que os vidalianos constituíram o círculo mais voltado para as ciências naturais. Este movimento para uma visão mais naturalista de sua disciplina justificou, então, o lugar importante que eles quiseram atribuir à geografia física dentro da disciplina. Verificou-se, todavia, que foi a geomorfologia que atraiu o essencial de seus esforços – tendência que se acentuou mais ainda após a Primeira Guerra Mundial. Esta tendência é tão mais impressionante quanto mais

---

25  Cf. Sur l'internationalisme, *Libres entretiens*, 2ᵉ série, n. I, 1905, p. 29-30, 39, 35.
26  É apenas após a Primeira Guerra Mundial que a geografia econômica se constitui como um ramo completo da disciplina, em parte sob o impulso de Demangeon. Ela permaneceu, entretanto, como um ramo menor. Ver André Meynier, *Histoire de la pensée géographique en France (1872-1969)*, Paris: PUF, 1969, p. 71-74.

se conhece o perigo que ela pode ocasionar à unidade da geografia. Como explicar, então, uma intromissão de tal importância no campo da geografia?

Um elemento de resposta que não se pode negligenciar é que a pesquisa geomorfológica alcançou rapidamente o prestígio "científico", aquele das "ciências exatas", que serviu de refúgio para o geógrafo[27]. Fazer geomorfologia significava executar um trabalho sólido e rigoroso, no qual as provas pareciam menos contestáveis. Esta percepção dava um sentimento de segurança, até mesmo de superioridade *vis-à-vis* da morfologia social. Mas, para compreender a amplitude do fenômeno é preciso procurar elementos de explicação que sejam mais profundos.

O modelo alemão favoreceu, certamente, as coisas. Ele próprio destinou um lugar importante à geografia física e, no caso de certos autores, tais como Peschel e Richthofen, à geomorfologia. Vidal deu sua aprovação a essas orientações, como resumido em sua observação mais citada: "A geografia é a ciência dos lugares e não dos homens."[28] Esta citação foi, muitas vezes, mal interpretada, pois não implicou, de nenhum modo, o abandono de uma definição antropocêntrica da geografia. Vidal quis apenas distinguir a geografia das outras ciências humanas. Comentando, ele próprio, a frase que acaba de ser citada, Vidal acrescentou:

Isto implica que ela [a geografia] se ocupa dos homens na medida em que eles estão em relação com os lugares, seja recebendo sua influência, seja modificando seu aspecto. [...] A vida, em suas diversas manifestações, está essencialmente ligada às obras do homem; e estas se impregnam de todas as influências do clima e do solo.[29]

A importância atribuída à geomorfologia provavelmente ultrapassou as intenções do mestre. Ele próprio jamais escreveu sobre um tema puramente geomorfológico, mas seus estudantes não tiveram, certamente, a mesma reserva. Como indicado no

---

27  Sobre esse ponto: ibidem, p. 46.

28  P. Vidal de la Blache, Des caractères distinctifs de la géographie, *Annales de géographie*, n. 22, p. 299. Para Febvre (op. cit., p. 75), essa ideia constituía uma "âncora de salvação".

29  P. Vidal de la Blache, Sur l'esprit géographique, *Revue politique et littéraire* (*Revue Bleue*), 2 mai 1914, p. 558.

capítulo anterior, Lucien Gallois, expressando a opinião dominante da escola francesa, criticou sem equívoco o ponto de vista de Marcel Dubois, segundo o qual a explicação geográfica não deveria necessariamente remontar muito longe na história da Terra. Para este, buscar a compreensão dos fenômenos físicos contemporâneos das sociedades humanas conhecidas seria suficiente. Gallois retorquiu que a geologia era, quase sempre, essencial para a explicação geográfica, tomando como exemplos as depressões do Leste do Maciço Central, na França: somente sua história geológica (devendo recuar até à época herciniana) permitiria explicar a presença de carvão nessas zonas. Ele acrescentou que a geologia seria a ciência mais apta para explicar a diferenciação entre as zonas de pequena extensão – o clima explicando as zonas maiores. Isto se revelou particularmente verdadeiro na França, onde os próprios geólogos exploraram a ideia. Como já mencionado, foi o geólogo Albert de Lapparent que escreveu, em 1888, a obra mais destacada sobre a matéria. Ele demonstrou nela o papel fundamental desempenhado pela geologia na explicação da diferenciação entre a paisagem rural francesa e a de vários países. Compreende-se desde logo que, dada a escala das monografias regionais escritas pelos vidalianos (eles trataram habitualmente de uma região francesa), foi a geomorfologia que forneceu a explicação da maior parte das características físicas dos lugares estudados[30].

Deve-se, entretanto, insistir no fato de que esse interesse da parte de especialistas em ciências humanas pela geologia não constituiu um caso excepcional. De fato, durante todo o século XIX, a pesquisa geológica no estilo de Lyell suscitou numerosas reflexões sobre questões antropológicas. Na virada do século XIX, na França, vários geólogos – entre os quais um dos mestres de Brunhes, Albert Gaudry – foram paleontólogos também. Em outros termos, a geologia não foi uma ciência completamente desvinculada de considerações relacionadas ao homem. Desde o início do século XVIII e durante uma boa parte do XIX, escritores como Jules Michelet, e, até certo ponto, os autores

---

30  Albert de Lapparent, *La Géologie en chemin de fer*, Paris: F. Savy, 1888. Os primórdios da geomorfologia francesa são bem resumidos por N. Broc, Les Débuts de la geomorphologie en France: Le tournant des années 1890, *Revue d'histoire des sciences*, v. 28, n. 1, 1975, p. 31-60.

de romances regionais manifestaram um vivo interesse pelos trabalhos naturalistas. Assumiu-se o hábito de se voltar para os geólogos a fim de se encontrar a explicação da organização espacial da França: essa tendência assegurou o sucesso de várias obras, desde as interpretações geométricas de Dufrénoy e de Élie de Beaumont até o estudo de Barré sobre a "arquitetura" do solo francês. O primeiro ensaio de Vidal sobre a divisão regional da França refletiu, e fortemente, a influência desse tipo de obra[31].

Mais tarde, os geólogos tiveram a tendência a negligenciar esta escala de pesquisa e a se concentrar no estudo de certos processos. Assim foi que, após o começo do século, os geólogos atribuíram cada vez menos atenção à morfologia das paisagens e se voltaram, de preferência, para questões de tectônica e de metamorfismo. O estudo das formas terrestres superficiais tornou-se o apanágio dos geógrafos, o que exigiu uma especialização ampliada de sua parte. Os grandes avanços teóricos elaborados em geologia fascinaram os geógrafos e eles tentaram manter-se bem informados sobre os progressos de seus colegas. Eles se orientaram, em suas pesquisas geomorfológicas, no sentido de explicações genéticas e estruturais – esforço que refletiu as tendências populares na geologia de então e que desviaram a geografia física do estudo das condições ecológicas das atividades humanas. Neste contexto, as ideias de Davis sobre o ciclo de erosão foram aceitas na França, de maneira quase incontestada: elas deram à geomorfologia uma teoria global e um prestígio científico certo[32].

Por outro lado, parece que o lugar importante ocupado pela geografia física (na verdade, principalmente a geomorfologia) veio, em grande parte, da crença em uma possibilidade de separar o estudo do meio natural daquele do impacto humano sobre este. Essa posição sempre esteve ligada ao problema de fazer uma distinção clara entre a geografia e as outras ciências humanas. Nesse ponto, a escola francesa insistiu sobre a importância do ambiente, identificando o papel das causas humanas.

---

31  P. Dufrénoy; L. Élie de Beaumont, *Explication de la carte géographique de la France*, Paris: Imprimerie Royale, 1841, 3 v.; Octave Barré, *L'Architecture du sol de la France*, Paris. A. Colin, 1903; P. Vidal de la Blache, Des distinctions fondamentales du sol français, *Bulletin litéraire*, n. 2, 1888-1889, p. 1-7, 49-57.

32  Sobre esse ponto, reportar-se a N. Broc, Davis et la France, *Bulletin de la Société languedocienne de géographie*, v. 8, n. 1, 1974, p. 87-95.

Tal foi bem a ideia que Gallois teve quando sugeriu um estudo separado e preliminar do meio físico para melhor identificar a possível influência sobre os fatos humanos[33].

Em sua conclusão, Gallois recomendou aos geógrafos ficarem mais atentos às dimensões naturais das regiões do que às suas dimensões históricas ou econômicas. Seu método foi, talvez, indevidamente generalizado a fim de justificar uma geografia física possuindo sua própria finalidade. A unidade da geografia se encontrou ameaçada, pois a clivagem assim estabelecida entre áreas resultantes de causalidades diferentes teve a tendência a validar duas especialidades sem grande ligação[34]. A hesitação de Vidal em reconhecer a autonomia dos diferentes ramos da geografia revelou sua preocupação frente a esse perigo. Fora ele, finalmente, obrigado a abandonar seu ideal de unidade da disciplina em proveito de uma dualidade em subdisciplinas: uma humana e outra física? Foi o que pensou Vallaux, se se crê em seu testemunho[35].

Seja como for, a preponderância dos estudos geomorfológicos em detrimento de outros aspectos da geografia física só acentuou o problema. Entretanto, não atingiu proporções que puderam colocar realmente em perigo a unidade da geografia pensada por Vidal. De fato, o problema só é grave na medida em que se veja nessa disciplina não mais que uma ciência com área reservada. Logo surge uma dicotomia, proveniente da natureza diferente das causalidades em ação no campo de interesse dos geógrafos. Pregar, então, a síntese como tarefa original e suprema do geógrafo (como se difundiu lentamente entre os herdeiros de Vidal, no decorrer do século XX) resulta não somente em implicar, incorretamente, que esta síntese esteja ausente nas outras ciências, mas, também, em depreciar a contribuição de Vidal e de seus primeiros discípulos. Com efeito, estes tiveram uma concepção da geografia que não a limitou a uma área particular. Eles se aplicaram, preferencialmente, a elaborar o ponto de vista que deveria animá-la, para além das

---

33  Lucien Gallois, *Régions naturelles et noms de pays: étude sur la région parisienne*, Paris: Colin, 1908, p. 223-224.

34  É a conclusão à qual Demangeon chegou no fim de sua vida: A. Meynier, op. cit., p. 69.

35  Cf. C. Vallaux, Deux précurseurs de la géographie humaine:Volney et Charles Darwin, *Revue de synthèse*, n. 15, 1938, p. 81.

causalidades diferentes, e consagrar sua originalidade. A tarefa não foi fácil, pois envolveu questões fundamentais, a começar pela validade da geografia como ciência. Eles precisaram dar ao "espírito geográfico" que defenderam uma base epistemológica sólida e apropriada. Ora, encontram-se nos vidalianos temas próximos dos defendidos à época pelo convencionalismo, versão neokantiana da filosofia das ciências.

## O CONVENCIONALISMO

### Seus Aspectos Gerais

O retorno a Kant permitiu sublinhar a dimensão cognitiva da atividade científica. Como escreveu uma testemunha desse movimento, "porque as formas de pensamento se impõem ao universo é possível o determinismo, que é, ele próprio, a condição de toda ciência"[36]. Reconhecendo e explorando o papel do espírito, o neokantismo da época se separou do positivismo, o qual sustentou que as teorias decorreriam da simples observação dos fatos. Nessa corrente de pensamento, certos filósofos procuraram mostrar que as teorias científicas repousariam em convenções aceitas pelos sábios. Raros, entretanto, foram os que, como Édouard Le Roy, pretenderam que mesmo os fatos e as leis científicas não passariam de construções do espírito. Henri Poincaré, criticando o que denominou "nominalismo" de Le Roy, quer dizer, sua interpretação subjetivista do convencionalismo, pensou que resultados científicos sólidos poderiam ser alcançados. O essencial seria, de acordo com ele, que tais resultados fossem aceitos por todos, mesmo que, para chegar a isso, o sábio devesse explicá-lo aos outros. Poincaré se exprimiu dessa forma:

Dir-se-á que a ciência não é mais que uma classificação e que uma classificação não pode ser verdadeira, mas cômoda. Porém, é verdadeiro que ela é cômoda, é verdadeiro que ela o é não somente para mim, mas para todos os homens; é verdadeiro que ela continuará cômoda para nossos descendentes, é verdadeiro, enfim, que isso não pode ser ao acaso.

---

36  Celestin Bouglé, Spiritualisme et kantisme em France, *Revue de Paris*, 1 mai 1934, p. 203.

Ora, como o pensamento convencionalista reconheceu que não seria possível conhecer a natureza das coisas, a pesquisa científica teria de dedicar-se a colocar em evidência as relações. Deixando entrever sua inspiração neokantiana, o mesmo autor prosseguiu:

Em resumo, a única realidade objetiva são as relações das coisas, de onde resulta a harmonia universal. Sem dúvida, estas relações e esta harmonia não são concebidas fora de um espírito que as concebe ou que as sente. Mas elas são, não obstante, objetivas, pois que elas são, tornar-se-ão, ou continuarão comuns a todos os seres pensantes.

Aliás, precisou Poincaré, pouco importaria que essas relações não fossem as mesmas para todos "pois, se o ignorante não as vê imediatamente, o sábio pode chegar a revelá-las por meio de uma série de experiências e de raciocínios"[37].

Ao ressaltar a importância do papel do pensamento e, mais particularmente, a de uma de suas formas mais criativas – a hipótese –, Duhem e Poincaré, em seguida a Boutroux, reconheceram a pluralidade dos métodos para alcançar o conhecimento. Eles difundiram a ideia de que existiriam diferenças irreconciliáveis entre os métodos respectivos de diversos tipos de ciências. Vários pontos de vista e abordagens seriam aceitáveis em função do tipo de realidade estudada. As teorias apareceriam, então, como recipientes nos quais poderiam ser classificados os fatos – o valor das convenções sobre as quais repousariam estas teorias sendo atestado por sua comodidade e sua simplicidade. Foi como Duhem, concluindo um artigo de reflexões sobre as teorias físicas, retomou um pensamento de Fresnel:

Reconheçamos, então, "que não é inútil tratar de reunir os fatos sob um mesmo ponto de vista, ligando-os a um pequeno número de princípios gerais. É o meio de perceber, mais facilmente, as leis, e eu penso que os esforços desse gênero podem contribuir, assim como as próprias observações, para o avanço da ciência".

---

37 H. Poincaré, *La Valeur de la science*, Paris: Flammarion, 1905, p. 271, 267-268. As páginas 213-276 são uma crítica à filosofia de Le Roy. Do mesmo autor e no mesmo editor, cf. *La Science et l'hypothèse: Science et méthode*, 1908; *Dernières pensées*, 1913.

A EPISTEMOLOGIA VIDALIANA

O aspecto construído, aproximativo, até mesmo parcialmente arbitrário das teorias e seu papel puramente simbólico não escapavam a Duhem. De acordo com ele, por meio da elaboração de hipóteses, elas serviam para classificar as leis experimentais (elas próprias obtidas por indução, a partir da observação dos fatos). A atividade criadora devia ser reconhecida. Em consequência, "as hipóteses nas quais repousa uma teoria não são jamais a tradução exata de leis experimentais. Todas elas resultam de uma modificação mais ou menos profunda, imposta às leis experimentais pelo espírito do teorizador".

Por isso,

uma boa teoria não é uma teoria da qual nenhuma consequência está em desacordo com a experiência; tomando-se um parâmetro como este, não haveria nenhuma boa teoria; é mesmo plausível que a criação de uma boa teoria ultrapassaria as forças do espírito humano. Uma boa teoria é uma teoria que simboliza, de uma maneira suficientemente aproximada, um conjunto extenso de leis físicas; que só encontra contradições na experiência quando se busca aplicá-la fora da área na qual se pretende utilizá-la.

Apoiando-se no exemplo da física, Duhem insistia no fato de que toda definição de uma "noção" implicava sempre uma distância importante da realidade, em razão da escolha dos caracteres escolhidos para simbolizá-la. Ele mostrava

que cada noção física deveria ser substituída, a título de símbolo, por uma grandeza; que esta grandeza estaria obrigada a apresentar certas propriedades, tradução imediata dos caracteres da noção que ela simbolizaria; mas que, além destes caracteres, em geral pouco numerosos, sua definição permaneceria absolutamente arbitrária[38].

O convencionalismo colocava as diversas ciências em pé de igualdade, pois nenhuma, em razão da pluralidade dos métodos, era redutível à outra. Assim, era demolido o sonho

---

38  Pierre Duhem, Quelques réflexions au sujet des théories physiques, *Revue des questions scientifiques*, 2ᵉ série, n. 2, 1892, p. 177, 149, 149-150, 154. Do mesmo autor, cf. *La Théoria physique, son objet et sa structure*, Paris: Chevalier et Rivière, 1906. A mesma filosofia se encontra em Henri Poincaré e também em Boutroux, *De la contingence des lois de la natura*, Paris: G. Baillière, 1874; e idem, *De l'idée de loi naturelle*, Paris: Lecène-Oudin, 1985.

202    A ESCOLA FRANCESA DE GEOGRAFIA

reducionista, muito estimado pelo cientificismo, de chegar à explicação total do universo por meio de uma ciência unitária e única. Da mesma maneira, a concepção positivista que, seguindo Auguste Comte, considerava toda uma hierarquia das ciências, era fortemente rejeitada pelo neokantismo da época.

Essas concepções convencionalistas da ciência se encontravam nos vidalianos; e de que maneira?

## Seu Alcance no Pensamento Vidaliano

Embora jamais mencionado e discutido de maneira explícita por Vidal e seus discípulos, nem pelos comentadores de sua obra, o convencionalismo se encontrava de maneira significativa em seu pensamento. Ele aparecia, em grande parte, em sua maneira de apresentar a originalidade e o valor de sua disciplina.

Para começar, a geografia – por meio do "espírito geográfico" já descrito – não correspondia a uma maneira de conceber o mundo? Ela não podia, entretanto, ser acusada de "nominalismo"* pelas mesmas razões, precisamente, que Poincaré tinha evocado. Primeiro, a concepção geográfica do mundo defendida pelos vidalianos era compartilhada por especialistas, mas também por um vasto público. Com aprovação e satisfação Vidal citava Ratzel sobre esse ponto: "Todo o pensamento do homem moderno, diz o senhor Ratzel, já assumiu uma marca mais geográfica, no sentido de uma localização mais precisa das ideias, de uma tendência mais frequente para estabelecer uma conexão entre elas e os lugares e espaços da Terra." E o próprio Vidal insistia na necessidade de dar – quaisquer que fossem as dificuldades – uma instrução geográfica moderna às crianças:

É, na realidade, um hábito novo a ser dado à inteligência. Mas, se é assim, é preciso compreender que o resultado desejado deverá ser uma obra de tempo e de paciência. É preciso acostumar, pouco a pouco, o

---

\*    Nominalismo: "doutrina filosófica segundo a qual o conceito nada mais é que um nome e só existem efetivamente os indivíduos aos quais os nomes se remetem", segundo *Petit Larousse Illustré*, 1982, p. 682. (N. da T.)

A EPISTEMOLOGIA VIDALIANA

espírito a isso. [...] Trata-se de conseguir que o senso geográfico seja despertado e que ele se associe aos hábitos de ver e de pensar.[39]

Ademais, à garantia dessa intercomunicação vinha juntar--se a relevância da abordagem geográfica. Era, por exemplo, o que Vidal pensava a propósito da ideia de unidade terrestre, que ele considerava uma das bases fundamentais da geografia:

Eis aí, com efeito, uma dessas ideias bem gerais e bem fecundas que se renovam sem cessar e são susceptíveis de desenvolvimentos bastante diferentes, mas das quais se pode dizer que transformam a ciência, ao retificar a perspectiva das observações. Historicamente, sua apariço representou o ponto de partida da tradição científica da geografia; foi por meio delas que as noções de encadeamento, de causas, de leis se implantaram na geografia.[40]

Vidal se referia a esta ideia de unidade terrestre como a um "princípio" fundamental da geografia geral. Ora, este termo era precisamente o empregado pelos convencionalistas para designar uma convenção importante que escapava ao controle da experiência (um princípio não era nem verdadeiro, nem falso), mas que se revelava cômoda na prática científica.

Essa maneira de fundar a geografia geral fazia com que ela participasse, desde logo, do projeto científico tal como definido, com todas as suas limitações epistemológicas, pelos convencionalistas. Poincaré não falava de uma necessária "crença na unidade" da natureza? Ele exprimia seu pensamento desse modo: "Se as diversas partes do universo não fossem como os órgãos de um mesmo corpo, não agiriam umas nas outras, elas se ignorariam mutuamente; e nós, em particular, conheceríamos apenas uma delas. Nós não temos, portanto, que nos perguntar se a natureza é uma, mas de que maneira ela é."[41]

---

39 P. Vidal de la Blache, *La Conception actuelle de l'enseignement de la géographie*, Paris: Imprimerie Nationale, 1905, p. 23. (Conférences du Musée Pédagogique.) A referência a Ratzel se encontra à p. 111 de P. Vidal de la Blache, La Géographie politique à propos des écrits de Frédéric Ratzel, *Annales de géographie*, v. 7, n. 32, 1898.

40 Idem, Le Príncipe de la géographie générale, *Annales de géographie*, v. 5, n. 20, 1896, p. 141.

41 H. Poincaré, *La Science et l'hypothèse*, Paris: Flammarion, 1968, p. 161. Esse autor dá precisões sobre o que é um princípio em *La Valeur de la science*, p. 239.

204 A ESCOLA FRANCESA DE GEOGRAFIA

Sob a escrita de Vidal transparecia toda uma atitude convencionalista *vis-à-vis* os trabalhos geográficos. Era como se ele, seguindo o que já disse Duhem, não reivindicasse a realidade nem a existência absolutas para os grupos de fenômenos que identificava e analisava. Por exemplo, ele só falava de "noção", ou melhor, da "ideia" de "meio" que, aliás, via como "correlata e sinonímia de adaptação". E se referia igualmente a isso como um "princípio orientador". Vidal citava, também, a "teoria darwiniana" de Moritz Wagner sobre os efeitos resultantes da migração dos organismos, bem como da "teoria" de Ratzel sobre o crescimento dos Estados[42]. O caráter convencional dos fundamentos e conceitos da geografia não tinha, portanto, escapado a Vidal. Não era, aliás, somente na "ideia de unidade terrestre" – princípio de base – que um "ponto de vista" e os métodos próprios à geografia geral poder-se-iam fundamentar? Evidentemente, as mesmas concepções reinavam na geografia regional.

O objetivo era, então, destacar as relações objetivas, recusando-se a considerar que os conceitos ou teorias elaborados com esta finalidade seriam os únicos capazes de explicar a realidade. Assim, a "região" não era mais que um conceito que permitia captar as relações que, de outra maneira, poderiam escapar à atenção do observador. Vallaux queria dizer isto, claramente, ao comentar que o método regional "postulava a inseparabilidade dos dados geográficos e sociológicos em uma região determinada, definida objetivamente"[43]. Por sinal, segundo o gênero de relações nos quais eles queriam insistir, os vidalianos distinguiam três tipos de regiões – como indicado antes (região natural; região histórica, tal como o país; região econômica).

A geografia – como toda ciência descrita pelos convencionalistas – fornecia, dessa forma, novas maneiras de classificar os fenômenos e, portanto, de fazer aparecer relações até então desconhecidas. Era o que Vidal tinha na cabeça quando, tendo dado alguns exemplos de correlações observadas por historiadores e economistas entre fenômenos sociais e naturais, fazia a

---

42  Cf. P. Vidal de la Blache, Des caractères distinctifs de la géographie, *Annales de géographie,* n. 22, p. 295-297; e idem, La Géographie humaine, ses rapports avec la géographie de la vie, *Revue de synthèse historique,* n. 7, p. 228, 231.

43  C. Vallaux, Vidal de la Blache, *Encyclopedia of the Social Sciences*, v. 15, New York: Macmillan, 1935, p. 251.

A EPISTEMOLOGIA VIDALIANA

pergunta (para a qual, a resposta era evidentemente a geografia vidaliana): "Não existe um plano geral no qual cabem estes exemplos, ou outros semelhantes, de fenômenos sociais?"[44] A mesma preocupação, em um nível mais específico, encontrava-se na interpretação que ele fazia do projeto de Ratzel. Este último, segundo Vidal, "busca agrupar os fatos e extrair leis, a fim de colocar à disposição da geografia política um fundo de ideias sobre o qual ela possa viver"[45].

Aliás, é interessante aproximar duas definições citadas com frequência: a primeira, de Poincaré, definia a ciência, e a segunda, de Vidal, a geografia:

Presentemente, o que é a ciência? [...] é, antes de tudo, uma classificação, uma maneira de aproximar fatos que as aparências separavam, embora eles estivessem ligados por algum parentesco escondido. A ciência, em outros termos, é um sistema de relações.[46]

O que a geografia, em troca do auxílio que recebe das outras ciências, pode trazer ao tesouro comum é a capacidade de não fragmentar o que a natureza reúne, de compreender a correspondência e a correlação dos fatos, seja no meio terrestre que os envolve, seja nos meios regionais onde se localizam. Há aí, sem nenhuma dúvida, um benefício intelectual que pode se estender a todas as aplicações do espírito.[47]

Compreende-se por que os vidalianos procuravam definir menos o domínio de sua disciplina do que precisar a abordagem, e por que Vidal gostava de insistir sobre o "espírito geográfico", a "perspectiva especial" e os "pontos de vista" que a geografia fazia intervir. Eles constituíam o fundamento da contribuição dos geógrafos ao conhecimento, o que permitia a estes admitir que outras ciências também se interessavam pelos mesmos fenômenos que eles:

Na complexidade dos fenômenos que entrecruzam na natureza, não deve haver apenas uma maneira de abordar o estudo dos fatos; é útil que eles sejam encarados sob ângulos diferentes. E se a geografia retoma para

44 P. Vidal de la Blache, Les Conditions géographiques des faits sociaux, *Annales de géographie*, n. 2, 1902, p. 13.
45 Idem, La Géographie politique à propos des écrits de Frédéric Ratzel, *Annales de géographie*, v. 7, n. 32, p. 98
46 H. Poincaré, *La Science et l'hypothèse*, p. 265-266.
47 P. Vidal de la Blache, Des caractères distinctifs de la géographie, *Annales de géographie*, n. 22, p. 229.

si certos dados que trazem outro selo, não há nada nesta apropriação que se pudesse tachar de anticientífico.[48]

Em corolário a esta concepção bastante convencionalista, os vidalianos não podiam aceitar uma classificação hierárquica das ciências, tal como proposta por Comte e defendida por aqueles que nela se inspiravam. O positivismo dos durkheimianos ajudava a compreender por que atacavam tanto a geografia vidaliana que, de acordo com eles, não somente usurpava a sua área (reservada à morfologia social), como devia estar a serviço da sociologia (colocada no topo da hierarquia das ciências)[49]. O impacto do neokantismo na geografia vidaliana não ultrapassaria, entretanto, somente a concepção convencionalista das ciências. Ele interviria, principalmente, por meio de considerações sobre a contingência.

## A CONTINGÊNCIA

### A Problemática Geral

Desde os anos 1870, Boutroux introduzia considerações sobre a contingência em filosofia para fundamentar sua crítica à concepção mecanicista da natureza e, portanto, da ciência. Sua filosofia sublinhava o fosso existente entre esta concepção, de um lado, e a realidade, assim como o papel criativo do cientista na execução de sua tarefa, de outro lado. Em resumo, Boutroux tentava, por intermédio do estudo das leis naturais estabelecido pelos sábios, demonstrar que o funcionamento da natureza inteira não resultava de um determinismo mecânico, mas, sim, da contingência. De acordo com ele, havia vários tipos de ciências reconhecidos pelo crescente grau de contingência contido, indo desde o estudo de formas menos complexas na realidade até o daquelas mais complexas (isto é, da física às ciências humanas). Logo, a liberdade humana era a forma mais elevada de contingência[50]. Esse

48 Ibidem, p. 290.
49 Essa classificação das ciências é explicitamente rejeitada por C. Vallaux, *Les Sciences géographiques*, p. 397.
50 Para mais detalhes, E. Boutroux, op. cit., assim como os comentários de Dominique Parodi, *Du positivisme à l'idéalisme: Études critiques*, Paris: Vrin, 1930, p. 121-144.

A EPISTEMOLOGIA VIDALIANA

tipo de reconciliação entre a ciência e o livre-arbítrio se difundia entre certos especialistas das ciências humanas, especialmente os historiadores. A teoria da contingência tirava proveito do desenvolvimento contemporâneo do cálculo das probabilidades. As reflexões de Cournot, Henri Poincaré e Émile Borel contribuíam bastante para o progresso deste ramo das matemáticas. Todavia, era mais um apoio filosófico que ela fornecia à teoria da contingência em filosofia e ciências humanas do que uma técnica operacional, considerando-se que o cálculo das probabilidades era pouco aplicado nestas áreas. Este apoio intervinha da maneira que segue.

Estava claro que todo fenômeno natural e humano, tomado em sua situação concreta, sendo geralmente o resultado de uma combinação de causas muito diversas, não se reproduzia jamais de maneira totalmente idêntica. Era então aí que filósofos e matemáticos se reuniam para resolver o problema que se seguia – a saber, a possibilidade de estabelecer comparações, generalizações e explicações satisfatórias para o espírito. Se uma teoria da contingência parecia ser a solução, as opiniões variavam consideravelmente quanto à definição e ao lugar a dar a ela. Os mais espiritualistas conferiam à contingência um caráter de irracionalidade muito marcado, assim como uma importância considerável no mundo. Ao contrário, os mais cientificistas queriam minimizá-la, adotando preferentemente a posição laplaciana segundo a qual reinava, por toda a parte, uma causalidade mecânica – a imprecisão das observações humanas sendo compensada pelo cálculo das probabilidades. Os neokantianos se situavam, geralmente, entre esses dois extremos, embora as opiniões fossem muito diversas. Mas, essencialmente, eles introduziam a contingência por meio do caráter convencional – portanto, aproximativo – das leis e dos conceitos científicos, os quais não podiam captar completamente o caráter complexo e mutante da natureza. Esta teoria da contingência podia ser afinada graças ao cálculo das probabilidades. Dessa forma, para alguns, como Poincaré, embora as combinações de fenômenos que o cientista identificava na natureza fossem completamente idênticas umas às outras, elas podiam, todavia, ser classificadas de acordo com sua similaridade, isto é, em termos da probabilidade. Em consequência, existiria um determinismo conscientemente concebido pelo espírito, mesmo se nenhuma relação particular de causa e efeito fosse absolutamente idêntica ou repetida[51]. Assim, o cálculo das probabilidades que tratava da contingência permitia um determinismo, que era a razão de ser da ciência, mas que não implicava nem requeria a ideia de necessidade. Graças a esta distinção, podiam reconciliar-se a ciência, determinista, e as exigências filosóficas em favor do livre-arbítrio.

Eis por que a teoria da contingência interessou aos especialistas de ciências humanas, que se esforçaram em afiná-la. Eles se beneficiaram das reflexões avançadas, nessa área, de um verdadeiro precursor, Antoine-Augustin Cournot (1801-1877), ele próprio um neokantiano de inspiração. Ao contrário de Laplace, ele considerou o acaso uma realidade objetiva no mundo, independentemente dos limites do homem para alcançar o conhecimento. Tendo escrito, em grande parte, durante o Segundo Império e morrido nos primeiros tempos da Terceira República, Cournot não gozou de toda a atenção que os especialistas das ciências humanas poderiam lhe dar. Todavia, seus trabalhos suscitaram um interesse crescente, nos anos 1890 e no começo dos anos 1900. O movimento foi iniciado por Gabriel Tarde, que dedicou *Les Lois de l'imitation* (1890) a Cournot, ministrou um curso no Collège de France sobre "a filosofia social de Cournot" e publicou numerosos artigos sobre ele. O resultado mais significativo desse renascimento se mediu pela publicação do número da *Revue de métaphysique et de morale*, em maio de 1905, que foi inteiramente consagrado às numerosas facetas do pensamento de Cournot. Filósofos, historiadores e outros especialistas das ciências humanas manifestaram-lhe uma viva simpatia, pois ele tratou de seu campo de interesse[52]. Eles elaboraram um modelo de explicação que

---

51  Ver notadamente Poincaré, op. cit.; p. 257-261 e D. Parodi, *La Philosophie contemporaine en France*, 3. ed., Paris: Alcan, 1925, p. 238-240. Para uma apresentação das reflexões sobre o cálculo das probabilidades e suas aplicações, reportar-se a Émile Borel, *Le Hasard*, Paris: Alcan, 1914; e Un paradoxe économique: le sophisme du tas de blé et les vérités statistiques, na *Revue du mois*, 4, 1907, p. 688-699.

52  Cf. G. Tarde, La Notion de hasard chez Cournot, *Revue de philosophie*, n. 4, 1904, p. 497-515. Reportar-se, também, aos artigos publicados no *Bulletin de La Société française de philosophie* (août 1903) e na *Revue de métaphysique et la morale* (mai 1905). Sobre o problema da influência real de Cournot, ▶

A EPISTEMOLOGIA VIDALIANA 209

tencionaram que fosse bem adaptado às ciências do homem mas diferente do modelo positivista.

De acordo com este último, baseado nas ciências físicas, deve--se explicar um fenômeno atribuindo-lhe um antecedente ligado pela relação mais geral, isto é, por uma lei. Ora, os neokantianos quiseram reagir contra o determinismo mecanicista que este modelo implicava: ele não podia levar em conta os fatos contingentes porque se limitava a pesquisar os fenômenos repetitivos, ou seja, o que se chamava "a identidade". Como consequência, os opositores a esse modelo tentaram reconciliar os conceitos de lei e de desenvolvimento, assimilar causa à condição e, principalmente, para explicar um fenômeno, destacar seu lugar em uma série ou em uma sequência[53]. Em que medida e como esta problemática da contingência se articulou em geografia?

## A Problemática Geográfica

Tal como definido pelos vidalianos, o campo da geografia era muito vasto. Ele incluía um conjunto de relações complexas entre os fenômenos que se produziam na superfície da Terra. Cada um destes era, então, o resultado de numerosas causas, o que colocava o problema de seu estudo científico, como era lembrado por Vidal, citando Buffon e Poincaré: "Na natureza", disse Buffon, "a maior parte dos efeitos depende de causas múltiplas, diferentemente combinadas." Com mais precisão ainda, o pensador eminente, muito atento às coisas geográficas, que foi Poincaré, assim se exprimiu em um de seus últimos escritos: "A situação do mundo, e mesmo de pequena parte do mundo, é algo de extremamente complexo e que depende de um grande número de elementos."

> ▷ a melhor fonte é: François Mentré, *Cournot et la renaissance du probabilisme au xixe siècle*, Paris: Marcel Rivière, 1908. Cf. Jean Milet, *Gabriel Tarde et la philosophie de l'histoire*, Paris: Vrin, 1970.

53  Para mais detalhes reportar-se, por exemplo, à defesa do modelo positivista por François Simiand (Méthode historique et science sociale, *Revue de synthèse hstorique*, n. 6, 1903, p. 1-22, 129-157), contra Paul Lacombe (*De l'histoire considerée comme science*, Paris: Hachette, 1894) e Charles Seignobos (*La Méthode historique appliquée aux sciences sociales*, Paris: F. Alcan, 1901). Ver também Émile Meyerson, *Identité et réalité,* Paris: F. Alcan, 1908; e A.D. Xénopol, *Les Principes fondamentaux de l'histoire*, Paris: E. Leroux, 1899.

Vidal não podia, portanto, manter-se insensível à questão da contingência – palavra que, aliás, ele gostava de empregar: "As influências do meio só se revelavam a nós por meio de uma massa de contingências históricas que as envolviam."[54]

De fato, Vidal fazia sua a conceptualização proposta pelos defensores da teoria da contingência. Entre eles, o historiador Henri Berr, muito atualizado em filosofia e ciências humanas, era aquele que apresentava esta conceptualização de maneira mais clara. Retomando Cournot, ele definia o acaso como a ausência de ordem, a interseção de séries independentes de fenômenos. Mas ele o diferenciava com clareza desta outra forma de contingência que era "a individualidade". Esta era vista como o resultado um tanto quanto estável da interseção de séries causais independentes. A argumentação de Berr se mostrava particularmente pertinente, pois ele dava como exemplos de individualidade o "país" e a "região", os quais resultariam da interseção de séries causais próprias aos mundos naturais e humanos – o "país" sendo identificado pelos próprios habitantes e a região pelo geógrafo. Era, portanto, possível fazer o estudo científico e explicativo de lugares particulares, dos quais se poderia então tentar perceber a "personalidade". Os vidalianos podiam, assim, rejeitar a crítica que lhes dirigia um especialista de morfologia social, François Simiand, ao escrever "o caso único *não possui causa,* não é cientificamente explicável"[55].

Daí se seguia um modelo particular de explicação em geografia. Encontravam-se as palavras "causa" e "efeito" nos escritos de Vidal, mas as expressões que aí apareciam amiúde eram "série de fenômenos" e "encadeamento". A ênfase era colocada nas séries causais, ou sequências causais, como instrumentos fundamentais da metodologia vidaliana. Era dessa forma que Vidal defendia, habitualmente, a independência da geografia face às outras ciências: ele sublinhava que cada disciplina se

---

54 P. Vidal de la Blache, Des caractères distinctifs de la géographie, *Annales de géographie*, n. 22, p. 292; idem, *Principes de géographie humaine*, p. 8.

55 Henri Berr, *La Synthèse en histoire: Son rapport avec la synthèse générale,* Paris: A. Michel, 1954, p. 55-70, 87-96 (1. ed., 1911); François Simiand, Méthode historique et science sociale, *Revue de synthèse hstorique*, n. 6, p. 138. A pertinência dos pontos de vista de Cournot para a geografia vidaliana foi lembrada por Fred Lukermann, The "calcul des probabilités" and the École Française de Géographie, *Le Géographe canadien*, n. 9, 1965, p. 128-137.

A EPISTEMOLOGIA VIDALIANA · 211

concentrava em diferentes tipos de séries[56]. Ao aproximar, de modo estreito, a geografia das ciências naturais, isto é, considerando o homem em relação com as séries causais físicas e biológicas, Vidal esperava contribuir para o esforço de compreensão científica da sociedade. Ele mostrava que a geografia detinha uma missão especial: "O estudo das sociedades humanas ganhará certamente novos esclarecimentos se ele se colocar no plano de perspectiva dos fatos físicos e biológicos, através e por meio dos quais age a inteligência do homem."[57]

Rejeitando o modelo positivista de explicação, ao qual os durkheimianos queriam se amoldar, os vidalianos se esforçavam no sentido de evidenciar as séries de fenômenos ligados uns aos outros. Como observava Vidal, de maneira explícita, o professor de geografia "terá dado aos fatos sua explicação ou, ao menos, o que se pode chamar por este nome nas ciências humanas; ou seja, ele terá atribuído aos fatos o lugar que lhes pertence na sucessão da qual eles fazem parte"[58]. A dimensão temporal era, portanto, parte integrante da perspectiva vidaliana. Aliás, é interessante notar que a palavra "encadeamento" fora escolhida por Vidal para traduzir o conceito de *Entwicklung,* prezado por Ritter. O fato, assinalado no capítulo primeiro, de que os vidalianos gostavam de se referir a Ritter mais do que a nenhum outro geógrafo (mesmo Humboldt) pode, em grande parte, explicar-se por seu quadro metodológico[59].

Os vidalianos participavam plenamente do movimento epistemológico antimecanicista, que tirava sua energia da reflexão sobre a contingência. Ao interessar-se pelos lugares (individualidades) e pelas séries causais das quais eles eram o resultado,

---

56  P. Vidal de la Blache, *La Conception actuelle de l'enseignement de la géographie*, p. 7-9 (Conférences du Musée Pédagogique), reproduzido de *Annales de géographie*, n. 14, 1905, p. 193-207.

57  Idem, Rapports de la sociologie avec la géographie, *Revue internationale de sociologie*, v. 12, n. 5, 1904, p. 513.

58  Idem, *La Conception actuelle de l'enseignement de la géographie*, p. 14. (Conférences du Musée Pédagogique.)

59  Ibidem, p. 10. A passagem principal de Ritter, à qual Vidal se refere, é reproduzida à p. 374 do volume I de G. Kramer, *Carl Ritter, Ein Lebensbild nach seinem handschriftlichen Nachlass,* Halle: Verlag der Buchhandlung des Waisenhauses, 1875, 2 v. O quadro metodológico elaborado por Humboldt, por exemplo, não estava fundamentado no desenvolvimento. Cf. Anne M. Macpherson, *The Human Geography of Alexander Von Humboldt*, tese de doutorado não publicada, Universidade da Califórnia, Berkeley, 1971.

os vidalianos não tinham, assim, uma necessidade premente de fazer pesquisas para adaptar o cálculo das probabilidades à abordagem do geógrafo. Vidal recomendaria, então, o "método descritivo". Dessa maneira, ele não queria dizer que a geografia devia parar com a explicação. Ele queria simplesmente dizer que o método empírico, o único que podia respeitar a diversidade dos lugares, permitia revelar as relações entre os fenômenos e desembocava na explicação. A preferência da escola francesa pelas monografias regionais decorreria da adoção desse método. Simiand, em sua resenha de algumas dessas monografias regionais, formularia as críticas mais claras a seu respeito. Ele exprimia dúvidas quanto ao valor de tais estudos para fazer progredir a geografia humana. E recomendava, preferentemente, estudos sistemáticos de certos aspectos de um tema em várias regiões para extrair daí as generalizações. A distinção entre estas duas abordagens não era nova em geografia, mas, em vez de colocar uma contra a outra e de tomar partido por uma em detrimento da outra, os vidalianos – respeitando a tradição geográfica – iriam associá-las para o benefício mútuo. A maneira de fazê-lo deu lugar, entretanto, a algumas divergências de pontos de vista. Lucien Febvre logo se colocaria em desacordo com Brunhes sobre a ideia de que a geografia regional era o ponto de chegada da abordagem geográfica. Ele acreditava que se devia começar por estudos regionais e prosseguir por comparações entre as diferentes áreas. Ao fazer assim, esperava desencorajar as generalizações rápidas baseadas em correlações que podiam não levar em conta fatores locais importantes. Seja como for, ele não defendia que a geografia geral fosse negligenciada: "Os estudos regionais que excluíssem toda comparação seriam nefastos."[60]

Em suma, a distinção entre uma abordagem idiográfica, que era regional e particularizante, e uma abordagem nomotética, que buscava as leis ou generalizações, não era essencial e não podia estabelecer-se em dicotomia na geografia vidaliana. Seu quadro metodológico o impedia, pois os mesmos tipos de séries – objeto principal da pesquisa geográfica – podiam se encontrar em geografia, qualquer que fosse a abordagem seguida.

---

60  L. Febvre, op. cit., p. 97 (sobre toda a argumentação, ver p. 91-97); F. Simiand, Méthode historique et science sociale, *Revue de synthèse hstorique*, n. 6.

A EPISTEMOLOGIA VIDALIANA 213

Não pode haver, deste ponto de vista, uma antinomia de princípio entre duas espécies de geografia: uma que, sob o nome de geografia geral, seria sua parte verdadeiramente científica; e a outra que aplicar-se-ia, sem outro fio condutor que uma curiosidade superficial, à descrição dos lugares. De qualquer maneira que se lhes considerem, são os mesmo fatos gerais, em seus encadeamentos e suas correlações, que se impõem à atenção.[61]

A teoria da contingência – tanto quanto o convencionalismo – levantou as questões de determinismo, de necessidade, de livre-arbítrio. Ambas tocam na filosofia das relações homem-natureza, cuja versão vidaliana – o "possibilismo" – resta a examinar.

## O POSSIBILISMO

O termo possibilismo se difundiu para designar a filosofia das relações homem-ambiente que emanou dos trabalhos da escola francesa de geografia, e que foi ardentemente defendida por Lucien Febvre. Vidal de la Blache jamais utilizou o termo, embora tenha falado com frequência das possibilidades existentes na natureza que o homem poderia desenvolver, ou não, segundo seus gostos e seu nível de tecnologia. Esta concepção tornou-se internacionalmente conhecida, sobretudo por sua defesa da liberdade e da iniciativa humana frente aos constrangimentos do ambiente. O possibilismo foi, aliás, apresentado muitas vezes como uma reação – ou, pelo menos, uma antítese – do determinismo do ambiente ("o ambientalismo") e, outras tantas vezes, como uma filosofia que negaria toda espécie de determinismo na vida do homem[62]. Essas visões são simplistas e talvez totalmente incorretas. Para demonstrá-lo, trata-se de ver quais correntes de ideias, concernentes às relações homem-meio, os vidalianos exploraram e como estas ideias foram integradas a uma filosofia coerente.

---

61 P. Vidal de la Blache, Des caractères distinctifs de la géographie, *Annales de géographie,* n. 22, p. 293. Ver também p. 297-298 sobre o "método descritivo".

62 Sobre a diversidade das interpretações – e das confusões – na matéria, ver Gordon Lewthwaite, Environmentalism and Determinism: A Search for Clarification, *Annals of the Association of American Geographers*, n. 56, 1966, p. 1-23.

## A Liberdade do Homem e Seu Papel Geográfico

A importância do estudo do meio para compreender as sociedades era uma ideia bastante difundida naquele século evolucionista[63]. Ela podia, porém, conduzir a interpretações ambientalistas, como a concepção nas quais a liberdade do homem era exaltada. Entre estas é que se deveriam buscar os materiais imediatos de que os vidalianos podiam dispor.

A ideia de liberdade do homem *vis-à-vis* do ambiente não era, certamente, nova, embora fosse cultivada pelos historiadores franceses. De fato, a utilidade da geografia para a história seria um tema objeto de debates ao longo de todo o século XIX, na França. Notadamente, Jules Michelet o desenvolvia em seus trabalhos, como em sua *Histoire de La République romaine* (1831) e, em especial, em seu *Tableau de la France* (1833). Como ele, vários historiadores franceses dedicavam uma parte de suas obras – em geral o primeiro capítulo – à geografia descritiva das regiões nas quais os eventos que analisavam se situavam. Assim faziam Guizot, Wallon, e Victor Duruy. No conjunto, estas descrições não eram do tipo ambientalista, o que estaria em contradição com as convicções espiritualistas ou idealistas destes autores. De fato, o restante destas obras não estava verdadeiramente ligado a essas introduções geográficas.

Esta maneira de proceder continuava viva, na virada do século XIX. Ernest Lavisse seria a ilustração mais notória disso, ao pedir a Vidal que escrevesse um *Tableau de la géographie de la France* (1903), que constituiria o primeiro volume de uma *Histoire de France*. Como o paralelo entre este *Tableau* e aquele escrito por Michelet não pode deixar de vir ao espírito, é útil colocar a atenção nas visões deste relacionadas ao "fator geográfico" na história[64].

---

63   Seu alcance em geografia foi sublinhado por, entre outros, P. Claval, La Naissance de la géographie humaine, *La Pensée géographique française contemporaine* (*Mélanges offerts au Pr. A. Meynier*), Saint-Brieuc: Presses Universitaires de Bretagne, 1972, p. 355-376; Clarence J. Glacken, Changing Ideas of the Habitable World, em William L. Thomas Jr. (org.), *Man's Role in Changing the Face of the Earth*, Chicago: University of Chicago Press, 1952, p. 70-93; D. Stoddart, Darwin's Impact on Geography, *Annals of the Association of American Geographers*, n. 56, 1966, p. 683-698.

64   Ver as publicações editadas na ocasião do centenário do nascimento de Michelet; J. Brunhes, *Michelet*, Paris: Perrin, 1898; e J. Corcelle, Michelet géographe, *Revue de géographie*, n. 42, 1898, p. 451-455. Ver também G. Lanson, Le Tableau ▶

A opinião segundo a qual Michelet merecia "tomar lugar entre nossos grandes geógrafos" é um pouco exagerada, pois suas generalizações repousavam sobre muito poucas observações empíricas (talvez, em certos casos, nenhuma). Mas é certo que o interesse por suas reflexões era totalmente outro. Aliás, já muito cedo em sua vida ele refletia sobre a importância da geografia na história.

Ele escrevia, em 1826, no *Mon Journal*: "A geografia sempre me seduziu. A história não pode ficar sem ela." E considerava uma geografia na qual "far-se-ia o materialismo da história, advertindo-se que esta visão é muito incompleta. Nós insistiríamos nas circunstâncias fisiológicas, físicas, botânicas, zoológicas e mineralógicas que podem explicar a história"[65].

No seu primeiro prefácio para sua *Histoire de France*, ele identificava três estágios na evolução histórica deste país. Primeiramente, as influências étnicas eram essenciais pelo fato de que as raças ainda não se tinham misturado no interior dos impérios romano e carolíngio. Em seguida, na Idade Média, a geografia da França se tornava o fator determinante. Nessa época, com as diversas raças tendo-se amalgamado e se estabelecido de maneira permanente, "o país aparece, em suas diversidades locais, desenhado por suas montanhas, por seus rios. As divisões políticas respondem, aqui, às divisões físicas"[66]. Por isso, o *Tableau de la France* só se encontrava no tomo dois da *Histoire de France* – o primeiro enfatizando a história étnica dos primeiros tempos. Enfim, após a primeira parte da Idade Média, as instituições se afirmavam e se impunham como fator decisivo para a evolução histórica da França.

Em suma, os determinismos da raça e do meio só eram importantes no início da história de um país. Em seguida, a "liberdade", que se manifestava pelas leis e instituições sociais,

---

▷ de la France de Michelet, *Etudes d'histoire littéraire*, Paris: H. Champion, 1929; J. Canu, Les Tableaux de la France, *Publications of the Modern Language Association of America*, n. 46, 1931, p. 554-604; e L. Refort, Intorduction à J. Michelet, *Tableau de la France*, Paris: Les Belles Lettres, 1947. (O *Tableau de la France* foi publicado primeiramente em 1833 como a primeira parte do v. II de J. Michelet, *Histoire de France*, Paris: Hachette/Chamerot, 1833-1867, 17v.)

65  A opinião é de J. Corcelle, Michelet géographe, *Revue de géographie*, n. 42, p. 455 e os trechos do *Mon journal* são extraídos de L. Refort, Introduction, em J. Michelet, *Tableau de la France*, p. IX e X.

66  J. Michelet, *Tableau de la France*, p. 3.

vencia a "fatalidade": "A liberdade é forte nas idades civilizadas, a natureza nos tempos bárbaros; então, as fatalidades locais são todas poderosas, a simples geografia é uma história." O entusiasmo de Michelet pela liberdade o levaria àquilo que se podia denominar um possibilismo radical: "A sociedade, a liberdade domaram a natureza, a história apagou a geografia."[67]

Os vidalianos repercutiam algumas dessas ideias. Por exemplo, Vidal aconselhava o estudo de grupos primitivos isolados, que julgava mais determinados pelo meio (da natureza), a fim de ver melhor como este influenciava o homem. Mas, se os vidalianos reconheciam que a liberdade humana variava através das idades (sobretudo graças ao progresso tecnológico), eles não assumiam a posição extrema de Michelet no que concernia aos períodos moderno e contemporâneo. Eles consideravam, aliás, uma das tarefas da geografia revelar a influência do meio sobre o homem[68].

E insistiam na importância da ideia que os diferentes povos faziam de seu ambiente e que consagrava sua relativa autonomia de ação em relação a este. Brunhes seria o mais explícito: "O homem carrega em seu olho e em seu cérebro certa representação do universo que, parcialmente, depende dele." Ora, a utilização seletiva pelo homem das possibilidades da terra dependia dessa representação. Este "fator psicológico" – para empregar a expressão de Brunhes – ligava o homem e o ambiente em uma relação recíproca. Eis por que Brunhes, exprimindo claramente o ponto de vista da escola francesa, rejeitava a divisão da geografia humana em ramos "passivo ou estático" e "ativo ou dinâmico", segundo a qual o primeiro estudava a "ação da natureza no homem" e o segundo, a "reação ou ação do homem na natureza". Os fenômenos de geografia humana, resultando de uma interação constante entre o homem e a natureza, o possibilismo devia promover uma abordagem holista[69].

---

67    L. Refort, Introduction, em J. Michelet, *Tableau de la France*, p. XVI; e J. Michelet, *Tableau de la France*, p. 94.

68    P. Vidal de la Blache, Leçon d'ouverture du cours de géographie, *Annales de géographie*, n. 8, p. 104-105; idem, *La Conception actuelle de l'enseignement de la géographie*, p. 7-9 (Conférences du Musée Pédagogique); idem, La Géographie humaine, ses rapports avec la géographie de la vie, *Revue de synthèse historique*, n. 7.

69    J. Brunhes, Du caractère propre et du caractère complexe des faits de géographie humaine, *Annales de Géographie*, n. 22, 1913, p. 39; e idem, *La Géographie humaine*, 2. ed., p. 738-742.

A EPISTEMOLOGIA VIDALIANA     217

De fato, para os vidalianos, a questão principal não era que o homem fosse menos dependente de seu ambiente local que antes, como defendido pelos historiadores, mas que o homem fizesse parte da superfície terrestre, onde "ele desempenha o papel de causa": "civilizado ou selvagem, ativo ou passivo, ou, preferencialmente, sempre um e outro ao mesmo tempo, o homem não cessa, em seus diferentes estados, de fazer parte integrante da fisionomia geográfica do globo". Vidal acrescenta que "é bem mais como um ser dotado de iniciativa do que como um ser sofrendo passivamente as influências exteriores, que o homem tem um papel geográfico"[70].

O possibilismo se baseava, portanto, em grande parte, na constatação científica de que o homem era um agente geográfico, de que ele modificava o ambiente. Que fontes seriam utilizadas para fundamentar essa convicção?

É provável que não tenha sido um acaso Vidal ter se interessado por Buffon, que ele chamava um "precursor da geografia humana". Mesmo que este comentário tivesse sido feito a propósito das reflexões de Buffon sobre a repartição desigual da população, Vidal devia estar informado sobre a maneira notável pela qual Buffon havia destacado o papel geográfico ativo do homem no decorrer do tempo. Vidal até sugeriria a Brunhes escrever sua tese sobre "Buffon geógrafo"[71].

Considerações similares sobre o papel do homem podem ter vindo de Élisée Reclus, que tornou conhecidas na França as ideias de George Perkins Marsh. Deve-se, entretanto, observar que os vidalianos não dramatizavam os danos causados pelo homem à natureza, como tinha feito Reclus e Franz Schrader. Vallaux criticava, inclusive de maneira veemente, aqueles que exageravam ao denunciar a extensão do impacto nocivo do homem no ambiente. O geógrafo russo, Alexandre Woeikof, influenciaria mais diretamente a escola francesa ao enviar um artigo agudo e

---

70    P. Vidal de la Blache, La Géographie politique à propos des écrits de Frédéric Ratzel, *Annales de géographie*, v. 7, n. 32, p. 99, 100.

71    O comentário de Vidal se encontra em seu La Géographie humaine, ses rapports avec la géographie de la vie, *Revue de synthèse historique*, n. 7, p. 225. Em relação à sua sugestão a J. Brunhes, ver nota 41, capítulo primeiro. A contribuição de Buffon foi bem captada por C. Glacken, Count Buffon on cultural changes of the physical environment, *Annals of the Association of American Geographers*, n. 50, 1960, p. 1-21.

bem documentado à *Annales de géographie*, no qual insistia na força do impacto do homem na Terra, decorrente de seu poder sobre os "corpos móveis"[72]. Mas, contrariamente a Marsh, ele não se mostrava muito pessimista, e não confrontava suas observações ao crescimento da população (que ele previa considerável).

Este otimismo, dominante à época, era subjacente à teoria das transformações do impacto humano na Terra, elaborada pelo especialista alemão em geografia econômica, Ernst Friedrich, e publicada em 1904. Ele pensava que a *Raubwirtschaft** constituía uma fase temporária na evolução da civilização ocidental: uma exploração racional devia sucedê-la, e, de toda maneira, as devastações eram habitualmente seguidas de novas invenções tecnológicas e de um desejo de proteção da natureza. Seus artigos impressionariam Brunhes, que encorajaria um de seus estudantes a comentá-los em *La Géographie humaine* e se inspiraria neles na identificação de um dos três grupos de "fatos essenciais de geografia humana" – os "fatos de economia destrutiva". A abundância das referências que Brunhes fazia em *La Géographie humaine* revelava que vários de seus contemporâneos se interessavam pelo tema da proteção do ambiente; no entanto, nenhum vidaliano era citado a esse respeito. Brunhes aparecia, portanto, entre os vidalianos, como o mais orientado para a proteção da natureza. As referências feitas aos insistentes apelos de seu irmão Bernard, de Reclus e de Flahaut em favor da proteção das florestas eram muito significativos do pensamento de Brunhes, bem como sua opinião de que a ideia de Friedrich de uma *Raubwirtschaft* temporária, seguida automaticamente de um progresso, era exageradamente otimista[73].

---

72 Cf. George P. Marsh, *Man and Nature, or Physical Geography as Modified by Human Action*, New York: Charles Scribner, 1864; É. Reclus, De l'action humaine sur la géographie physique: L'Homme et la nature, *Revue des deux mondes*, décembre 1864, p. 762-771; C. Vallaux, *Les Sciences géographiques*, capítulo 9; A. Woeikof, De l'influence de l'homme sur la terre, *Annales de géographie*, n. 10, 1901, p. 97-114, 193-215.

\* Termo formado pelas palavras *Wirtschaft* (economia) e *Raub* (roubo, saque) e cujo significado, na proposta de Friedrich, é "economia destrutiva". (N. da T.)

73 E. Friedrich, Wesen und geographische Verbreitung der "Raubwirtschaft", *Petermanns Mitteilungen*, n. 50, 1904, p. 68-69, 92-95; A. Wahl, Les Faits de géographie humaine qui constituent la "Raubwirstchaft" ou "économie destructive", *La Géographie*, n. 10, 1904, p. 247-254; J. Brunhes, *La Géographie humaine*, 2 ed. (ver capítulo 5 e sobretudo p. 350, nota 4).

A concepção vidaliana do homem agente geográfico tirava muito partido dos progressos de ecologia animal e, ainda mais, vegetal. Vidal via nela a ligação necessária entre o homem e a natureza inorgânica – ligação que faltava a Ritter em seu tempo. A influência da visão naturalista de Ratzel a esse respeito tinha sido bem grande. O ambiente não era, então, considerado passivo, mas, sim, um conjunto vivo, dotado de seus próprios mecanismos de equilibração. O equilíbrio instável que caracterizava todos os meios permitia ao homem desarranjá-lo ou restabelecê-lo. Ao fazê-lo, o homem colocava opções, ele "tomava partido" em função de sua cultura, mas, também, em função das leis naturais. O homem "só triunfa sobre a natureza por meio da estratégia que ela lhe impõe e com as armas que ela lhe fornece"[74]. Seguir-se-ia uma retomada do estudo científico do velho tema da domesticação como meio de transformar o ambiente – tema renovado por Buffon.

Três ideias, ligadas entre si, voltavam assim aos escritos de Vidal ou de seus discípulos. A primeira, que as civilizações tinham a tendência a uniformizar os diferentes meios, porque cada uma delas favorecia mais certas espécies em relação às outras. "O europeu moderno, sobretudo, é o artesão infatigável de uma obra que tende a uniformizar, senão o planeta, pelo menos cada uma das zonas do planeta." A segunda, que as civilizações primitivas, mais ainda quando estão situadas em meios luxuriantes, sofriam de uma falta de tecnologia apropriada para fazer frente à influência determinante do meio ambiente sobre sua vida.

A fragilidade das populações ditas silváticas tem por causa principal a estreita coesão que liga em torno delas os outros seres vivos. Elas se chocam com uma potência de vida que, levada a este grau de intensidade, torna-se o pior dos obstáculos e que tem sua raiz nas múltiplas afinidades ambientais que começam a ser esclarecidas pela Œcologie.[75]

A terceira, aquela de uma "paisagem humanizada" – de acordo com o termo de Vidal. Ela correspondia à ideia da "segunda natureza", da qual falava Cícero. Vallaux a denominava

---

74  P. Vidal de la Blache, La Géographie politique à propos des écrits de Frédéric Ratzel, *Annales de géographie*, v. 7, n. 32, p. 102.

75  Essas citações são de Vidal (ibidem, p. 103; e Les Genres de vie dans la géographie humaine, *Annales de géographie*, n. 20, 1911, p. 197).

o "quarto estado da matéria" e, após a Primeira Guerra Mundial, Pierre Deffontaines, continuando Brunhes, desenvolveria esta ideia de maneira a dar um conteúdo geográfico à noção de *noosfera*, apreciada por Teillard de Chardin. O conceito filosófico de *homo faber*, isto é, ser capaz de criação no seio da natureza, representaria uma ideia similar em Bergson[76].

Todas as ideias e todos os conhecimentos científicos que acabam de ser passados em revista e que insistem na liberdade do homem e em seu papel geográfico não representam, em si, um conjunto coerente. Formam somente o material que o possibilismo vai integrar em uma visão global. E este só tem sucesso graças ao esquema fornecido pelo neokantismo.

## O Esquema Neokantiano

Extraía toda sua força da solução que trazia à oposição livre-arbítrio-ambientalismo. Desde sua primeira publicação geográfica, Vidal rejeitava a ideia de um determinismo do ambiente sobre a história[77]. Sua posição não era original, pois não somente se situava na corrente historiográfica principal de seu tempo, como também estava em harmonia com o espiritualismo eclético ainda dominante. Ao sublinhar a natureza espiritual do homem, essa tendência filosófica minimizava todas as formas de determinismo material ou mecânico.

Parecia paradoxal que Lucien Febvre fizesse referência justamente a Victor Cousin, o fundador do espiritualismo eclético, para acusá-lo de ter exaltado o determinismo do ambiente. Na verdade, a perspectiva de Cousin dependia mais da ideia

---

76 C. Vallaux, *Les Sciences géographiques*, p. 193, 396; Pierre Deffontaines, Qu'est-ce que la géographie humaine?, em Georges Hardy, *Géographie et colonisation*, Paris: Gallimard, 1933; Pierre Teilhard de Chardin, *Le Phénomène humain*, Paris: Seuil, 1955; H. Bergson, *L'Évolution créatrice*, Paris: Alcan, 1907. Sobre as origens da ideia, cf. C. Glacken, This Growing Second World Within the World of Nature, em Francis Raymond Fosberg (org.), *Man's Place in the Island Ecosystem*, Honolulu: Bishop Museum Press, 1963, p. 75-95.

77 P. Vidal de la Blache, *La Péninsule européenne: L'Océan et la Méditerranée*, Paris/Nancy: Berger-Levrault, 1873. As ideias que seguem foram esboçadas algures: Vincent Berdoulay, French Possibilism as a Form of Neo-Kantian Philosophy, *Proceedings of the Association of American Geographers*, n. 8, 1976, p. 176-179.

de plano que do ambientalismo. As diferentes partes da Terra tinham sido criadas de tal maneira que várias delas deviam, cada uma por vez, promover o desenvolvimento espiritual da humanidade. Essa visão de uma Terra concebida com o objetivo de assegurar certa evolução histórica repercutia as ideias de Hegel sobre o "fundamento geográfico da história universal" e a velha física-teologia[78]. Pelo fato de essas concepções teológicas serem muito gerais e ultrapassadas para agradar ao espírito positivo dos sábios, elas eram excluídas da pesquisa científica e abandonadas às meditações e crenças de cada um. É preciso lembrar que a ideia de Cousin – criticada por Lucien Febvre – estava isolada na obra do filósofo e não teria impacto verdadeiro, a não ser aquele de reforçar a concepção da Terra como um palco (isto é, passiva), no qual se desenrolaria o grande enredo da história humana.

Em suma, o espiritualismo tinha a tendência a promover um possibilismo radical: os fatores históricos importantes deviam ser procurados no homem, quer dizer, em seu livre-arbítrio, nos domínios de sua alma e de sua consciência. Essa glorificação do homem em relação à natureza e à história juntava-se àquela que alguns pensavam ver no marxismo. F. Rauh, filósofo neokantiano, chegaria até a dizer que, em um sentido, este era um "espiritualismo econômico": o marxismo considerava que o homem tinha o poder de transformar o sistema econômico para satisfazer suas necessidades, enquanto o egoísmo coletivo dos capitalistas dissimulava isso. Febvre, influenciado pelo ensinamento de Rauh, retomaria essa ideia para caracterizar a geografia vidaliana, denominando-a um "espiritualismo geográfico", pois que ela enfatizava a iniciativa e a mobilidade do homem em vez de sua passividade *vis-à-vis* do ambiente. Na mesma ocasião, Febvre criticaria a "linguagem

---

78 L. Febvre, op. cit., p. 12. Victor Cousin expõe suas ideias em sua *Introduction à l'histoire de la philosophie*, 4 ed., Paris: Didier, 1861, p. 161-175. Ver também G.W.F. Hegel, *Leçons sur la philosophie de l'histoire*, tradução de J. Gibelin, 3 ed. modificada, Paris: Vrin, 1976, assim como as observações de Gordon R. Lewthwaite, Environmentalism and Determinism: A Search for Clarification, *Annals of the Association of American Geographers*, n. 56, p. 9. Sobre a físico-teologia e sua crítica no final do século XVIII, cf. Clarence J. Glacken, *Traces on the Rhodian Shore. Nature and Culture in Western Thought From Ancient Times to the End of the Eighteenth Century*, Berkeley: University of California Press, 1976, cap. II.

materialista" e a "concepção materialista" dos durkheimianos no que concernia às relações homem-meio. Na verdade, dir-se-ia, atualmente, antes "mecanicista" ou "positivista" do que "materialista" – nuance que aparecia bem quando Febvre criticava, nos sociólogos, sua concepção "passivista" das ações e reações mútuas do ambiente e dos homens ligadas ao seu gosto pela "dedução sistemática" e a sua "concepção estreita de um determinismo rigoroso e, por assim dizer, mecânico"[79]. Parecia, portanto, que uma perspectiva materialista ou positivista encorajaria inclinações do tipo ambientalista.

É preciso notar que estas não compunham, necessariamente, a concepção de autores que acreditavam no determinismo do ambiente. Eles podiam, aliás, dedicar-se também a estudos do impacto do homem no meio, e, então, juntar-se ao possibilismo radical – abandonando a pesquisa da influência do ambiente no homem. Os geógrafos estavam, portanto, divididos entre duas abordagens opostas e totalmente excludentes: que o homem fosse considerado passivo ou que o ambiente assim o fosse. Como alguns podiam passar de uma à outra, resultavam daí contradições em suas obras.

Foi, certamente, o que aconteceu com os morfólogos sociais que foram joguetes de seu quadro de inspiração positivista. Eles atacaram, por exemplo, os vidalianos, por não terem estabelecido generalizações sobre a influência do meio na sociedade, mas os acusaram de favorecer um determinismo ambiental quando estes tentaram examinar tais influências! A mesma falha metodológica caracterizou os trabalhos do círculo de *La Science sociale*. A despeito de sua profunda convicção católica, a perspectiva positivista que eles assumiram os levou a resultados tão marcados pelo ambientalismo que foram alvo de numerosas críticas. O mesmo se passou com os trabalhos de Franz Schrader e de Drapeyron, que, igualmente, decerto não subscreveram uma interpretação puramente ambientalista da história. Para os pesquisadores de inspiração positivista, o único meio de evitar tais emboscadas foi estudar a geografia física, de um lado, e a geografia humana, de outro – tendência que se difundiu na Alemanha, na segunda metade do século XIX. Daí resultou

---

79  Frédéric Rauh, *Études de morale*, Paris: Alcan, 1911, p. 71; L. Febvre, op. cit., p. 89-91.

que poucas contribuições significativas poderiam ser feitas ao quadro ritteriano quando se aderisse a ele. Caso contrário, este quadro estaria rompido e cederia lugar a concepções originárias de um possibilismo radical ou de inclinações ambientalistas. Os escritos de Élisée Reclus refletiram, muito provavelmente, as contradições das duas abordagens. Estas reproduziram suas tendências materialistas, e, ainda, sua convicção de fazer reinar paz, justiça e fraternidade no mundo. Contrariamente, o espiritualismo desviou completamente Himly da geografia física – cujo estudo ele quis relegar à Faculté des Sciences – e fez com que seu pensamento fosse característico de um possibilismo extremo, tanto mais que, se ele pensasse a existência de um plano divino, negaria à geografia a pretensão de descobri-lo[80].

Nesse contexto, é significativo que, dados os objetivos de Vidal e de seus discípulos, relativamente poucas contradições se encontravam em seus escritos. Sua abordagem da interação homem-meio – embora atribuindo uma primazia sem equívoco ao primeiro sobre o segundo – permitia-lhes evitar tanto o possibilismo radical quanto as inclinações ambientalistas. A solução que eles elaboravam era do tipo neokantiano, no sentido de que ela enfatizava o jogo delicado entre os dados da experiência e a capacidade do espírito de conceptualizá-los.

Assim como o homem de ciência seleciona certos fenômenos dos quais ele estuda as relações em função do ponto de vista próprio à respectiva ciência, o homem-agente geográfico faz uma escolha entre as diversas possibilidades oferecidas pela natureza. A utilização que ele faz delas não é nem ótima nem a única possível, e depende de seu próprio modelo cultural (inclusive de seus conhecimentos tecnológicos). Em suma, o homem coloca em relação os elementos que escolhe e cria novas formas de organização geográfica:

Uma individualidade geográfica não resulta de simples considerações de geologia e de clima. Não é uma coisa dada de antemão pela natureza. É preciso partir desta ideia, segundo a qual uma localidade é um

---

80  A presença de contradições em Reclus foi assinalada por Marvin W. Mikesell, Observations on the Writings of Élisée Reclus, *Geography*, n. 144, 1959, p. 221-226. Himly exprime sua prudência, enquanto geógrafo, em relação à teologia em: A. Himly, Cours manuscrit (encontrado por nossos esforços no Institut de Géographie de Paris), Cours III (I).

224    A ESCOLA FRANCESA DE GEOGRAFIA

reservatório, onde dormem energias em que a natureza depositou o germe, mas cujo uso depende do homem. É ele que, dobrando-a para seu uso, esclarece sua individualidade. Ele estabelece uma conexão entre elementos esparsos; os efeitos incoerentes das circunstâncias locais são substituídos por uma presença sistemática de forças.[81]

Esta ação estruturante e criadora do homem se encontra, também, no nível local: "um campo, um prado, uma plantação são exemplos típicos de associações artificiais criadas para a conveniência do homem"[82]. A ação humana está em condições de desabrochar graças à diversidade dos elementos, ou possibilidades, das quais pode tirar partido. "Ela [a natureza] guarda, em reserva, possibilidades em número bem mais variado do que poderíamos crer a partir de nossas classificações abstratas."[83] A liberdade que o homem tem para organizar a superfície terrestre em função de suas necessidades e aspirações está sujeita, evidentemente, a limitações impostas pelo meio. As combinações, ou associações, possíveis de elementos obedecem a regras definidas pelas leis da geografia física. Segundo Vidal, o homem era causa e fonte de encadeamentos que deviam, uma vez iniciados, necessariamente conformar-se ao determinismo elucidado pela ciência.

A visão de uma liberdade organizadora que o homem possuía, limitada pela realidade dos mecanismos em ação na natureza, era bem neokantiana. Ela se encontrava, de fato, paralela à ideia segundo a qual a liberdade do cientista de escolher as teorias "convencionais" devia levar em conta os dados da experiência. Na verdade, as relativas liberdade e criatividade do homem eram defendidas pelos filósofos neokantianos da França, no campo da ciência, mas também em todos os tipos de atividades humanas. Por exemplo, em uma frase que lembra as de Vidal, Boutroux mostrava que a superioridade do homem "se traduz por uma autoridade efetiva sobre os outros seres, pelo poder de moldá-los, mais ou menos conforme a suas ideias e em virtude mesmo de suas ideias". Para esse filósofo, o homem "pode agir, colocar sua marca na matéria, servir-se das

---

81  P. Vidal de la Blache, Tableau de la géographie de la France, *Revue internationale de l'enseignement*, v. 48, 1903, p. 8; idem, Les Genres de vie dans la géographie humaine, *Annales de géographie*, n. 20, p. 199-194.
82  Ibidem.
83  Ibidem.

A EPISTEMOLOGIA VIDALIANA   225

leis da natureza para criar obras que a ultrapassam". Ele fazia progredir a natureza, de acordo com seus ideais, criando novas formas de organização:

Por meio da convergência dos esforços e da ciência, o homem transforma cada vez mais os obstáculos em instrumentos; e, ao mesmo tempo, confere a esses seres inferiores novas belezas. Se ele é impotente para criar forças análogas àquelas da natureza, pode [...] propagar até à matéria a aspiração de sua alma em direção ao ideal e, ao mesmo tempo que se concilia com os seres inferiores a ele, suscitar neles um progresso que a natureza não saberia produzir.[84]

Boutroux desenvolvia, então, temas que se encontravam entre os vidalianos: criatividade, liberdade combinada com limites, poder que o homem tem para transformar a natureza.

Vidal insistia também, associando-as, nas noções de intenção, de iniciativa, de vontade e de senso artístico, mostrando que, na transformação da natureza pelo homem, havia "alguma coisa de análogo àquilo que sustenta o artista na sua luta contra a matéria, em seu esforço de comunicar a ela a impressão que está nele próprio"[85]. Uma perspectiva bem neokantiana estava presente, na medida em que as "intenções" da humanidade se inscreviam na transformação das paisagens:

Observa-se, todavia, através da variedade dos materiais fornecidos pela natureza, uma semelhança nos procedimentos de adaptação em ação, [...] O que se exprime, assim, é a intenção que preside a adaptação da matéria, é o elemento inventivo pelo qual o homem imprime nela sua marca. Há, no espírito humano, unidade suficiente para que essa intenção se manifeste por efeitos mais ou menos parecidos.[86]

Vê-se que Vidal não era um defensor do relativismo cultural. De fato, se ele insistia na diversidade dos modelos culturais segundo os quais a humanidade transformava seu meio, não deixava de reconhecer que – como a experiência lhe mostrava – existia certa unidade do conhecimento e das finalidades humanas. Mas, além disso, essa visão das coisas não implicava contradição na concepção do homem como ator ontologicamente livre

---

84   E. Boutroux, op. cit., p. 150, 163-164.
85   Ibidem, 163-164.
86   Ibidem.

(buscando realizar seus planos) ou como ser imerso na natureza. Vidal exprimia isso com clareza:

A obra geográfica do homem é essencialmente biológica em seus procedimentos, assim como em seus resultados. Velhos hábitos de linguagem nos fazem, frequentemente, considerar a natureza e o homem dois termos opostos, dois adversários em duelo. O homem, entretanto, não é "como um império em um império"; ele faz parte da criação viva, é dela o colaborador mais ativo. Ele não age sobre a natureza, senão nela e por ela. É entrando na luta da concorrência dos seres, tomando partido, que ele assegura suas intenções.[87]

O neokantismo trazia aos vidalianos um quadro filosófico que lhes permitia conceber uma abordagem das relações homem-meio, na qual nenhuma das duas entidades tinha necessidade de ser considerada passiva. Isso faria com que eles pudessem realizar uma síntese coerente e original das ideias e das contribuições científicas do século XIX.

## OBSERVAÇÕES À GUISA DE CONCLUSÃO

A epistemologia vidaliana permitiu à geografia se afirmar como uma disciplina com a mesma estatura das demais. Livre de um determinismo simplista do ambiente, antropocêntrica em sua finalidade, mas não em seu método, a geografia da qual Vidal foi o grande inspirador pôde incorporar melhor, em uma síntese notável, o essencial da contribuição geográfica alemã, assim como os elementos esparsos, mas significativos, do pensamento francês da época.

É interessante notar que o apoio fornecido aos vidalianos pelo neokantismo elaborado na França encontrou certo paralelo com um renascimento kantiano, à mesma época, na Alemanha, do qual Hettner tentou explicitamente generalizar o alcance na geografia[88]. Quaisquer que fossem as similaridades

---

87  P. Vidal de la Blache, *Principes de géographie humaine*, p. 132; e idem, La Géographie humaine, ses rapports avec la géographie de la vie, *Revue de synthèse historique*, n. 7, p. 222.

88  Alfred Hettner, *Die Geographie: ihre Geschichte, ihr Wesen und ihre Methoden*, Breslau: Ferdinand Hirt, 1927.

e divergências, deu-se conta da importância do neokantismo e de sua crítica em relação ao positivismo nos fundamentos epistemológicos da geografia moderna. Sem nenhuma dúvida, o pensamento de Kant, não tanto no que se refere à disciplina em si, mas principalmente em relação à condição da história intelectual ocidental durante mais de um século, mereceria outros estudos aprofundados para revelar seu alcance na evolução da geografia.

Enfim, a epistemologia vidaliana teve a originalidade de não deixar a geografia se fechar em um quadro dedutivo e reducionista: ela buscou levar em conta a criatividade presente não somente na atividade do cientista como também na área estudada – preocupação que parece atualmente estar sendo de novo valorizada[89].

---

89  Cf. Anne Buttimer, *Values in Geography*, Association of American Geographers, Commission on College Geography, Ressource Paper 24, Washington, 1974, p. 1-43; e Gunnar Olsson, *Birds in Eggs*, Ann Arbor: University of Michigan Press, 1975. (University of Michigan Geographical Publication, 15.)

# Conclusão

A escola francesa de geografia formou-se em um contexto cujo estudo (embora não visando a exaustividade) permitiu resgatar sua originalidade. Graças à identificação de círculos de afinidade que especificaram os laços entre aqueles que se dedicaram às pesquisas geográficas e a sociedade em geral, a ênfase foi colocada na significação ideológica das diversas correntes do pensamento geográfico na França, no fim do século XIX e começo do século XX. Relações funcionais se estabeleceram, de fato, entre certos movimentos sociopolíticos e as concepções geográficas. O nacionalismo, desafio posto por uma Alemanha em plena expansão, as pressões em favor da colonização e de uma doutrina colonial, a generalização da instrução e a defesa de uma moral secular foram questões que encorajaram o desenvolvimento da geografia. Mas, inversamente, os geógrafos e o pensamento geográfico que eles elaboraram também desempenharam um grande papel na definição e na evolução destas questões. A geografia foi, com efeito, um fator importante na mudança de visão do mundo que afetou a França da época, e se tornou um instrumento ideológico essencial da modernização do país. Este fato é costumeiramente esquecido, pois há uma demasiada tendência a se considerar a evolução da geografia – quando colocada em relação com seu contexto – marcada pela ação de variáveis sociopolíticas independentes. Assim, é surpreendente ver que tantos trabalhos de história das ciências ou da civilização francesa negligenciaram, além da geografia como disciplina, também a importância dos geógrafos e de suas ideias nas esferas intelectuais, sociais e políticas da época.

A institucionalização tão avançada da geografia foi, ao mesmo tempo, o meio e o resultado do sucesso das ideias vidalianas. Sua precedência, que relegou à sombra as contribuições dos outros círculos de afinidade, explicou-se bem por sua posição na sociedade da época. A geografia vidaliana esteve em harmonia com a corrente ideológica principal da Terceira República, aquela que os oportunistas inauguraram desde seu início. Logo, essa geografia se beneficiou dos favores do regime. Mas ela contribuiu também para a formação de uma ideologia republicana, que combinou um individualismo temperado pela solidariedade social, um nacionalismo associado a um expansionismo colonial e a um apego à terra, uma fé na ciência e no progresso, e um idealismo ancorado em uma abordagem empírica dos problemas a resolver. A coerência presente nesta ideologia reconhecida nos trabalhos da escola francesa de geografia, não deixou de contribuir para a sua reputação internacional.

O pensamento vidaliano deveu muito à geografia alemã. Mas a influência desta sobre aquele precisa ser nuançada à luz do contexto da época. Razões ideológicas encorajaram essa orientação para a geografia alemã, por ser proveniente de um país mostrado como exemplo pelos republicanos. Ela ofereceu aos vidalianos um modelo daquilo que a geografia deveria tratar e daquilo que as normas do ensino e da pesquisa deveriam ser. Mas, quanto às ideias, os vidalianos foram mais seletivos quando as tomaram emprestadas da Alemanha. Além de Ritter e de Humboldt, eles se inspiraram sobretudo em Peschel e Richthofen, pela insistência deles na geografia física e na abordagem empírica, e mais ainda em Ratzel, por sua ideia de uma antropogeografia. Como este não foi representativo de toda a geografia na Alemanha, vê-se que os vidalianos só foram sensíveis às ideias alemãs que suas próprias concepções os predispuseram a acolher.

A escola francesa conheceu sua plenitude quando elaborou e ilustrou sua própria concepção da geografia humana. Esta concepção deu à disciplina uma definição antropocêntrica. Foi para concretizá-la cientificamente que os vidalianos se voltaram para os trabalhos de Ratzel e o método regional, que se esforçaram no sentido de rejeitar toda a oposição entre o homem e natureza graças ao neokantismo, e que apreciaram começar suas análises pelo estudo de repartição da população. A despeito de um desenvolvimento quase separado da geomorfologia, no decorrer do século XX, o pensamento vidaliano original não pôde aceitar uma dicotomia entre os elementos humanos e físicos da geografia.

Aliás, há um estereótipo que se desmorona, à luz da presente obra – ou seja, que a geografia vidaliana preservou sua unidade por seu caráter literário, essencialmente não explicativo e indeterminista. Nada menos exato. Vidal de la Blache quis fundir a geografia em um quadro resolutamente científico, orientando-a para as ciências naturais, insistindo na pesquisa empírica de séries causais, desconfiando das generalizações apressadas. Mas o certo é que ele evitou toda metodologia estritamente positivista ou mecanicista. Ele o conseguiu graças ao neokantismo, que banhou o ambiente do círculo de afinidade ao qual ele pertenceu. O convencionalismo, em particular, assegurou à geografia vidaliana uma base epistemológica sólida e, portanto, uma coerência e uma originalidade seguras, em comparação com outras correntes e outras ciências. Se o alcance do "espírito geográfico", defendido pelos vidalianos, foi considerável, o peso das instituições contribuiu para limitá-lo.

As mesmas implicações epistemológicas são encontradas no que diz respeito ao possibilismo. Aqui também há ausência da concepção mecânica das relações entre o homem e a natureza. A liberdade e a criatividade humanas se inserem nas redes do mundo natural, do qual o próprio homem faz parte, mesmo se, metodologicamente, ele possa ser separado para estudar sua ação transformadora das paisagens. O possibilismo vidaliano – diferentemente do possibilismo radical – está de acordo com a visão moderna das relações homem-natureza. Estas se caracterizam melhor, portanto, pela ideia de contrato, que envolve duas partes e cujas cláusulas

## 232 A ESCOLA FRANCESA DE GEOGRAFIA

estão abertas à mudança. Como escreveu Vidal de la Blache, "não é sob a forma de contrato rigoroso e irrevogável que se tecem as relações entre o homem e o solo"[1].

Por sua definição antropocêntrica e sua perspectiva não mecanicista, a geografia vidaliana adquiriu um alcance humanista que constituiu sua imagem distintiva. Não fazendo dela um sistema fechado, Vidal pôde fundar uma ciência na qual conseguiu se engajar como em uma exploração, uma aventura. Contrariamente ao cientista dogmático que tende a forçar os fatos em seu sistema, Vidal sempre dominou suas próprias sistematizações e pensamentos, e guardou certa perspectiva em relação a todas as interpretações. Eis, provavelmente, por que sua obra fascinou tanto seus discípulos e inspira ainda mais o leitor contemporâneo que as dos autores de orientação positivista ou mecanicista da época.

Ao final deste estudo sobre a formação da escola francesa de geografia, não se pode deixar de ressaltar o alcance geral de certas questões. O contexto francês que acaba de ser estudado teve numerosos pontos de semelhança com aquele dos outros países ocidentais. A comparação entre eles, se estudos similares fossem realizados para outros países, facilitaria a identificação dos tipos de relações existentes entre o pensamento geográfico e seu contexto. A expansão colonial, a difusão da instrução e as questões conexas do avanço dos nacionalismos e dos fundamentos a serem dados à moral foram problemas que se situaram no coração da formação dos modernos estados-nações, nos quais a geografia esteve frequentemente envolvida. O papel histórico do modelo alemão na elaboração de pensamento geográfico de nível universitário é uma questão que merece mais atenção. A grande diversidade das correntes na geografia francesa, na virada do século XIX, mostrou que o pensamento geográfico alemão não ofereceu o único modelo possível para o desenvolvimento da disciplina e chamou a atenção para seu condicionamento pelos diferentes contextos nacionais.

---

1 P. Vidal de la Blache, Rapports de la sociologie avec la géographie, *Revue internationale de sociologie*, v. 12, n. 5, 1904, p. 311. Para situar essas concepções vidalianas no contexto moderno, reportar-se, por exemplo, a C.J. Glacken, Man Against Nature: An Outmoded Concept, em Harold W. Helfrich Jr.(org.), *The Environmental Crisis*, New Haven: Yale Univiversity Press, 1970, p. 127-142.

Foi principalmente por meio das instituições que certas diferenças se reforçaram, em especial durante a cristalização de escolas de pensamento. Como mostrou o caso francês, a dominância de uma escola ou a pluralidade de escolas em cada país dependia bastante da organização local da ciência. No início da institucionalização, o esforço da geografia para se sobressair de outras disciplinas (como a história, na França, ou a geologia, nos Estados Unidos) pôde lhe conferir orientações particulares. Uma vez que uma escola de pensamento estivesse bem institucionalizada, o tipo de relação científica internacional, mantido por ela, do qual sua sobrevivência imediata não dependesse, afetaria sua evolução. Por exemplo, o rápido abandono da escola francesa de seus frequentes contatos com a geografia alemã (e inversamente), após a Primeira Guerra Mundial, esteve provavelmente na origem do isolamento em que o pensamento geográfico de cada um desses dois países se encontrou e de onde teve dificuldade de sair. Este tema das relações científicas internacionais, já tão importante no tempo de Vidal, deveria assim ser objeto de mais pesquisas, para melhor identificar as fases e a dinâmica da evolução do pensamento geográfico (que se baseia com demasiada frequência na contribuição de personalidades).

A história das ideias geográficas deve também levar em conta sua sensibilidade ao contexto da vida social global. O presente estudo mostrou que uma ciência tão antiga quanto a geografia, que recebeu um impulso novo nos trabalhos de Ritter e Humboldt, no começo do século XIX, revelou-se muito sensível às questões que agitaram a França, na virada do século XIX. Essas questões explicaram que tipo de seleção particular de ideias os vidalianos fizeram e que tipo de quadro eles elaboraram para integrá-las em um todo coerente. Essa sensibilidade da geografia ao seu contexto foi uma fonte (consciente ou não) de progresso e de formação de novas concepções, mas também um perigo para a integridade e a continuidade da disciplina. A obra de Vidal constituiu um bom exemplo da dificuldade (superada com sucesso, em seu caso) de conciliar a preocupação da pesquisa científica com o interesse pelas questões prementes da hora. E o problema é sempre atual.

As comparações com as escolas de pensamento em outros países permitiriam resgatar melhor o alcance dos resultados obtidos aqui sobre as relações entre a pesquisa geográfica e as grandes correntes filosóficas. Vimos, por exemplo, como o pensamento vidaliano esteve imbuído do neokantismo. Teve este neokantismo a tendência a favorecer certa abordagem da geografia, principalmente certo antimecanicismo e a defesa da disciplina como ponto de vista sobre as coisas? É notável que os trabalhos de Ritter, Humboldt, Vidal, Hettner, e até Ratzel no fim de sua vida, tenham sido escritos em ambientes filosóficos com predominância idealista e marcados pelo kantismo. Eles apresentaram todos, aliás, um parentesco muito claro de visões quando colocados em contraste com os dos geógrafos, em geral alemães, de orientação positivista, de meados do século XIX[2]. Na América do Norte, o recente apelo ao positivismo lógico para eliminar as concepções geográficas provenientes do começo do século e a utilização de filósofos idealistas para reintroduzir uma visão atual mais "humanista" da disciplina, provavelmente são o resultado da mesma lógica epistemológica.

Enfim, é bom sublinhar um tema muito negligenciado da história da geografia: aquele dos fundamentos da moral. O presente estudo mostrou sua importância considerável na sociedade em mutação da época. O tipo de reflexão que ele estimulou e o tipo de resposta que lhe foi dado permitem – sozinhos – compreender certas concepções sociogeográficas dos autores que se interessam pela geografia humana. Essa área mal conhecida da evolução do pensamento geográfico se encontra, de fato, no centro das relações que os homens concebem entre as leis naturais, as leis que uma sociedade elabora e o comportamento moral de cada um. Disso resultam, necessariamente, abordagens diferenciadas ao estudo do meio e do lugar que ocupa o homem.

Os temas que são mencionados e cruzam todo o pensamento geográfico raramente são explicitados e não retêm a atenção. O estudo do caso da formação da escola francesa de geografia mostrou sua importância, ilustrando também um método que permite captar as razões do surgimento de correntes científicas novas no contexto global da sociedade.

---

2   Indicações interessantes sobre esse tema são fornecidas por John Leighly, Methodologic Controversy in Nineteenth Century German Geography, *Annals of the Association of American Geographers*, n. 28, 1938, p. 238-258.

# Post-Scriptum 2008

A reedição desta obra é uma ocasião de fazer uma atualização sobre os resultados das pesquisas que se seguiram à sua publicação, em 1981, e à sua segunda edição, em 1995. Mesmo sem colocar em questão a contribuição desta publicação, elas possuem a vantagem de ter aprofundado ou completado as vias já abertas pela abordagem contextual da formação da escola francesa de geografia, de 1870 a 1914. Diante da abundância das publicações desde a primeira edição desta obra, vou limitar-me aqui àquelas que fornecem alguns desses complementos ou aprofundamentos e que me parecem as mais significativas das grandes orientações recentes da pesquisa. Pela mesma razão, só poderei citar as referências bibliográficas que estão diretamente ligadas à escola francesa de geografia. Serão, portanto, deixadas de lado as referências aos numerosos estudos sobre a história do contexto social e político que a Terceira República oferecia, mas cujas características principais não afetam os grandes aspectos que foram identificados e julgados importantes por ocasião da primeira edição[1].

---

1 Complementos bibliográficos podem ser encontrados nas publicações citadas mais adiante, assim como em obras de síntese como aquela de P. Claval, *Histoire de la géographie française de 1870 à nos jours*, Paris: Nathan, 1998.

À luz da riqueza e da abundância dos trabalhos sobre a formação da escola francesa de geografia, surpreendi-me com o fraco impacto sobre o que Olivier Soubeyran chamou "o imaginário disciplinar", tal como ele ainda é divulgado pelos geógrafos franceses[2]. Se se julga pelo número de textos, principalmente dos manuais que apresentam um histórico da geografia, os antigos estereótipos perduram, apesar dos desmentidos trazidos pelas pesquisas detalhadas que têm sido feitas sobre a história da disciplina. Vidal de la Blache é o alvo desses estereótipos, julgado conservador antimoderno, ruralista, retrógrado, redutor da disciplina a apenas seu componente regional, criador de uma geografia mais naturalista que social etc., responsável, em suma, por todos os equívocos da geografia francesa, no século xx. É claro que o conforto trazido pelo estereótipo facilita a autovalorização dos geógrafos que buscam impor seus pontos de vista. Não é, entretanto, vão estereotipar um passado já distante, com o risco de se privar das contribuições da história da geografia para melhor abordar as questões contemporâneas? Não se pode discutir com serenidade a contribuição dos fundadores, e notadamente de Vidal de la Blache, como é feito em relação aos seus equivalentes em sociologia, por exemplo, em torno de personalidades tais como Max Weber ou Émile Durkheim? É, na verdade, o que permitem as pesquisas dos últimos decênios sobre a história da geografia francesa.

## AS FORMAS DO DISCURSO GEOGRÁFICO

A obra de 1981 mostrou as interações recíprocas entre o contexto da sociedade e o pensamento geográfico, insistindo nas mediações (instituições, grupos de afinidade) que permitiam captar como se orientavam e como se estabilizavam os sistemas de ideias. Meus trabalhos subsequentes indicaram ser preciso também levar em conta outra espécie de mediação, aquela que constituiu as formas do discurso ou – dito de maneira mais geral – a linguagem dos geógrafos, com tudo que ela comportava de narratividade, de procedimentos argumentativos

---

2   Cf. O. Soubeyran, *Imaginaire, science et discipline,* Paris: L'Harmatan, 1997.

e de espessura textual, inclusive visual e gráfica[3]. Estas formas contribuíram para a estabilidade dos sistemas de ideias, inscrevendo-os no tempo longo e no surgimento de novos olhares sobre o mundo.

Elas se expandiram de múltiplas maneiras, cujo peso na formulação das ideais e em seu encadeamento se mostrou importante. Em um nível muito geral, estas formas do discurso corresponderam a teorias mais ou menos explícitas que foram subjacentes à argumentação. As mais interessantes a esse respeito foram as que corresponderam aos gêneros: ao mesmo tempo modelos de escrita e horizontes de expectativa (segundo a fórmula de T. Todorov), eles funcionaram como mediações entre os recursos linguísticos e a sociedade. Embora deixando certa margem de liberdade ao autor, tanto quanto ao leitor, estes gêneros geográficos orientaram fortemente as escolhas dos elementos mobilizados e sua estruturação, a fim de construir uma explicação[4]. Certos gêneros, o gênero regional, em especial, não pararam de se perpetuar, renovando-se ao sabor das épocas e dos públicos, chegando até a redefinir espaços regionais, como testemunhou a repercussão entre os geógrafos vidalianos da invenção do Mediterrâneo[5]. Outras formas do discurso apoiaram-se em figuras de retórica, das quais as mais usuais foram a metáfora e a metonímia. Enquanto a segunda permitiu, por exemplo, valorizar um estudo de caso, ou uma monografia local, a fim de simbolizar e explicar um todo mais vasto, a primeira, já que analógica (mas sem se reduzir a este caráter), induziu uma concepção nova das coisas. A metáfora teve, assim, o poder de evocar uma nova visão do mundo. Vidal de la Blache não se

---

3    V. Berdoulay, *Des Mots et des lieux: La Dynamique du discours géographique*, Paris: CNRS, 1988; e idem, La Géographie vidalienne: Texte et contexte, em P. Claval (org.), *Autour de Vidal de la Blache*, Paris: CNRS, 1993, p. 19-26.

4    V. Berdoulay, La Géographie vidalienne...; Danièle Laplace-Treyture, La Pertinência de la Noción de Género para una Historia Mundial del Pensamiento Geográfico, em V. Berdoulay; Héctor Mendoza Vargas (orgs.), *Unidad y Diversidad del Pensamiento Geográfico en el Mundo. Retos y Perspectivas*, Ciudad de Mexico: Unam & Inegi, 2003, p. 47-56; e D. Laplace-Treyture, Écriture savante et relation au voyage, *Finisterra*, v. 33, n. 65, 1998, p. 75-82.

5    P. Claval, Le Role de la géographie régionale dans la societé française aux alentours de 1900, *Acta geografica*, n. 57/58, 1984, p. 1-11; idem, About Rural Landscapes: The Invention of the Mediterranian and the French School of Geography, *Die Erde*, n. 138, 2007, p. 7-23.

238 A ESCOLA FRANCESA DE GEOGRAFIA

privou dela para passar sua concepção da geografia, não obstante as reticências dos cientistas querendo banir da linguagem deles toda ambiguidade[6]. Certamente, outras formas de discurso foram mais direcionadoras, como aquelas que dependeram de formalizações gráficas ou cartográficas[7].

Logo, toda uma retórica se revelou no discurso dos geógrafos, servindo tanto para demonstrar quanto para persuadir. O emprego desse tipo de estratégia pelos geógrafos permitiu compreender melhor o objetivo de certos trabalhos, como o *Marco Polo* (1880), de Vidal de la Blache, que se revelou ao exame não somente um comentário erudito, mas, também, uma declaração em favor de um novo projeto social para a geografia[8]. A questão da escritura da geografia apareceu, então, como correspondente a um nível de elaboração e de organização do discurso[9]. A volta aos escritos dos geógrafos vidalianos mostrou como as limitações ou as estratégias textuais intervieram na estruturação dos discursos geográficos. Essa perspectiva se abriu ao aprofundamento de sistemas iconográficos mobilizados para informar e reforçar o discurso geográfico, especialmente ilustrado no caso de Vidal de la Blache, Jean Brunhes e de Martonne[10].

6   V. Berdoulay, La Métaphore organiciste: Contribution à l'étude du langage des géographes, *Annales de Géographie*, n. 507, 1982, p. 573-586.
7   Gilles Palsky, *Des chiffres et des cartes: Naissance et développement de la cartographie quantitative française au XIXe siècle*, Paris: CTHS, 1996.
8   Guy Mercier, Pour une relecture du Marco Polo de Paul Vidal de la Blache, *Finisterra*, v. 33, n. 65, 1998, p. 65-73; idem, L'Orient de Marco Polo et la géographie de Paul Vidal de la Blache, *Géographie et cultures*, n. 33, 2000, p. 19-42.
9   D. Laplace-Treyture, L'Écriture de la géographie, em Jacques Lévy; Michel Lussault (orgs.) *Dictionnaire de la géographie et de l'espace des sociétés*, Paris: Belin, 2003, p. 301-302.
10  Jean-Louis Tissier, Le Voyage, filigrane du Tableau de la géographie de la France?, em Marie-Claire Robic (org.), *Le Tableau de la géographie de la France de Paul Vidal de la Blache*, Paris: CTHS, 2000, p. 19-31; Didier Mendibil, P. Vidal de la Blache, le "dresseur d'images": Essai sur l'iconographie de La France – Tableau géographique (1908), em M.-C. Robic (org.), op. cit., p. 77-105. Ver também as contribuições de M.-C. Robic; D. Mendibil, *Jean Brunhes: Autour du monde – Regards d'un géographe/regards de la géographie*, Boulogne: Musée Albert Kahn, 1993; G. Palsky, L'Esprit, l'œil et la main: De Martonne et la cartographie, em Guy Baudelle; Marie-Vic Ozouf-Marignier; Marie-Claire Robic (orgs.), *Géographes en pratiques (1870-1945): Le Terrain, le livre, la cité*, Rennes: Presses Universitaires de Rennes, 2001, p. 269-276; D. Mendibil, De Martonne inconographe, em G. Baudelle; M.-V. Ozouf-Marignier; M.-C. Robic (orgs.), op. cit., p. 277-287.

A pesquisa sobre a produção dos discursos interessou-se também pela importância de uma prática, aquela do trabalho de campo, ou melhor, de sua invenção[11]. Julgada fundamental desde o começo da escola francesa de geografia, como atestam as grandes excursões interuniversitárias, a prática está muito articulada à formação do discurso geográfico, tal como se apresenta depois, no nível textual, e no qual podem subsistir alguns croquis e esquemas inicialmente traçados nas cadernetas de campo.

## A PREOCUPAÇÃO COM A AÇÃO

As pesquisas recentes confirmaram o engajamento dos geógrafos na evolução da sociedade. E trouxeram o problema da relação, e até da distância, entre os trabalhos de espírito e de forma universitários e as modalidades concretas da ação. O desafio do ensino já ilustra isso: como passar concepções novas em um ensino de massa que responde a outras finalidades para além da pesquisa? Uma análise aprofundada dos programas oficiais e dos manuais de ensino secundário mostrou bem essas questões[12]. Contudo, estas não se limitaram ao campo de ação da geografia: disseram respeito aos outros engajamentos já evocados na primeira edição. Tais pesquisas voltaram-se, antes de tudo, para a relação do pensamento geográfico com os desafios do *aménagement*\*.

Foi por meio do movimento colonial que esses desafios se destacaram com força. De fato, a expansão do império, reconhecida por diversos tratados internacionais, deixou aberta a

---

11 Hideki Nozawa, L'École vidalienne et l'excursion géographique: Une note préliminaire, em H. Nozawa (dir.), *Social Theory and Geographical Thought*, Fukuoka: Kyushu University, 1996, p.81-87; M.-C. Robic, Interroger le paysage? L'enquête de terrain, sa signification dans la géographie humaine moderne (1900-1950), em Claude Blanckaert (org.), *Le Terrain des sciences humaines: Instructions et enquêtes* (*xviiie- xxe siècles*), Paris: L'Harmattan, 1996, p. 357-388; Jean-Yves Puyo, Pratique de l'excursion sous la Troisième Republique: Les Forestiers, les "naturalistes" et les géographes, em G. Baudelle; M.-V. Ozouf-Marignier; M.-C. Robic (orgs.), op. cit., p. 315-327.

12 Isabelle Lefort, *L'Esprit et la lettre. Géographie savante-géographie scolaire* (*1870-1970*), Paris: CNRS, 1992.

\* Embora não se disponha, em português, de uma palavra que traduza exatamente o termo francês, têm-se usado em várias publicações expressões como: "ordenamento territorial", "planejamento territorial", entre outras. (N. da T.)

questão de como enquadrar, gerir e tornar produtivos os espaços recentemente adquiridos[13]. Qual deveria ser o papel da geografia? Até que ponto deveria se imiscuir no âmago do *aménagement*? Que lugar poderia conferir ao meio ambiente no processo de planificação? Se as respostas foram variadas, percebeu-se que estas questões se encontraram no coração dos debates que animaram uma boa parte do pensamento geográfico da época, inclusive no interior do grupo dos vidalianos. Estes divergiram sobre as consequências dessa interação com o *aménagement*: embora julgada necessária por todos, ela levou alguns a privilegiar uma concepção da geografia como uma ciência da ação (como Marcel Dubois e sua geografia colonial), enquanto outros propuseram uma posição mais contida (como Lucien Gallois e sua geografia regional)[14]. No cadinho colonial começou a ser posta a maior parte dos grandes desafios concernentes às relações complexas entre o *aménagement* e o meio, antecipando o que o desenvolvimento durável recolocou na moda[15].

As colônias constituíram este cadinho no qual, ou a propósito do qual, o pensamento geográfico interagiu com o pensamento planificador. De vários pontos de vista, esse pensamento foi forjado, parcialmente, no espaço colonial, antes de se difundir na metrópole. No que diz respeito a gestão urbana, foi o caso. O urbanismo, como se passou a nomear nos anos 1910, foi a ciência que visou, simultaneamente, ao conhecimento das cidades e à ação nelas. Os problemas sociais e de higiene das cidades europeias industriais forneceram a demanda para o surgimento de tal disciplina[16]. Mas as colônias, como os países

13 Michel Bruneau; Daniel Dory (orgs.), *Les Enjeux de la tropicalité: histoire et épistémologie de la géographie*, Paris: Masson, 1989; idem, *Géographies des colonisations, XV^e-XX^e siècles*, Paris: L'Harmattan, 1994; Michael Heffernan, The Science of Empire: The French Geographical Movement and the Forms of French Imperialism, 1870-1920, de Anne Godlewska; Neil Smith (orgs.), *Geography and Empire*, Oxford: Blackwell, 1994, p. 92-114.

14 Cf. O. Soubeyran, *Imaginaire, science et discipline*; e V. Berdoulay; G. Sénécal; O. Soubeyran, Colonisation, aménagement et géographie: Convergences franco-québécoises (1850-1920), V. Berdoulay; J.A. van Ginkel (orgs.), *Geography and Professional Practice*, Utrecht: NGS, 1996, p. 153-169.

15 Cf. V. Berdoulay; O. Soubeyran (orgs.), *Milieu, colonisation et développement durable*, Paris: L'Harmatan, 2000.

16 Cf. V. Berdoulay; P. Claval (orgs.), *Aux débuts de l'urbanisme français: Regards croisés de scientifiques et de professionnels de l'aménagement (fin. XIX^e-début XX^e siècle)*, Paris: L'Harmatan, 2001.

POST-SCRIPTUM 2008

"novos", constituíram um campo de experimentação no qual a resistência aos projetos foi menor que na França e onde se pôde exercer certa continuidade de ação. A relação do *aménagement* com o meio pareceu ser aí central, de modo que o pensamento geográfico pôde, facilmente, ser convocado. Desse modo, a geografia urbana se desenvolveu no contato com os desafios ambientais, tanto na metrópole quanto nas colônias[17].

As pesquisas colocaram em evidência a importância do fundo neolamarckiano que existiu na visão da evolução da sociedade. Enquanto o "darwinismo" da época afirmou a primazia da adaptação ao meio no curso da evolução, o neolamarckismo insistiu na adaptação recíproca do ser vivo e de seu meio. O tema da transformação do meio pelo homem – bem como o projeto colonial – encontrou ali sua legitimação científica. Foi, também, justificada a ação do *aménagement*, pela qual se agia no meio para assegurar o desenvolvimento da sociedade[18]. Compreendeu-se melhor o interesse vidaliano pela ecologia vegetal, muito penetrada por concepções neolamarckianas à época. Uma visão ecológica da geografia humana, mas uma visão inteiramente voltada para a ação.

Longe de se limitar aos espaços locais, regionais ou nacionais, e até imperiais, o engajamento dos geógrafos continuou, após Vidal de la Blache, a prestar atenção na análise de situação e a fazer variar as escalas de referência[19]. Ao referir-se à escala mais global, aquela da Terra como um todo, eles se interessaram, por consequência, pelos desafios econômicos, culturais e políticos mundiais. Vidal de la Blache e seus discípulos puseram estas preocupações no coração de sua abordagem, a fim de estruturar esse olhar sobre o mundo. No fim do período examinado em nossa obra, eles se envolveram muito na organização de uma nova ordem mundial. Tal ação evoluiu de uma preparação para as decisões tomadas pelos negociadores dos

---

17  Cf. V. Berdoulay; O. Soubeyran, *L'Écologie urbaine et l'urbanisme: Aux fondéments des enjeux actuels*, Paris: La Découverte, 2002.

18  Idem, Lamarck, Darwin et Vidal: Aux fondements naturalistes de la géographie humaine, *Annales de géographie*, v. 100, n. 561/562, 1991, p. 617-634; O. Soubeyran, *Imaginaire, science et discipline*.

19  Cf. P. Claval, *Histoire de la géographie française de 1870 à nos jours*; e M.-C. Robic, Un Système multi-scalaire, ses espaces de reférence et ses mondes. L'Atlas Vidal-Lablache, *Cybergéo: Revue européenne de géographie*, n. 265, 2004.

tratados internacionais resultantes da Primeira Guerra Mundial, principalmente em matéria de delimitação de fronteiras que mudaram o mapa da Europa, até uma organização voltada para a cooperação geográfica internacional[20]. Eles se interessaram também pelas relações internacionais, certamente na esperança do surgimento de uma verdadeira "sociedade das nações"[21].

## CÍRCULOS DE AFINIDADE E PERSONALIDADES

Os trabalhos recentes permitiram esclarecer, com mais precisão, certas personalidades que compuseram os círculos de afinidade identificados desde a primeira edição. De maneira geral, os estudos sobre as pessoas que participaram no estabelecimento da geografia, na virada do século XIX, continuam a ser publicados, seja assumindo uma forma usualmente biográfica, seja insistindo mais nas ideias ou seus contextos[22].

A corrente vidaliana, ou as relações desta com outras, ocuparam um lugar particular nas pesquisas. Se a personalidade do pai fundador, Paul Vidal de la Blache, continuou ainda difícil de ser circunscrita no plano biográfico, e se muitos estudos só a abordaram tangencialmente, certos aspectos de sua obra foram aprofundados ou, por vezes, quase redescobertos: sua participação no surgimento tanto da geografia urbana quanto do urbanismo, seu interesse por ação e desenvolvimento regionais, sua influência nas políticas nacionais, a importância da análise de situação e daquela de circulação, sua relação com Ratzel, o pensamento que presidiu suas obras pouco conhecidas (como

---

20   Taline Ter Minassian, Les Géographes français et la définition des frontières balkaniques à la Conférence de la Paix en 1919, *Revue d'histoire moderne et contemporaine*, v. 44, n. 2, 1997, p. 252-286; Emmanuelle Boulineau, Un Géographe traceur de frontières: Emmanuel de Martonne et la Roumanie, *L'Espace géographique*, n. 4, 2001, p. 358-369; M.-C. Robic; Anne-Marie Briend; Mechtild Roessler (orgs.), *Géographes face au monde: L'Union géographique internationale et les congrès internationaux de geographie*, Paris: L'Harmattan, 1996.

21   P. Claval, Henri Hauser et la géographie, em Séverine-Antigone Marin; Georges-Henri Soutou (orgs.), *Henri Hauser (1866-1946): Humaniste-historien-républicain*, Paris: Presses de l'Université de Paris-Sorbonne, 2006, p. 41-68.

22   Biografias de geógrafos aparecem na série *Geographers: Bibliographical Studies*, London: Continuum.

sobre Marco Polo)...[23] Em troca, os contornos de seu círculo de geógrafos se precisaram, progressivamente. Entre os membros de peso de seus primeiros discípulos, a personalidade de Jean Brunhes e sua obra revelaram múltiplas facetas, mas outros contribuidores menos importantes começaram a ser tirados do esquecimento, ou a ser mais bem conhecidos, como Ardaillon, Auerbach ou Hauser[24].

Igualmente, são melhores os conhecimentos no que diz respeito às pessoas ou instituições que pertenceram a outros círculos de afinidade. Sobre os autores do inventário da Terra, vários trabalhos importantes mostraram os indivíduos em ação, além dos desafios em relação aos quais eles tomaram posição. Se a dinâmica social em favor do projeto colonial teve sua importância, ela não agiu sozinha, tamanho o interesse pelo país e pelas práticas que facilitaram seu conhecimento[25].

---

23 Cf. André-Louis Sanguin, *Vidal de la Blache, un génie de la géographie*, Paris: Belin, 1993; *Bulletin de l'Association de géographes français*, v. 65, n. 4, 1988 (número especial sobre Vidal de la Blache); Robert Ferras, *Les Géographies universelles et le monde de leur temps*, Montpellier: Gip Reclus, 1989; V. Berdoulay; O. Soubeyran, Lamarck, Darwin et Vidal ... op. cit.; G. Mercier, La Région et l'État selon Friedrich Ratzel et Paul Vidal de la Blache, *Annales de géographie*, v. 104, n. 583, 1995, p. 211-235; H. Nozawa, *Furansu chirigaku no gunzo – bidaruha kenkyu* [L'École française de géographie – études vidaliennes], Kyoto: Chijin, 1996; Paulo César da Costa Gomes, Milieu et métaphysique: Une interprétation de la pensée vidalienne, em V. Berdoulay; O. Soubeyran (orgs.), *Milieu, colonisation et développement durable*, p. 55-72; M.-C. Robic (org.), *Le Tableau de la géographie de la France de Paul Vidal de la Blache*.

24 J. Brunhes, *Autour du monde: Regards d'un géographe/regards de la géographie*; François Carré, Édouard Ardaillon (1867-1926): Un Géographe méditerranéen à Lille, *Hommes et terres du Nord*, n. 2/3, 1991, p. 113-119; M.-C. Robic, Bertrand Auerbach (1856-1845), éclaireur et 'sans grade' de l'École française de géographie, *Revue géographique de l'Est*, n. 1, 1999, p. 37-48; P. Claval, Henri Hauser et la géographie, em S.A. Marin; G.-H.Soutou (orgs.), *Henri Hauser (1866-1946)*; e P. Claval (org.), *Autour de Vidal de la Blache*, p. 19-26; idem, *Études normandes*, n. 2, 1989 (número especial sobre André Siegfried); Françoise Tétard, Pierre Deffontaines entre conversation et paysages, em Jean-Pierre Augustin; V. Berdoulay (orgs.), *Modernité et tradition au Canada: Le Regard des géographes français jusqu'aux années 1960*, Paris: L'Harmattan, 1997, p. 51-65.

25 Cf. Dominique Lejeune, *Les "Alpinistes" en France à la fin du XIXe siècle (vers 1875-vers 1919)*, Paris: CTHS, 1988; e idem, *Les Sociétés de géographie en France et l'expansion coloniale au XIXe siècle*, Paris: Albin Michel, 1993; N. Broc, Les Explorateurs français du XIX^e siècle reconsidérés, *Revue française d'histoire d'outre-mer*, v. 69, n. 256, 1982, p. 238-273; J.-Y. Puyo, Pratique de l'excursion sous la Troisième Republique: les forestiers, les "naturalistes" et les géographes, em G. Baudelle; M.-V. Ozouf-Marignier; M.-C. Robic (orgs.), op. cit.

244 A ESCOLA FRANCESA DE GEOGRAFIA

A personalidade de Élisée Reclus continuou a atrair a atenção e as publicações foram numerosas, contrariamente à opinião tão difundida de que ele foi injustamente esquecido pela história da disciplina. Várias biografias tornaram mais compreensíveis as motivações e as paixões do geógrafo[26]. Certos aspectos de sua obra abundante começaram a ser bem compreendidos, principalmente em matéria de educação, de geografia urbana e de concepções geopolíticas[27]. Sobretudo a relação de sua geografia com o pensamento anarquista fascinou vários geógrafos, interessados por uma ou outra. Mas ainda foi difícil identificar os laços mais profundos desta relação, embora certos trabalhos tenham permitido avanços neste campo[28]. Quanto ao seu primo, Franz Schrader, outra personalidade marcante da época, foi objeto de um conjunto consequente de trabalhos que mostraram a infatigável determinação do cartógrafo dos Pireneus Centrais, sua inventividade, sua abordagem do terreno, sua original maneira de associar abordagem artística e abordagem científica da montanha[29].

26  Cf. Hélène Sarrazin, *Élisée Reclus ou la passion du monde*, Paris: La Découverte, 1985; e Henriette Chardak, *Élisée Reclus: L'Homme qui aimait la Terre*, Paris: Stock, 1997. Cf. Joel Cornuault, *Élisée Reclus, géographe et poète*, Mussidan: Fédérop, 1995.

27  Cf. B. Giblin, Présentation, *Élisée Reclus: L'Homme et la Terre* [choix de textes], 2. ed., Paris: La Découverte & Syros, 1998, p. 5-99; idem, *Revue Belge de géographie*, v. 110, n. 2, 1986; idem, *Hérodote*, n. 117, 2005 (números especiais sobre Élisée Reclus); H. Sarrazin, Le Canada d'Élisée et Onésime Reclus, em J.-P. Augustin; V. Berdoulay (orgs.), op. cit., p. 23-35; D. Hiernaux-Nicolas, Apresentación, *La Geografía Como Metáfora de la Libertad* [escritos selecionados por Élisée Reclus], Ciudad de Mexico: Plaza y Valdés/Centro de Investigaciones Científicas J.L.Tamayo, 1999; P. Claval, "Reclus géographe" e "La ville dans l'œuvre de Reclus", em P. Claval et al., *Géographies et géographes*, Paris: L'Harmattan, 2007, p. 189-208, 209-234 respectivamente; Teresa Vicente Mosquete, Geografía y Educación: Eliseo Reclus y su Labor Geográfica en la Universidad Nueva de Bruselas, em V. Berdoulay; H. Mendoza Vargas (orgs.), *Unidad y Diversidad del Pensamiento Geográfico en el Mundo*, p. 249-270.

28  Um estudo pertinente é aquele de T. Vicente Mosquete, *Eliseo Reclus, la Geografía de un Anarquista*, Barcelona: Los Libros de la Frontera, 1983; Cf. Philippe Pelleter, Géographe ou écologue? Anarchiste ou écologiste?, *Intinéraire "Élisée Reclus"*, n. 14-15, 1997, p. 29-39.

29  Hélène Saule-Sorbé et al. (orgs.), *Franz Schrader, 1844-1924, l'homme des paysages rares*, Pau: Éd. du Pin à Crochets, 1997, 2 tomos; V. Berdoulay; H. Saule-Sorbé, La Mobilité du regard et son instrumentalisation: Franz Schrader à la croisée de l'art et de la science, *Finisterra*, v. 33, n. 65, 1998, p. 39-50; e idem, Franz Schrader face à Gavarnie, ou la géographe peintre de paysage, *Mappemonde*, v. 55, n. 3, 1999, p. 22-29.

Enfim, o estudo das correntes de pensamento inaugurado por Le Play conheceu uma forte retomada de interesse, justificada por sua importância, mencionada desde a edição de 1981. É verdade que a maior parte das pesquisas voltou-se para os aspectos mais sociológicos da contribuição de Le Play e de seus discípulos mais ou menos diretos. No entanto, essas pesquisas foram bem mais além e pôde-se perceber aí, progressivamente, como a preocupação com a ação e a importância atribuída ao meio favoreceram o surgimento de um pensamento reformador original. Ele se concretizou, muito particularmente, em certos temas. Entre aqueles com preocupações geográficas, observou-se o *aménagement* florestal, portador de toda uma filosofia do desenvolvimento local, próxima da exploração social da floresta e favorável a uma tomada em conta das especificidades do meio[30]. Uma perspectiva análoga inspirou os reformadores da cidade: os inícios da institucionalização do urbanismo como profissão lhes deviam muito, senão o essencial, mesmo com os vidalianos fazendo aí sua parte[31].

## EVOLUÇÃO E ALCANCE
## DA ESCOLA FRANCESA DE GEOGRAFIA

Os debates epistemológicos contemporâneos no meio geográfico fizeram frequentes referências a Vidal de la Blache ou aos vidalianos. Eles trouxeram alguma nova perspectiva sobre a contribuição destes? Já evoquei que foram quase estereótipos, como, com frequência, foi o caso na França. De todo modo, no que diz respeito à "geografia vidaliana", uma ambiguidade terminológica veio complicar o retorno ao pensamento dos iniciadores da escola: tratar-se-ia da geografia de Vidal? Ou

---

30  Cf. Bernard Kalahora; Antoine Savoye, *La Forêt pacifiée: Les Forestiers de l'école de Le Play, experts des sociétés pastorales*, Paris: L'Harmattan, 1986; idem, *Les Inventeurs oubliés: Le Play et ses continuateurs, aux origines des sciences sociales*, Seyssel: Champ Vallon, 1989; V. Berdoulay; J.Y. Puyo, La Pensée géographique de Le Play, *Études sociales*, n. 129, 1997, p. 19-36; idem, La Science forestière vue par les géographes français, ou la confrontation de deux sciences diagonales (1870-1914), *Annales de géographie*, n. 609-610, 2000, p. 615-634.

31  Cf. V. Berdoulay; P. Claval, *Aux débuts de l'urbanisme français...*, op. cit.; V. Berdoulay; O. Soubeyran, *L'Écologie urbaine et l'urbanisme: Aux fondéments des enjeux actuels.*

segundo Vidal? Ou da de seus discípulos? No último caso, seriam aqueles que o tiveram como mestre? Ou os que o invocaram sem tê-lo conhecido, por serem muito jovens? Seria mais razoável limitar, como fizemos aqui, o uso do epíteto à geografia produzida por Vidal e por aqueles que o tiveram como mestre e escreveram o essencial de sua obra, antes da Segunda Guerra Mundial. Depois, já se estaria muito longe da fonte. Inclusive durante o período entre as duas grandes guerras, a geografia dita "clássica" inovou de forma considerável em um contexto já bem diferente daquele que precedeu o primeiro conflito. Não obstante, seus autores souberam tirar partido dos ensinamentos de Vidal para multiplicar as áreas de aplicação de sua abordagem[32]. A influência da escola francesa no estrangeiro testemunhou essa vitalidade e o interesse pela contribuição de Vidal, ainda que apenas certos aspectos desta fossem privilegiados.

Hoje em dia, por paradoxal que seja, e longe dos estereótipos utilizados nas tomadas de posições combativas, é comum que se manifeste o interesse pela contribuição vidaliana fora da França. Este interesse é, parcialmente, uma consequência do destaque na presente obra da dimensão neokantiana da epistemologia vidaliana: é ela que mais alimenta a reflexão. De um lado, encontram-se elementos análogos em outras tradições geográficas da época[33]. De outro, a crítica ao positivismo presente na corrente quantitativa ou modeladora da geografia contemporânea conduz, por meio de um percurso alternativo pela fenomenologia, a uma visão mais humanista da geografia, na qual o interesse kantiano pela parte ativa do sujeito se torna cada vez mais pertinente[34]. Compreende-se melhor, então, o retorno a um olhar sereno, não estereotipado, sobre a contribuição vidaliana. Um positivismo difuso continua a estimular as concepções e práticas de muitos geógrafos, assim como de

32  Sobre essa riqueza, ver P. Claval, *Histoire de la géographie française de 1870 à nos jours..*

33  Por exemplo, no Canadá: V. Berdoulay; L. Chapman, Le Possibilisme de Harold Innis, *Canadian Geographer/Le Géographe canadien*, v. 31, n. 1, p. 2-11; ou, nos Estados-Unidos: J. Nicholas Entrikin, Robert Park's Human Ecology and Human Geography, *Annals of the Association of American geographers*, n. 70, 1980, p.43-58.

34  V. Berdoulay; J.N. Entrikin, Lieu et sujet: Perspectives théoriques, *L'Espace géographique*, v. 27, n. 2, 1998, p. 111-121.

POST-SCRIPTUM 2008

outros cientistas, e como não é compatível com o pensamento kantiano, não pode ter um profundo interesse por uma das fontes desse pensamento. E se o positivismo é rejeitado, é ou a fenomenologia ou o marxismo que atrai a atenção: aqui também encontram-se configurações filosóficas pouco propícias para achar interesse por uma geografia com fortes emanações neokantianas. Ademais, certas modas atuais (ligadas a Bruno Latour ou a Nigel Thrift) em favor de uma teoria "não representacional" são logicamente reticentes *vis-à-vis* de toda abordagem originária do pensamento kantiano, pois este é considerado portador de uma noção de sujeito que elas recusam. O mesmo ocorre com o pós-modernismo.

Todavia, há nessa dimensão da geografia vidaliana todo um projeto moderno, que não depende das críticas legítimas feitas contra os avatares da modernidade. Este projeto depende de uma "outra modernidade", que não se confunde por isso com o pós-modernismo. Esta não corresponderia, então, a uma superação de oposições múltiplas, notadamente entre ciência fundamental e ciência da ação, entre geopolítica do poder e geografia política acultural, entre recônditos identitários e cosmopolitismo indiferente aos lugares, entre peso das estruturas e liberdade total? Com a perda de fôlego das teorias estruturalistas e, em seguida, das pós-estruturalistas e pós-modernistas, não seria útil revisitar de maneira imparcial a herança epistemológica vidaliana?

# Índice de Nomes

Abbadie (Ant. d') 37, 120, 151, 163
Abrams 44
Achalme 7
Alcan 80
Allain (R.) 78
Allix 150
Ancel 27
Andler (C.) 7, 84, 85, 86, 114
Andrew (C.M.) 45, 46
Angot (C.) 173
Anuchin (V.A.) XII
Appell (P.) 89
Appia (G.) 22
Arconati-Visconti (marquesa) 172
Arenberg (Prince A. d') 42
Aucoc (L.) 10

Baker (A.) 183
Barbier 23
Bardoux (A.) 82, 156, 158
Barrau-Dihigo (B.) 128
Barré 197
Barrès (M.) 4, 5, 108, 112, 122, 127, 133, 167
Bastian 60
Bataillon (L.) 193
Baud-Bovy 71
Bayet (A.) 112, 113, 114
Bayet (C.) 17
Benda (J.) 91

Ben-David (J.) XVI, XVII, 5, 249
Berdoulay (V.) V, XI, XVI, 22, 191, 220, 237,
238, 240, 241, 243, 244, 245, 246, 249
Bergson (H.) 8, 86, 91, 95, 109, 175, 177, 220
Berlioux (E.-F.) 16, 22, 153
Bernard (A.) 42, 43, 56, 57, 58, 80, 176
Bernard (C.) 103, 105, 122, 218
Berr 128, 152, 183, 210
Bersot (E.) 84, 85
Berthelot (M.) 89, 103, 105, 114, 124, 144
Bertillon (J.) 161, 162
Bert (P.) 70, 76, 79, 84, 89, 90, 105
Betts (R.F.) 60
Bismark (O. von) 155
Blanchard (R.) 17, 18, 28, 83, 84, 85, 86, 92,
108, 174, 175, 187, 191
Bloch (G.) 84
Bloch (M.) 84, 128, 152
Blondel (M.) 177
Blum (L.) 79
Bobrie (F.) 48
Bonald (de) 2, 117, 118, 126
Bonaparte (príncipe R.) 43, 151, 158
Bonnerot (J.) 86
Bonnier (G.) 147, 173
Borel (É.) 207, 208
Bouglé (C.) 11, 106, 110, 114, 199
Boulanger (G.) 4, 118
Boule (M.) 177

250 A ESCOLA FRANCESA DE GEOGRAFIA

Bouquet De La Grye (A.) 146, 153, 163
Bourgeois (É.) 14, 18, 55
Bourgeois (L.) 123, 124, 128
Bourget (P.) 108
Boutmy (É.) 42, 89, 95, 96
Boutroux (E.) 84, 106, 107, 108, 110, 113, 175, 200, 201, 206, 224, 225
Bouvier (J.) 32
Bréhier (E.) 102
Breuil (Abbé) 177
Broca (P.) 97, 144, 168
Broc (N.) xix, 1, 12, 13, 15, 18, 82, 88, 152, 168, 196, 197, 243
Brunetière (F.) 78, 108, 114
Brunhes (J.) 5, 17, 18, 24, 26, 27, 80, 95, 97, 122, 128, 165, 166, 167, 171, 172, 175, 177, 179, 181, 186, 187, 188, 189, 190, 192, 193, 196, 212, 214, 216, 217, 218, 220, 238, 243
Bruno (G.) 111, 247
Brunschwig 32, 33, 35, 42, 44, 46, 47, 48
Brunschwig (H.) 32
Buffon (G.L.) 27, 75, 112, 209, 217, 219
Buisson (F.) 66, 73, 74, 111, 174
Burckhart (J.) xiii
Buret (E.) 20
Buttimer (A.) X, 187, 227, 250

Cady (J.F.) 33
Camena d'Almeida (P.) 17, 18, 24, 25, 139, 156, 174
Canu (J.) 215
Capel (H.) xvi
Carazzi (M.) 36
Carbonell (C.-O.) 9, 10, 25
Caron 122
Carré (J.-M.) 1, 243
Caumont (A. de) 184
Cerf (L.) 69, 78, 83, 105, 128
Chabot (G.) 23, 86
Charles-Roux (J.) 42, 43, 44
Charlton (P.G.) 74, 102
Chasseloup-Loubat (marquês de) 37, 47
Chatreix (H.) 110
Chautemps (C.) 51
Chevalier (J.) 95, 109, 160, 163, 201
Church (H.) 52
Cícero 219
Claparède (A. de) 39
Clark (T.N.) xvii, 68, 88, 97, 147, 148, 162
Claudio-Jannet 163
Claval (P.) x, xii, xiii, xix, 63, 79, 80, 129, 152, 161, 214, 235, 237, 240, 241, 242, 243, 244, 245, 246, 250
Clémenceau (G.) 15
Clough (S.B.) 60

Clozier (R.) 94
Cobden (R.) 2
Cohen (W.B.) 47
Colin (A.) 79, 80, 139, 172, 173
Colin (dr.) 35
Comte (A.) 2, 11, 103, 104, 108, 118, 123, 127, 202, 206
Coquery-Vidrovitch (C.) 31, 35
Corcelle (J.) 214, 215
Cordier (H.) 80, 151, 153
Coste (A.) 142, 161, 162, 165
Cournot (A.A.) 106, 207, 208, 209, 210
Cousin (V.) 3, 81, 83, 103, 106, 220, 221
Croiset (A.) 70, 89
Curtis (M.) 122

Daniel 15, 16, 20, 240
Darwin (C.) 108, 124, 198, 214, 241, 243
Davanture (M.) 5
Davis (W.M.) 27, 197
Davy (H.) 11
Deffontaines (P.) 95, 187, 220, 243
Delagrave (C.) 15, 16, 69, 75, 80, 139, 156, 158
Delaire (A.) 121, 163
Delamarre (M.J.-B.) 122
Delavignette (R.) 59
Delcassé (T.) 44, 47, 51
Delisle (L.) 87
Deluns-Montaud (P.) 104
Demangeon (A.) 18, 57, 85, 171, 174, 175, 177, 183, 184, 187, 191, 194, 198
Demolins 19, 77, 121, 137, 145, 148, 165, 167
Deniker (J.) 80, 146, 153, 185
Deroisin (P.) 104
Deschamps (H.) 46
Deschanel (P.) 125, 127
Desjardins (E.) 20, 85, 153
Desor (É.) 20
Digeon (C.) 1, 2, 3, 10, 110, 121
Dollfus 3
Doudart de Lagrée (E.) 37
Drapeyron (L.) 13, 16, 22, 23, 25, 54, 80, 82, 137, 143, 144, 155, 156, 157, 158, 159, 183, 222
Dreyfus (A.) 85, 91, 97
Droysen (J.-G.) 9
Dubois (M.) 17, 23, 42, 44, 45, 51, 52, 54, 55, 56, 57, 58, 59, 75, 80, 91, 93, 146, 147, 174, 175, 176, 177, 192, 196, 240
Dufrénoy (A.-P.) 28, 197
Duguit (L.) 124
Duhem (P.) xii, 6, 89, 107, 115, 200, 201, 204, 250
Dumas (A.) 3
Dumont (A.) 84, 89, 90, 92
Dunbar (G.) 15, 58, 166, 169

## ÍNDICE DE NOMES

Duncan (O.D.) 171
Dupanloup (Mgr) 73
Dupuy (A.) 111
Durkheim (É.) XVIII, 8, 11, 19, 61, 86, 89, 95, 99, 108, 112, 114, 124, 130, 131, 140, 141, 142, 170, 174, 191, 194, 236, 250
Duruy (V.) 13, 22, 66, 67, 68, 70, 71, 82, 83, 88, 144, 156, 157, 158, 214
Duthil (J.-B.) 73
Duval (J.) 37, 38, 58, 137, 149, 164, 165
Duveyrier (H.) 37

Earle (E.M.) 115
Edge (D.O.) XVI
Eichthal (E. d') 163
Élie de Beaumont (L.) 28, 197
Eros (J.) 66, 104, 105, 111
Étienne (E.) 40, 43, 44, 45, 47, 104

Fagniez (G.) 5, 9
Fahlbeck (P.) 10
Falcucci (C.) 78
Faure (C.) 14, 22, 51, 68, 79, 156, 251
Faure (F.) 156
Febvre (L.) 27, 28, 128, 152, 183, 193, 195, 212, 213, 220, 221, 222
Fechner (G.T.) 11
Ferry (J.) 34, 39, 46, 55, 59, 66, 70, 71, 72, 74, 76, 88, 89, 90, 92, 104, 105, 127, 171, 173
Flahaut (C.) 147, 173, 218
Flammarion (C.) 66, 110, 200, 203
Flory (T.) 127, 130
Focillon (H.) 80
Foncin (P.) 14, 41, 54, 55, 59, 60, 73, 75, 76, 79, 128, 129, 144
Fosberg (F.) 220
Foucault (M.) XV, XVI
Fouillée (A.) 80, 111, 113, 124
Foville (A. de) 161, 163
Franck (J.) 137
Frary (R.) 78
Fresnel (A.) 200
Freycinet (C. de) 46, 105
Friedrich (E.) 8, 13, 17, 24, 218, 243
Frobenius (L.) 188
Froidevaux (H.) 43, 48, 56, 150
Fustel de Coulanges (N.) 9, 10, 84, 89, 144

Gaffarel (P.) 153
Gallois (L.) 14, 18, 24, 27, 56, 57, 79, 85, 86, 94, 129, 130, 137, 146, 147, 154, 174, 176, 177, 187, 196, 198, 240
Gambetta (L.) 4, 43, 45, 46, 70, 71, 76, 96, 104, 105, 123, 157, 171
Gambi (L.) 63

Ganiage (J.) 32
Garnier (F.) 36, 37
Gaudry (A.) 196
Gauthiot (C.) 42, 43
Gautier (É.F.) 56, 57, 58, 95
Gébelin (J.) 153
Geddes (P.) 169
Gennep (A. van) 189, 190
Gerbod (P.) 83, 85, 89
Gerville (C.-A.-A. 184
Gervinus (G.G.) 9
Gibelin (J.) 221
Giblin (B.) 58, 169, 244
Gide (C.) 11, 124, 160, 163
Gilpin (R.) 8
Girardet (R.) 32, 34
Girardin (P.) 169
Giraud (V.) 103
Girault (R.) 35
Glacken (C.J.) XIII, 214, 217, 220, 221, 232
Glasson (E.-D.) 10
Goblet (R.) 82
Goethe (J.W. von) 13
Gonin (M.) 122
Gooch (G.P.) 87
Göritz (C.) 164
Gougeon (H.) 166
Grandidier (A.) 151
Gréard (O.) 67, 70, 83, 89, 90, 92
Grupp (P.) 45, 46
Guérard (B.) 80, 87
Guerlac 115
Guesde (J.) 114
Guigniaut (J.D.) 20, 157
Guilland (A.) 10
Guizot (F.) 66, 81, 83, 152, 214
Guyau (M.J.) 80
Guy-Grand (G.) 109
Guyot (A.) 21, 22
Guyot (Y.) 160

Haack (H.) 15
Hachette (L.) 15, 58, 69, 70, 74, 80, 84, 92, 96, 103, 111, 116, 118, 121, 137, 138, 139, 154, 165, 167, 168, 176, 188, 209, 215
Hahn (R.) XI, XVI
Halbwachs (M.) 170, 171
Halévy (E.) 116, 117
Halkin (J.) 14, 16
Halphen (L.) 87
Hamelin (O.) 106
Hamy (E.) 146, 151, 153, 154, 185, 186
Hanotaux (G.) 43, 46, 152, 171
Hardy (G.) 220
Hartshorne (R.) X, XI, XII

252      A ESCOLA FRANCESA DE GEOGRAFIA

Haupt (G.) 46
Hauser (H.) 129, 242, 243
Havet (E.) 10, 80
Hayes (C.) 74
Hayward (J.E.S.) 124
Hegel (G.W.F.) 221
Hémon (F.) 84
Hennessy 130
Hérode Atticus 25
Herr (L.) 85, 114
Hertz (C.) 53
Hessen (B.M.) xiv
Hettner (A.) xii, 226, 234, 251
Hetzel (P.J.) 67, 138
Himly (A.) 15, 16, 17, 20, 21, 22, 23, 26, 27, 67,
     68, 69, 78, 79, 87, 89, 90, 91, 92, 93, 94, 98,
     99, 144, 146, 152, 153, 154, 155, 157, 162, 173,
     175, 183, 223
Hitier (H.) 163, 173
Hooson (D.) xiii, 182, 251
Horwath (S.A.) 70
Houllevigue (L.) 5
Hückel (G.A.) 24, 186
Hugo (V.) 127
Hulot (barão É.) 42, 43, 151, 163
Humboldt (A. de) xii, 21, 23, 211, 230, 233,
     234, 252

Jackson (J.) 22
Jamais (É.) 47, 51
James (P.) X, 58
Janet (P.) 80, 104
Jeannin (P.) 86
Joanne (A.) 138
Jordan (L.H.) 189
Julien (C.A.) 59, 91
Jullian (C.) 10
Junghaus 10

Kahn (A.) 95, 172, 238
Kant (E.) xii, 3, 8, 106, 107, 109, 110, 113, 114,
     140, 180, 199, 227, 252
Kanya-Forstner (A.S.) 45, 46, 47
Karady (V.) 11, 85, 92, 99, 170
Kergomard (J.G.) 58, 80
Keylor (W.R.) 87
Kramer (G.) 20, 211
Krogzemis (J.R.) 58
Kropotkine (P.) 169
Kuhn (T.) xv, xvi, xviii

Labanca (B.) 189
Lachelier (H.) 8
Lachelier (J.) 106, 109, 110, 116, 175
Lacombe (P.) 209

Lacoste (Y.) xiv
Lacroix (B.) 11, 66
Laffey (J.) 33
Lafitte 115
Lakatos (I.) xvi
Lamennais (F.R. de) 118, 126
Landerer (B.) 11
Lanson (G.) 214
Laplace (P.S.) 208, 237, 238
Lapparent (A. de) 28, 87, 88, 94, 115, 137, 151,
     176, 196
Larnaudé (M.) 56
La Tour du Pin (R. de) 118, 126
Laveleye (E.) 10
Lavergne (L. de) 164
Lavisse (E.) 6, 10, 67, 68, 70, 74, 79, 83, 84,
     86, 89, 90, 91, 92, 95, 108, 152, 188, 214
Lazarsfeld (P.) 145
Leão xiii 122
Lebon (General) 151
Lecomte (H.) 25
Lecouteux (É.) 164
Lécuyer xv, xvi
Lécuyer (B.-P.) xv
Legrand (L.) 72, 104
Leighly (J.) 234
Lemonnier (H.) 75, 80
Lenine (V.) 31
Le Play (F.) xviii, 19, 20, 28, 29, 61, 77, 80,
     97, 99, 103, 108, 119, 120, 121, 126, 127, 128,
     133, 136, 140, 141, 142, 145, 148, 162, 163,
     164, 165, 166, 245, 252
Le Prévost (A.) 184
Leroy-Beaulieu (A.) 52, 96, 163
Leroy-Beaulieu (P.) 34, 35, 38, 42, 57, 160,
     163
Le Roy (É.) 199, 200
Lesseps (F. de) 151, 157, 158, 163
Letourneau (C.) 114, 168
Leudet (M.) 7
Levasseur (É.) xviii, 13, 15, 16, 21, 22, 37, 38,
     44, 45, 53, 54, 67, 69, 70, 71, 77, 78, 79, 80,
     81, 83, 90, 92, 95, 96, 98, 120, 125, 141, 144,
     149, 151, 156, 158, 159, 160, 161, 162, 163,
     165, 166, 173, 192, 194, 252
Lévy-Bruhl (L.) 61, 112, 113, 114, 174
Lewthwaite (G.) 213, 221
Lexis (W.) 16, 24
Ley (D.) 191
Liard (L.) 51, 89, 90, 92, 158, 162
List (F.) 8
Littré (É.) 3, 103, 104, 105, 115
Longnon (A.) 20, 87, 88, 94, 95, 129, 153
Lorin (H.) 42, 43, 122
Lot (F.) 50

## ÍNDICE DE NOMES

Lotze 11
Louis-Philippe 88
Lukermann (F.) 210
Lyautey 60
Lyell (C.) 196

Macé 66, 67
Mackinder (H.) 27
Macpherson (A.M.) 211
Maistre (J. de) 2, 117
Marcel (G.) 17, 23, 42, 44, 51, 58, 72, 75, 80,
91, 146, 153, 171, 192, 196, 209, 240
Marco Polo 154, 238, 243
Margerie (E. de) 17, 18, 56, 150, 154, 173
Marsh (G.P.) 169, 217, 218
Martel (É.A.) 99
Martonne (E. de) 17, 18, 24, 60, 83, 85, 95,
143, 144, 146, 150, 175, 177, 181, 187, 238, 242
Marx (K.) 41, 114
Maunier (R.) 162, 165
Maurel (A.) 95
Maurras (C.) 108, 122, 128
Mauss (M.) 61, 88, 171
Mayeur (F.) 70
Mayr (G. von) 193
McKay (A.V.) 36, 38, 40, 54, 60
Mellerio (A.) 169
Mentré (F.) 209
Meuriot (P.) 162, 165
Meyerson (É.) 209
Meynier X, XII, XIX, 13, 147, 194, 198, 214,
252
Meynier (A.) 13, 147, 194, 198, 214
Michel (A.) 120
Michelet (J.) 9, 103, 127, 152, 184, 196, 214,
215, 216
Michel (H.) 116, 126
Mignet (F.) 87
Mikesell (M.) 223
Milet (J.) 209
Miller (D.J.) 44
Mill (J.S.) 103
Milne-Edwards (H.) 70
Mistler (J.) 139
Mistral (F.) 128
Moll (L.) 164
Moltke (H. von) (de) 156
Mommsen (M.) 10
Monod (G.) 5, 9, 10, 25, 68, 83, 84, 89, 96,
103, 152
Moon (P.T.) 118
Mulkay (M.J.) XVI
Mun (A. de) 118, 122
Murat (L.) 115
Murphy (A.) 36

Musgrave (A.) XVI

Napoleão I 82
Napoléon III 67
Nardy (J.-P.) X, XII, 79, 80, 129, 161, 253
Needham (J.) XV
Nefftzer (A.) 3, 21
Nettlau (M.) 169
Neucastel (É.) 105
Newton (I.) 183
Nicolas-Obadia (D.) 20
Nicolas-Obadia (G.) 20
Niebuhr (B.G.) 10
Niox (coronel) 80
Nisbet (R.A.) 116, 126
Noé (general de La) 173
Nolen (D.) 110
Nora (P.) 67, 74, 90, 111
Nye (M.J.) 107

Oberschall (A.) XVII
Olsson (G.) 227
Orléans (Duc d') 127
Ozouf (J. e M.) 74, 75, 111, 238, 239, 243

Papy (L.) 25
Pariset (G.) 21
Parodi (D.) 107, 108, 206, 208
Partsch (P.) 13
Passy (F.) 2
Pasteur (L.) 89, 144
Patin (H.) 89
Patinot (G.) 42
Pattison (W.D.) XII
Paul-Boncour (J.) 128
Paul (H.) 1, 7, 56, 115
Pécaut (F.) 73, 111, 174
Péguy (C.) 84, 108
Perche (H.H., aliás Harry Alis) 42
Perthes (J.) 15, 146
Peschel (O.) 17, 23, 24, 186, 195, 230
Petermann (A.) 25, 146
Petit (G.) 7, 128, 202
Peyrat (A.) 172
Pfautz (H.W.) 171
Picavet (F.) 24
Picot (G.) 120, 163
Pinchemel (P.) X, XIX, 28, 187, 253
Pinot (R.) 145
Piou (J.) 118
Pio X 122
Planhol (X. de) 183
Platão 114, 181
Poincaré (H.) XII, 107, 108, 199, 200, 201,
202, 203, 205, 207, 208, 209

254 A ESCOLA FRANCESA DE GEOGRAFIA

Poincaré (L.) 89, 110
Prévost-Paradol (L.A.) 3, 33, 83, 90, 127
Prost (A.) 70, 92
Proudhon (P.J.) 2, 127
Psichari (E.) 60

Quatrefages de Bréau (A. de) 185
Quicherat (J.) 87
Quinet (E.) 2, 3, 66

Rabot (C.) 150, 151
Rain (P.) 96
Ranke (L. von) 9, 10, 87, 152
Ratzel (F.) 13, 17, 18, 24, 28, 41, 60, 141, 186,
189, 192, 202, 203, 204, 205, 217, 219, 230,
231, 234, 242, 243
Rauh (F.) 2, 221, 222
Ravaisson 102
Raveneau (L.) 24, 85, 147, 154, 174
Reclus (Élie) 167
Reclus (Élisée) XVIII, 15, 21, 37, 58, 59, 67, 70,
71, 99, 138, 144, 149, 166, 167, 168, 169, 217,
218, 223, 244
Reclus (M.) 105
Reclus (O.) 167
Reclus (P.) 150, 167
Refort (L.) 215, 216
Reinach (J.) 104
Renan (E.) 3, 5, 6, 9, 103, 112
Renaud (G.) 53
Renouvier (C.) 106, 110, 124
Richet (C.) 114
Richthofen (F. von) 17, 23, 182, 186, 195, 230
Rieffel (J.) 164
Rist (C.) 124
Ritter (C.) XII, 20, 21, 22, 23, 24, 169, 181,
211, 219, 230, 233, 234, 253
Robert (P.) 141, 148, 166
Rohr (J.) 67
Rolland (R.) 86
Rousiers (P. de) 145, 165, 166
Rousselot (P.) 70
Ruskin 122

Saint-Simon (C.H., Comte de) 2, 11, 103, 123
Sangnier (M.) 118, 122
Savorgnan 47
Say (L.) 42, 160
Schiller (F. von) 3
Schirmer (H.) 54, 56, 57, 58, 176, 177
Schmidt (W.) 188, 189
Schmitthenner (H.) 20
Schmoller 11
Schnore (L.F.) 170
Schopenhauer (A.) 8

Schrader (F.) 13, 15, 75, 80, 96, 99, 138, 139,
146, 151, 154, 167, 168, 169, 217, 222, 244
Schroeder (B.) 29
Schulte-Althoff (F.J.) 41
Séailles (V.) 8
Sée (C.) 70
Seignobos (C.) 10, 89, 95, 108, 141, 209
Seligmann (M.) 158
Siegfried (A.) 42, 96, 243
Siegfried (J.) 42, 46
Simiand (F.) 191, 209, 210, 212
Simmel (G.) 11
Simonin (L.) 22, 51
Simon (J.) 15, 66, 69, 71, 72, 83, 84, 89, 90,
127
Sion (J.) 175, 187, 191
Sismondi (L. Simonde de) 11
Smith (A.) 160, 240
Sohm 10
Sorel (G.) 122, 125
Sorokin (P.) 119
Sorre (M.) 171, 175, 187, 189
Spencer (H.) 103, 104
Spuller (E.) 118
Stendhal 127
Stoddart (D.R.) 214
Sybel (H. von) 10, 152

Taine (H.) 3, 6, 8, 10, 19, 83, 96, 103, 121,
122, 127
Talbott (J.) 115
Tarde (G.) 95, 140, 142, 208, 209
Taylor (G.) X, XV, 52, 254
Teilhard de Chardin (P.) 177, 220
Templier (É.) 15, 42, 138
Terrier (A.) 80
Thibaudet (A.) 110
Thierry (A.) 152
Thiers (A.) 157
Thomas (W.L., Jr.) 214
Thuillier (P.) XIII
Toulmin (S.) XVII
Tourville (H. de) 121, 141, 145, 148, 165, 166
Toutey (E.P.) 75
Treitschke (H. von) 10
Tricart (J.) XIV

Vacher (A.) 171, 174, 175, 191
Valette (J.) 36
Vallaux (C.) 24, 166, 171, 175, 182, 183, 191,
198, 204, 206, 217, 218, 219, 220
Vallier (C.A.) 110
Vélain (C.) 144, 150
Verne (J.) 67, 138
Véron (E.) 3

# ÍNDICE DE NOMES

Vidal de la Blache (P.) IX, X, XI, 14, 15, 16, 17, 18, 20, 22, 23, 24, 25, 26, 27, 28, 42, 43, 44, 54, 55, 59, 61, 70, 75, 76, 78, 79, 80, 84, 85, 86, 90, 92, 93, 112, 120, 122, 125, 128, 129, 130, 131, 133, 137, 141, 146, 147, 154, 156, 161, 172, 174, 179, 181, 182, 187, 189, 195, 197, 203, 204, 205, 210, 211, 213, 216, 217, 219, 220, 224, 226, 231, 232, 236, 237, 238, 239, 241, 242, 243, 245, 254

Vigné d'Octon (dr P.-É.) 33

Vilar (P.) 74

Viollet-le-Duc (E.E.) 67, 70

Virtanen (R.) 105

Vivien de Saint-Martin 15, 67, 139, 168, 185, 186

Vogüé (E.M. de) 43, 95, 108

Volney (C.) 182, 198

Waddington (W.H.) 46, 89

Wagner (C.) 74, 111

Wagner (H.) 11, 16, 22, 24

Wagner (M.) 204

Wahl (A.) 218

Waitz (G.) 9, 10, 152

Walckenaer (C.-A.) 20

Waldeck-Rousseau (R.) 125

Wallon (H.) 68, 89, 214

Wanklyn (H.) 13

Warner (C.K.) 60

Weill (G.) 18

Weill (J.) 97

Welschinger (H.) 22, 93

Woeikof (A.) 150, 193, 217, 218

Wolowski (L.-F.-M.-R.) 160, 163

Worms (R.) 161, 162

Wright (J.K.) XII

Wundt (W.) 11

Wurtz (A.) 70

Wyrouboff (G.) 115

Xénopol (A.D.) 209

Zeldin (T.) XIX, 92, 254

Zimmermann (M.) 56

Este livro foi impresso na cidade de São Paulo,
nas oficinas da MarkPress Brasil, em julho de 2017,
para a Editora Perspectiva.